dtv

»Es kann sehr zufriedenstellend sein, wenn man erfährt, wie die Welt funktioniert.«

Joachim Bublath, Dr. rer. nat., studierte Mathematik, Physik und Chemie. Er produziert seit 1971 naturwissenschaftliche Fernsehsendungen, ist heute Ressortleiter Naturwissenschaften und Technik im ZDF sowie Autor und Produzent mehrerer Sendereihen wie der ›Knoff-hoff-Show‹ und von ›Faszination Erde‹ sowie ›Abenteuer Forschung‹, die seit 2004 unter seinem eigenen Namen läuft, und naturwissenschaftlicher Sondersendungen. Joachim Bublath ist einer der bekanntesten Wissenschaftsjournalisten und wurde für seine Arbeit mit zahlreichen, auch internationalen Preisen ausgezeichnet.

Joachim Bublath

Geheimnisse unseres Universums

Zeitreisen – Quantenwelten – Weltformeln

Mit zahlreichen farbigen Abbildungen

Deutscher Taschenbuch Verlag

Von Joachim Bublath
sind im Deutschen Taschenbuch Verlag erschienen:

Die neue Welt der Gene (34443)
Chaos im Universum (34444)

Überarbeitete und aktualisierte Taschenbuchausgabe
Oktober 2007
2. Auflage Mai 2009
Deutscher Taschenbuch Verlag GmbH & Co. KG,
München
www.dtv.de

Erstveröffentlichung: Droemer Knaur, München 1999

Umschlagkonzept: Balk & Brumshagen
Umschlagfoto: Astrofoto/Shigemi Numazawa
Redaktion, Satz und Innengestaltung: Olaf Benzinger,
Lektyre Verlagsbüro, Germering
Gesetzt aus der Palatino 10/13°
Druck und Bindung: Firmengruppe APPL, aprinta druck, Wemding
Gedruckt auf säurefreiem, chlorfrei gebleichtem Papier
Printed in Germany
ISBN: 978-3-423-34442-5

Inhalt

Vorwort 7

1. Die Zeit als Illusion 9
2. Warum die Zeit so wichtig ist 20
3. Der Beginn der Verunsicherung 29
4. Der Zweifel am Augenblick 39
5. Der Verlust der absoluten Zeit 49
6. Die Welt der Zeitmaschinen 62
7. Das Verschmelzen zweier Welten 74
8. Das neue Bild vom Universum 83
9. Der Triumph einer Sonnenfinsternis 92
10. Der Stillstand der Zeit 100
11. Das Licht als Januskopf 112
12. Das Ende der Vorhersage? 122
13. Der Verlust der Vorstellbarkeit 137
14. Die Entstehung des Universums 153
15. Zweifel am Urknall? 165
16. Auf der Suche nach der Weltformel 180
17. Was man bis heute erreicht hat 198
18. Zu viele Theorien für den Urknall? 209
19. Hawkings Welt der Schwarzen Löcher 221
20. Die Grenzen des Weltbildes 231

Danksagung 239
Bildnachweise 240
Register 241

Vorwort

Jeder von uns versucht, sich ein Bild von der Welt zu machen, in der wir leben. Offenbar ist es für uns ein fundamentales Bedürfnis zu wissen, welche Rolle wir in der Weite des Universums einnehmen, woher wir kommen und wie die Dinge um uns herum miteinander zusammenhängen. Antworten auf diese Fragen versuchen die Naturwissenschaften zu geben. Aber bei Weitem nicht alle Geheimnisse unserer Welt werden auf diese Weise enträtselt. Doch wo liegen die Grenzen unseres Wissens? Welche Überraschungen gab es in der Vergangenheit auf dem Weg, die Geheimnisse unseres Universums zu entdecken, und wie hat sich im Laufe der Zeit unser Bild von der Welt immer wieder verändert?

In diesem Buch wird das heutige naturwissenschaftliche Wissen über all diese elementaren Bereiche unseres Lebens dargestellt. Sie sind auch die Grundlage für meine naturwissenschaftlichen Sendereihen im ZDF. Die Buchform gibt einen tiefer gehenden Einblick in diese Themen, als dies im Fernsehen möglich ist. Damit werden vielleicht auch viele der Fragen beantwortet, die immer wieder von Zuschauern gestellt werden.

Die naturwissenschaftlichen Vorstellungen über das Universum beschreiben zwar nur einen kleinen Teil der von uns erfahrbaren dinglichen Welt und bei Weitem nicht alle Facetten des vielfältigen Lebens. Aber dennoch ist dieses naturwissenschaftliche Bild vom Universum äußerst effektiv und bietet dazu auch noch schier unglaubliche Perspektiven von der Welt, in der wir leben. Was kann stärker die Phantasie anregen als zum Beispiel die Möglichkeit, Zeitreisen zu unternehmen, der Teleportation zu unterliegen, Materie aus dem Nichts zu erzeugen oder in einem Schwarzen Loch zu versinken? Weil das aufregende Themen sind, wird darüber auch viel spekuliert. Und so herrscht viel Verwirrung auf diesem Gebiet darüber, was davon wirklich möglich ist und was nicht. In diesem Buch wird deshalb auch beschrieben, welche dieser Spekulationen einen realen Hintergrund haben. Die Überraschung dabei ist, dass Naturwissenschaftler so viele Möglichkeiten in unserem Universum entdeckt haben, die äußerst spannend sind und an denen jeder teilhaben kann.

Dr. Joachim Bublath

Die Zeit als Illusion

1

Die Schwierigkeiten mit der Zeit

Zeit und Gene

Die Rolle der Uhren

Was wir uns unter der Zeit vorstellen

Jeder glaubt zu wissen, was Zeit ist. Die Zeit kann fehlen, ablaufen oder »gestohlen« werden. Die Zeit ist aus unserem Leben nicht wegzudenken. Aber was Zeit wirklich ist, das vermag keiner so richtig zu sagen. Auch eine Uhr misst nicht die Zeit, sondern zählt willkürlich festgesetzte Zeitintervalle. Eine Uhr eröffnet uns nur die Möglichkeit, das Geschehen mit einem bestimmten Zeitpunkt zu versehen und dann zu zählen, wie viele Zeitintervalle von einem Zeitpunkt zum anderen ablaufen. Wann zum Beispiel die 10 Sekunden für einen Hundert-Meter-Lauf beginnen, ist gleichgültig. Es liegt in unserer Hand, diesen Zeitpunkt – den Beginn der Messung – zu bestimmen. Zudem können wir die Intervalle auch anders als in Sekunden oder Minuten festsetzen. Die Einsicht ist, dass bei der Zeitmessung mit Uhren Ereignissen in der Natur Zeitpunkte zugeordnet werden. Diese Zeitpunkte sind beliebig verschiebbar, sie taugen nicht dazu, etwas über die Existenz oder das Vergehen der Zeit selbst auszusagen. Die Möglichkeit der willkürlichen Festsetzung eines Zeitpunkts offenbart die fundamentale Schwierigkeit mit dem Zeitbegriff: Läuft denn die Zeit wirklich ab? Wenn ja, wie schnell läuft sie ab? Existiert vielleicht sogar eine »Überzeit«, deren Struktur wir nur nicht kennen? Bildet die Zeit also

Für Physiker ist die Zeit ein Kunstbegriff, der mit unserer alltäglichen Vorstellung von der Zeit nicht übereinstimmt. So unterscheiden die physikalischen Gesetze nicht zwischen Gegenwart und Vergangenheit. Planeten könnten in der Modellwelt der Physiker durchaus auch rückwärtslaufen.

einen gottgegebenen Hintergrund in unserem Universum und bewegt sie sich ständig weiter nach vorn? So unerwartet es auch klingt: Ein Ablauf der Zeit – oder gar die Geschwindigkeit, mit der er passiert – ist nicht zu messen. Uhren zeigen nur Zeitabschnitte an, sie machen keine Aussagen über die Natur der Zeit oder ob ein ewig währender Zeitfluss in unserem Universum vorhanden ist. Und auch die Vorstellung, dass in einem Universum die Zeit als etwas Unumstößliches existiert, musste schon aufgegeben werden. Wie sich später zeigen wird, gibt es keine überall gleich ablaufende Zeit, die universell gilt.

Im Widerspruch dazu scheint zu stehen, dass wir die Zeit so erleben, als ob ein Geschehen dem anderen folgt. Für uns existieren Gegenwart, Vergangenheit und Zukunft. Darauf sind wir angewiesen, denn wir ordnen unser alltägliches Leben nach diesen Begriffen. Zudem scheint in unseren Augen die Zeit auch zu vergehen. Unterstützt wird diese Vorstellung von den Alterungsprozessen, die in und um uns herum ablaufen. In unserer Vorstellung fließt die Zeit deshalb ständig vorbei. Unser Denken wird von diesem scheinbar ewigen Fließen der Zeit bestimmt, wir leben in dieser Welt des Jetzt, der Vergangenheit und der Zukunft. Will man jedoch diesen Ablauf der Zeit messen, so versagen alle Mittel. Ein Fließen der Zeit lässt sich nicht nachweisen – auch in theoretischen Überlegungen nicht. Dieser persönliche Zeitbegriff ist offenbar nichts als eine Illusion. Er wird allein in unserer Vorstellung erzeugt. Anders als in diesem subjektiven Empfinden gibt es im naturwissenschaftlichen Bild von der Welt keinen Fluss, kein Vergehen der Zeit, sondern nur einzelne, gleichberechtigte Zeitpunkte, die zudem noch beliebig verschoben werden können, und allein die daraus entstehenden Zeitintervalle können von Uhren gemessen werden. Für Albert Einstein war »die Zeit einfach das, was die Uhr anzeigt«. Alle physikalischen Gesetze unterscheiden nicht zwischen Vergangenheit und Zukunft, sie sind zeitreversibel. Das heißt, ein Vorgang kann auch rückwärts ablaufen, ohne ein physikalisches Gesetz zu verletzen. Zum Beispiel unterliegen Planeten, die um die Sonne laufen, bestimmten Gesetzmäßigkeiten. Lässt man in den mathematischen Formeln, die dies beschreiben, die Zeit rückwärtslaufen, setzt also negative Zeiten in sie ein, so laufen die Planeten einfach rückwärts, aber sie unterliegen auch in dieser Situation denselben physikalischen Gesetzmäßigkeiten wie bei positiven Zahlen. Es ist so, als ob man ein Videoband mit den Aufnahmen der Planetenbewegung nur zurückspulen würde.

Offenbar benutzen wir zwei Zeitbegriffe: den physikalischen, der die Zeit nur als Koordinate im mathematischen Modell von der Natur benutzt, und einen in uns projizierten, der uns die Zeit sehr persönlich empfinden lässt und in dem die Zeit vergeht und kontinuierlich dahinfließt. Damit eröffnen sich in unserem Erleben all die Facetten von Vergangenheit, Gegenwart und Zukunft. So verschieden die beiden Zeitbegriffe auch sein mögen, eines haben sie gemeinsam: In ihnen steckt eine Vielzahl von Überraschungen, mit denen wiederum aufregende Geschichten verbunden sind. So wird der in uns verankerte subjektive Zeitbegriff in sehr persönlicher Weise vom Tag-

Nacht-Wechsel auf der Erde bestimmt. Unser Leben unterliegt zahlreichen Rhythmen mit der Wiederkehr eines immer gleichen Ereignisses.

Die Rotation der Erde scheint bei biologischen Vorgängen der alles bestimmende Faktor zu sein. Der Tag-Nacht-Rhythmus hat das irdische Leben fest im Griff, das dabei periodisch wiederkehrende Licht bestimmt die biochemischen Abläufe in den Organismen. Bei Pflanzen ist dieser Rhythmus offensichtlich, leben sie doch über die Photosynthese direkt von der Energie des Sonnenlichts.

Aber auch in der Tierwelt finden sich Beispiele für das Leben nach dem Diktat des Tag-Nacht-Rhythmus. So werden Aktivitätsmuster von Tieren vom Sonnenlicht bestimmt, Fliegenlarven schlüpfen bei Tagesanbruch mit dem aufkommenden Morgenlicht, Haie beginnen ihre Jagd in den Nachmittagsstunden; die Liste solcher Beispiele ließe sich fast beliebig verlängern. In der Evolution des Lebens sind die Organismen bevorzugt, die sich dem 24-Stunden-Rhythmus auf der Erde optimal angepasst haben und aus ihm die meisten Vorteile ziehen konnten. So liegt bei vielen Säugetieren die Geburtsstunde zwischen drei und vier Uhr morgens. Zu dieser Zeit

Der regelmäßige Tag-Nacht-Wechsel bestimmt unser Leben auf der Erde und hat weitreichende Konsequenzen für die Entwicklung der Organismen.

bietet die Dunkelheit weitgehend Schutz vor Feinden, und zudem ist die Schmerzempfindlichkeit deutlich herabgesetzt. Dies wiederum weist darauf hin, dass auch die molekularen Abläufe im Körper und in den Zellen dem Tag-Nacht-Rhythmus unterworfen sind. Diese Abhängigkeit ist so stark, dass danach sogar eine Uhr entworfen wurde. Der schwedische Naturforscher Carl von Linne nutzte im 18. Jahrhundert den lichtabhängigen Rhythmus der Pflanzen, um eine Blumenuhr zu entwickeln. Er untersuchte in Uppsala/Schweden, zu welcher Tageszeit sich hier die Blüten verschiedener Blumen öffneten. Dieses Ereignis wird so exakt vom Lichteinfall gesteuert, dass eine Zuordnung zu der von uns festgelegten Uhrzeit möglich ist. Bei dieser Uhr öffnen sich beispielsweise die Blüten der Graslilie um 7 Uhr, die der Ringelblume um 10 Uhr, die Felsnelke schließt ihre Blüten um 13 Uhr und die weiße Seerose um 17 Uhr.

Bestimmend für solche biologischen Abläufe sind letztendlich die Gene. Sie steuern alle Vorgänge im Organismus. Werden die von ihnen festgeschriebenen Informationen aktiviert und in der Zelle »abgelesen«, so produziert diese nach den Anweisungen der Gene bestimmte Proteine, die wiederum eine Kaskade von Folgeprozessen auslösen können. Viele dieser Proteine unterliegen dem 24-Stunden-Rhythmus. Aktuelle Forschungen zeigen, dass es darunter auch spezielle Gene gibt, die in diesem Rhythmus von ihren eigenen Proteinen kontrolliert werden. Ist die Konzentration dieser Proteine hoch, so stoppen sie den Ablesevorgang des Gens in der Zelle, um ihn erst bei niedriger Konzentration wieder zu beginnen. Diese »Zeitgene« werden also in einem bestimmten Rhythmus abgelesen. Sie sind so für die periodisch wiederkehrenden Abläufe in den Organismen verantwortlich. Die dadurch in der Zelle produzierten Proteine können ihrerseits andere Prozesse in Gang setzen. Von außen betrachtet, steuern die Gene so zum Beispiel die Körpertemperatur, die Aktivität, den Zyklus der Vermehrung oder das Schmerzempfinden bei höher organisierten Lebewesen. Die Organismen gehorchen so einem Rhythmus und einem Zeitbegriff, den sie letztendlich selbst erzeugen. Die Forschungen auf diesem Gebiet sind in den letzten Jahren gut vorangekommen. So hat man bei der Taufliege ein Gen entdeckt, das für ein sogenanntes »per-Protein« verantwortlich ist.

Das regelmäßige Fallen und Ansteigen der Konzentration dieses Proteins steuert offenbar die innere Uhr der Fliege. Dieses »per(iod)-Gen« wurde auch in abgewandelter Form in der Maus und beim Menschen gefunden. Diese Ähnlichkeit weist übrigens auf den gemeinsamen Ursprung allen Lebens auf der Erde hin. Während der Evolution hat sich dieser genetische Rhythmusgeber – weil offenbar vorteilhaft – in den unterschiedlichen Organismen erhalten. Ein einmal erfolgreiches Konzept wurde so von der Natur beibehalten. Das ist nur möglich, weil die Gene in den verschiedenen Organismen – ob Pflanzen oder Tiere – sich letztendlich aus nur vier unterschiedlichen Bausteinen zusammensetzen, die in ihrem chemischen Aufbau für alle pflanzlichen und tierischen Organismen gleich sind. Allein die variable Abfolge dieser universellen Bausteine macht ein Gen vom anderen verschieden. Und mit dieser unterschiedlichen Aneinanderreihung dieser vier Bausteine werden alle Informationen über einen Organismus kodiert. Weil die Bausteine so universell sind, ist es ja in der Gentechnik überhaupt möglich, Gene zwischen sehr unterschiedlichen Organismen auszutauschen. Zum Beispiel kann man ein menschliches Gen in einer Pflanze unterbringen und dort aktiv werden lassen und umgekehrt. Diese vier Bausteine sind mit dem Beginn des Lebens auf der Erde entstanden und bildeten das Erbmolekül. Im Laufe der Evolution haben dann die immer wieder unterschiedlich kombinierten Abfolgen dieser vier Bausteine zu den vielfältigen Organismen geführt.

Während dieses Prozesses bleiben offenbar einige erfolgreiche Grundgene für alle Organismen gleich. Zum Beispiel die Entwicklungsgene, die für die Platzierung von Kopf und Rückenpartien bei höher entwickelten Organismen verantwortlich sind. Und offenbar trifft dies auch bei den »Zeitgenen« zu. Die revolutionierende Erkenntnis der Forschung über »körpereigene Uhren« ist, dass sich die Zeit plötzlich nicht mehr als ein unverrückbarer, von vornherein existierender Hintergrund des Universums darstellt, sondern in biologischen Systemen nur die Folge von chemischen Gleichgewichten in den Zellen zu

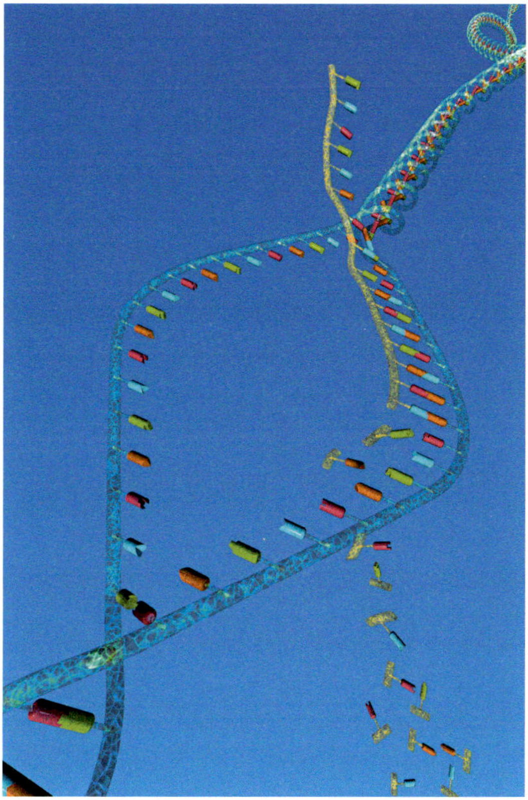

sein scheint und diese Zustände auf noch unbekannte Weise mit unserem Bewusstsein, mit unserem Zeitgefühl verbunden sind. Der Zeitbegriff wird so reduziert auf einen inneren chemischen Rhythmus, den ein Organismus selbst erzeugt und der dadurch auch variabel ist. So erklärt sich die Erfahrung, dass nach subjektivem Empfinden die Tage und Jahre mit zunehmendem Alter immer schneller abzulaufen scheinen.

Wenn ein Zeitgen abgelesen wird, bildet sich zunächst in der Zelle eine Kopie dieses Gens, die alle Informationen zum Aufbau des entsprechenden Proteins enthält. Steigt die Konzentration dieser Proteine in der Zelle, so blockieren sie ihr eigenes Gen und damit den Ablesevorgang. Sinkt die Zahl der Proteine, so wird das Zeitgen erneut aktiviert. Dieser Rhythmus ist Teil der inneren Uhr in einem Organismus.

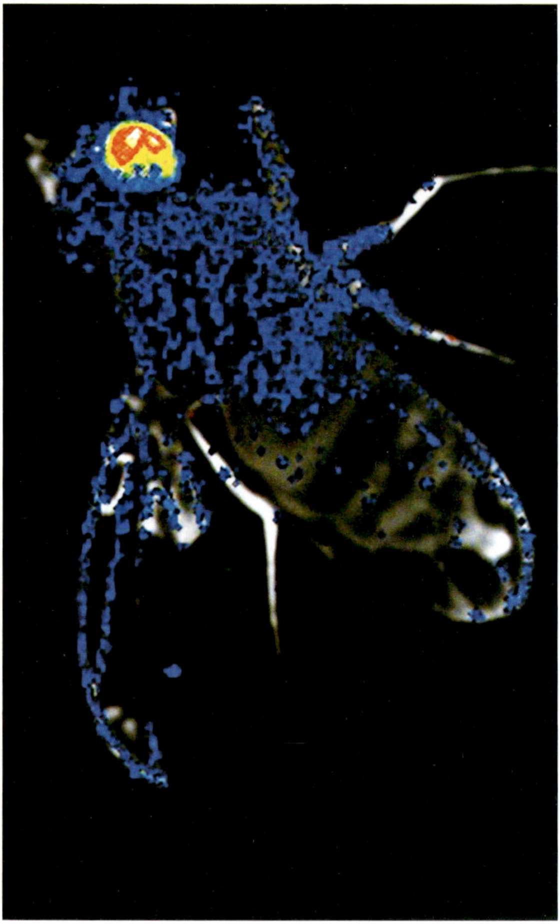

In diesem Experiment wurde mit gentechnischen Methoden an das Zeitgen ein Gen gekoppelt, das biologische Leuchtstoffe produzieren lässt. Damit wird das periodische Auftreten und die räumliche Verteilung der Zeitproteine in einer Fruchtfliege über Leuchterscheinungen direkt sichtbar.

Experimente mit unterschiedlich alten Versuchspersonen scheinen diese individuelle Wahrnehmung zu bestätigen. Das hat etwas mit der abnehmenden Erlebnisdichte zu tun, vermutet wird aber auch, dass im Alter die molekularen Prozesse nicht mehr so präzise ablaufen und dadurch das persönliche Zeitempfinden verschieben.

Aus der psychologischen Forschung weiß man, dass genetisch bedingte Depressionen mit einer Veränderung des subjektiven Zeiterlebens einhergehen; den Betroffenen erscheint die Zeit gedehnt. Ein weiterer Hinweis auf den Einfluss der Gene beim persönlichen Zeitempfinden.

Diese Ergebnisse erschüttern tief den Glauben, dass die Zeit – das Gefühl für die Dauer von Abläufen – etwas absolut Gültiges ist. Vielmehr entpuppt sich dieser Grundpfeiler unseres Lebens als bloßes Zusammenspiel von verschiedenen chemischen Prozessen. Ändert sich etwas an der Kombination der daran beteiligten Substanzen, so verändert sich auch unser Zeitgefühl. Die »innere Uhr« ist in dieser Bedeutung nichts anderes als die Aktivierung von bestimmten Genen, nach deren Anweisung bestimmte Substanzen produziert werden.

Wenn man von unserem Tag-Nacht-Rhythmus ausgeht, der ja von der Erddrehung bestimmt wird, so sollten wir eigentlich einem 24-Stunden-Rhythmus unterliegen. Experimente zeigen jedoch, dass der uns bestimmende Zyklus etwas mehr, und zwar 24,5 Stunden, beträgt. Herausgefunden wurde das über Testpersonen, die freiwillig über Monate in völliger Dunkelheit gelebt haben. Man weiß auch, wo der Taktgeber für dieses Zeitgefühl im Gehirn untergebracht ist. Es sind zwei reiskorngroße Bereiche, die hinter dem Nasenbein über der Kreuzung der Sehnerven liegen. Unabhängig von der Außenwelt schwingen diese Bereiche in einem Eigentakt von etwa 24 Stunden. Die dort vorhandenen ca. 20 000 Gehirnzellen erhalten zudem Informationen über die augenblicklich herrschende Lichtintensität und schütten je nach Tageszeit einen entsprechenden Botenstoff aus. In Experimenten hat man diese Steuerzentralen aus Organismen isoliert und in völliger Dunkelheit in einer Nährlösung am Leben erhalten. Beobachtet wurde, dass diese Zentren als übergeordnete Taktgeber im 24,5-Stunden-Rhythmus Signale aussenden, also elektrische Spannungsimpulse in das Nervensystem einspeisen. Diese Signale sind offenbar zur Korrektur der inneren Einzeluhren notwendig, die immer etwas außer Takt geraten. Auch bei dem übergeordneten Taktgeber wurden über den Tag Abweichungen von bis zu fünf Minuten beobachtet. Korrigiert wird diese Verschiebung über eine

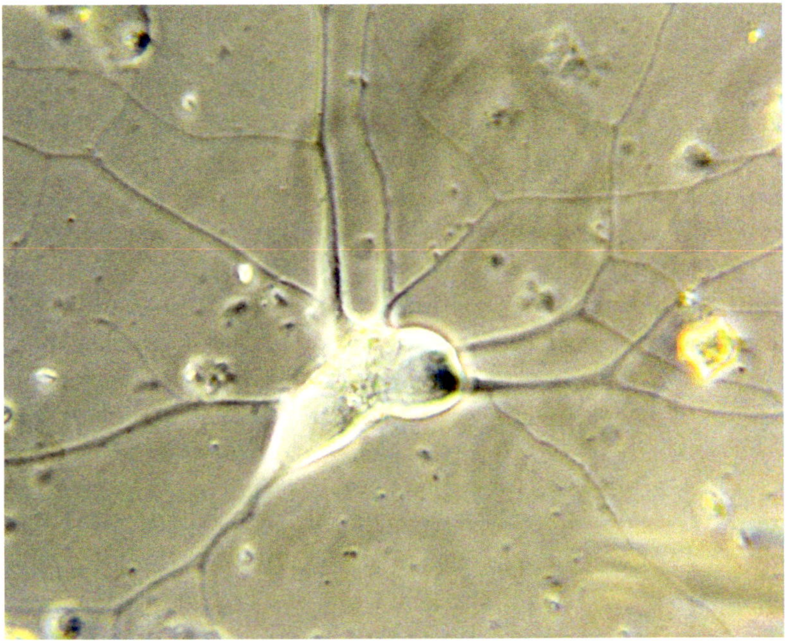

Ein solcher Nervenknoten dient als Taktgeber für einen Organismus. Im bekannten 24,5-Stunden-Rhythmus werden von ihm elektrische Impulse abgegeben, die dann über die Nervenleistungen biochemische Prozesse steuern. Diese »innere Uhr« wurde von Wissenschaftlern isoliert und in einer Nährlösung untersucht.

Nervenleitung zur lichtempfindlichen Netzhaut. Sie passt letztendlich die innere Uhr in Abhängigkeit von der jeweiligen Lichtintensität, also vom Sonnenstand, an den Tagesrhythmus an. Besonders auf das Licht der Dämmerung sprechen diese taktgebenden Zentren an.

Immer mehr Anhaltspunkte in den Organismen entdecken die Wissenschaftler für die biologischen Uhren. Nicht nur im Gehirn – wie bei uns – finden sie solche dominierenden körpereigenen Zeitgeber, bei Insekten hat man sie in den Fühlern und im Darm entdeckt. Vielleicht ein Hinweis auf den Abschnitt in der Evolution, in dem sich noch kein Gehirn entwickelt hatte. Aus all diesen Untersuchungen kann man die erstaunliche

Erkenntnis mitnehmen, dass die Zeit – unsere Zeitvorstellung – keine übergeordnete elementare Größe in unserem Universum ist, sondern offenbar ein Produkt aus chemischen Abläufen. Weil unsere Erde im 24-Stunden-Rhythmus vom Licht der Sonne überflutet wird und die Evolution des Lebens auf dieser Erde abläuft, besitzen wir dieses und kein anderes Zeitgefühl. Auf irgendeinem anderen Planeten, in einem anderen Sonnensystem kann dieses Zeitgefühl ganz anders entwickelt sein, sollte dort überhaupt Leben existieren. Würde dieser Planet einen Lichtwechsel von acht Stunden haben, so hätte sich auf ihm das Leben mit diesem Zeitrhythmus entwickelt. Unser natürlicher Zeitbegriff wird mit all diesen Erkenntnissen von seinem unantastbaren Thron gestoßen.

Die Hoffnung bleibt, dass der andere Zeitbegriff, die von uns eingeführte physikalische Zeit, also die mit Uhren messbaren Zeitintervalle, eine unverrückbare Basis im Universum zu bieten vermag. Aber auch hier geschieht Erstaunliches, wie die nächsten Kapitel zeigen werden.

2 Warum die Zeit so wichtig ist

Raum und Zeit
Zeit bei Galilei und Newton
Die Bedeutung exakter Uhren

Naturwissenschaftler versuchen, einen uralten Traum der Menschen zu verwirklichen: Sie wollen die Stufe des ohnmächtigen Staunens über das, was in der Natur abläuft, überwinden und wenigstens das Geschehen in ihrer engeren Umgebung überschaubarer machen. Dazu entwerfen sie Modelle von der Natur, die die verwirrende Vielfalt in einzelne, nachvollziehbare Bereiche aufteilt. Damit ist zwar zwangsläufig eine Vereinfachung der wahrgenommenen Umgebung verbunden, aber in diesem Modell von der Welt werden die Abläufe, innerhalb der Möglichkeiten menschlicher Intelligenz, klar und eindeutig. So haben die Physiker Gesetzmäßigkeiten gefunden, wie sich Körper bewegen, und mit Hilfe der Mathematik konnten sie diese Vorgänge auch in einer Formelsprache beschreiben.

Sind die Anfangsbedingungen, d. h. der Ort, die Zeit und die Geschwindigkeit, bekannt und kennt man die Kräfte, die auf die Kugel wirken, so lässt sich ihr zukünftiger Weg berechnen. Auf diese Weise können die Physiker innerhalb ihres mathematischen Modells die Zukunft vorhersagen.

Mit diesem Handwerkszeug ausgerüstet, richteten sie den Blick in die Zukunft der Natur. Physik wurde so zur Wissenschaft der Vorhersage, aber mit besseren Methoden als die eines Wahrsagers. Dem Physiker gelingt das auf relativ einfache Weise: Wenn der Ort und die Geschwindigkeit eines Körpers zu einem bestimmten Zeitpunkt bekannt sind und man überdies die auf den Körper einwirkenden Kräfte kennt, so kann man berechnen, wie sich der Körper in der Vergangenheit bewegt hat und in der Zukunft bewegen wird. Fällt eine Kugel von einem Punkt A nach B, so unterliegt sie der Schwerkraft. Das ist die Gesetzmäßigkeit, die den Weg der Kugel erzwingt und bestimmt. Mit Hilfe der mathematischen Formeln, den Bewegungsgleichungen, ist es möglich, den Ort und die Geschwindigkeit, die sich mit der Zeit verändern, zu berechnen. In ihnen wird genau beschrieben, wie mit fortlaufender Zeit t sich der Ort x und die Geschwindigkeit v verändern. Man kann also damit vorhersagen, wann und mit welcher Geschwindigkeit die Kugel an einem bestimmten Ort eintreffen wird. Daraus ergeben sich weitere Konsequenzen, zum Beispiel beim Aufprall. Wie tief wird die Kugel in eine unelastische Unterlage mit bekannter Zähigkeit eindringen? Wie viel Bewegungsenergie wird in Wärme umgewandelt? Vielfältige physikalische Wirkungen lassen sich zusätzlich be-

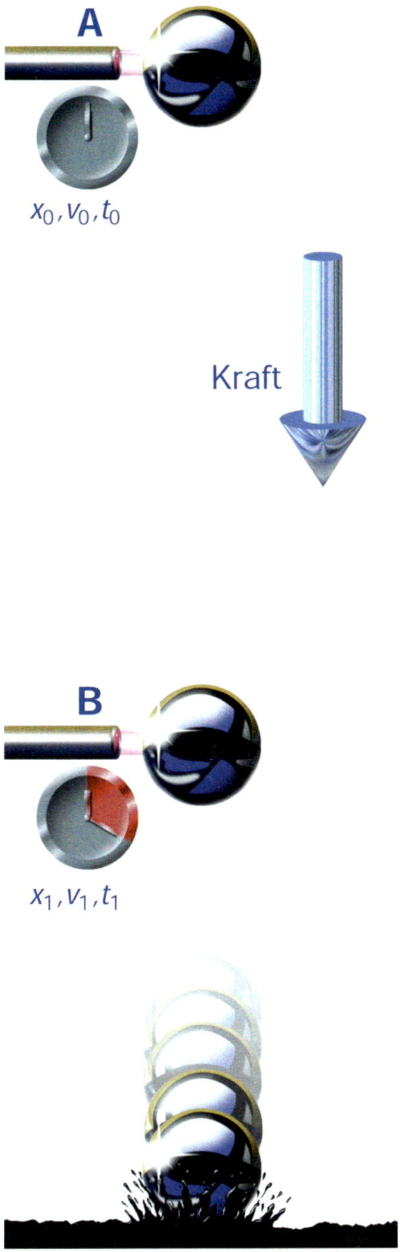

schreiben und ausrechnen. Das Gebäude der Physik mit den Teilbereichen der Mechanik, Thermodynamik usw. kann so aufgebaut werden. Für uns ist hier wichtig, welche Voraussetzung man für diesen physikalischen Blick in die Zukunft benötigt.

Überraschend ist, dass die Anforderungen recht einfach sind: Prinzipiell müssen die Physiker bei ihren Berechnungen der Welt die Anfangsbedingungen (Ort und Geschwindigkeit) und die Gesetzmäßigkeiten (die einwirkenden Kräfte, die die Bewegung der Kugel bestimmen) kennen. Selbstverständlich spielt auch die Masse des Körpers eine Rolle, sodass, um genau zu sein, anstelle der Geschwindigkeit der Impuls – das ist das Produkt aus Masse und Geschwindigkeit des Körpers – als Anfangsbedingung bekannt sein muss. Zur Vereinfachung werden einige Einflüsse wie Luftwiderstand, Seitenwinde, der Auftrieb der Luft usw. bei der Betrachtung von zum Beispiel einer fallenden Kugel vernachlässigt, sie tauchen also in der Modellvorstellung nicht auf und finden deshalb auch keine Berücksichtigung in den mathematischen Formeln, die diesen Vorgang beschreiben. Man kann zwar diese in Wirklichkeit existierenden Größen in der Rechnung unterbringen, dadurch wird aber die Aufgabe so kompliziert, dass sie sich nur schwer, wenn überhaupt, mathematisch lösen lässt. Der Test im Experiment bestätigt bei der fallenden Kugel außerdem diese Vereinfachung, denn die Ergebnisse der Rechnung stimmen mit der Beobachtung, mit dem Experiment, weitgehend überein. Und genau das ist ja das wichtigste Kriterium für die Qualität eines Abbildes der Natur.

Das Bild von der Welt wurde auf diese Weise erfolgreich vereinfacht und mit Hilfe der Mathematik behandelbar gemacht. Der Weg der fallenden Kugel ist mit der so entwickelten Theorie voraussagbar. Bei der Beschreibung der Methoden der Naturwissenschaftler wird klar, wie wichtig die Zeit dabei ist. Sie spielt bei den Anfangsbedingungen eine Rolle und vor allem bei der Messung und Vorhersage von Geschwindigkeiten. Letztlich sind es zwei Koordinatensysteme, in denen sich das physikalische Geschehen abspielt: der Ort (oder Raum) und die Zeit. Und genau um diese beiden Größen dreht sich das Denken der Physiker. Mit fortschreitendem Wissen haben sich dabei immer wieder Überraschungen ergeben, wie später noch zu sehen sein wird. Zunächst interessiert uns wieder der Zeitbegriff, und zwar dieses Mal die vom Menschen ausgedachte physikalische Zeit.

Die periodisch wiederkehrenden Abläufe in der Natur bilden die Grundlage für unseren Zeitbegriff. Da sich der subjektiv empfundene natürliche Zeitablauf nicht allzu genau fassen lässt, machten sich die Physiker daran, die Zeit nach ihren Vorstellungen einzurichten. Um Vorgänge in der Natur beschreiben zu können, brauchten sie exakt bestimmbare Intervalle der Zeit. Die Zeit wurde so in kleine Abschnitte geteilt. Diese physikalische Zeit ist zum Beispiel wichtig, wenn man Geschwindigkeiten messen will, das heißt, wenn man feststellen will, in welchen Zeitabschnitten eine bestimmte Wegstrecke zurückgelegt wird. Unser persönliches Zeitempfinden ist dafür viel zu ungenau und deshalb untauglich. Von den Naturwissenschaften wird ein anderer, immer wieder zu reproduzierender Zeitbegriff gebraucht, denn sie konstruieren ihr Gebäude von der Welt auf dieser Säule. Die andere Stütze ist die Vorstellung eines unveränderlichen Raumes, der als Koordinatensystem die Orte festlegen lässt, an denen sich die physikalischen Objekte gerade befinden. Die Zeit und der Raum bilden für uns die Bühne, den festen Rahmen, in dem das Weltgeschehen abläuft. Wenn man physikalische Bewegungen beschreibt und berechnet, so stellt man den Ort mit einem Koordinatensystem fest und misst die Zeit, und die – so die Vorstellung – ist immer vorhanden. Darauf ruht die gesamte Modellvorstellung der Wissenschaftler über die Natur.

Gesetze über die Bewegung von Körpern aufzustellen war schon immer das Ziel der Naturwissenschaftler. So hatte im 17. Jahrhundert Galilei, schon vor Newton, versucht herauszufinden, wie die Bewegung eines fallenden Körpers beschrieben werden könnte, welche Gesetzmäßigkeit dahintersteckt. Wie wächst die Geschwindigkeit einer Kugel? Weil ihm die herabfallenden Körper zu schnell waren, um die zurückgelegte Strecke pro Zeiteinheit wirklich messen zu können, begann er zunächst seine Experimente auf einer schrägen Ebene, auf der eine Kugel nicht nach unten fiel, sondern herabrollte. Dadurch verlangsamte sich die Bewegung und er konnte die Zeit messen, die die Kugel zum Durchlaufen abgesteckter Strecken benötigte. Gefunden hat er das auch noch heute gültige Gesetz, dass eine Kugel, die in einem Zeitabschnitt eine bestimmte Strecke zurücklegt, bei Verdoppelung dieses Zeitabschnitts die vierfache Strecke überwindet usw. Das Bewundernswerte an diesen Versuchen war, dass die Zeitmessungen überhaupt gut genug waren, um diesen Zusammenhang zwischen Raum (Weg) und Zeit der rollenden Kugel herauszufinden. Denn gute Uhren gab es in dieser Zeit nicht. Galilei maß die Zeiteinheiten mit Wassergefäßen, aus denen das Wasser stetig herauslief. Begann die Kugel zu rollen, so öffnete er den Auslass des Gefäßes. War die Kugel am Ziel angekommen, so verschloss er den Wasserbehälter wieder. Das herausgeflossene Wasser im Auffangbecken wurde gewogen, und damit konnte er Zeitabschnitte festlegen. Eine für uns recht ungewöhnliche Art, die Zeit zu messen. Nichts anderes stand aber damals zur Verfügung. Man ahnt hier schon, wie wichtig exakte Uhren waren, um im physikalischen Weltbild weiterzukommen.

Mit Galilei nahm auch die Vorstellung immer mehr Gestalt an, dass der Zeitbegriff für die Beschreibung von Bewegungsabläufen unabdingbar ist. Newton formulierte diese Erkenntnis mit seiner Bewegungsgleichung, die die Zeit enthielt, mathematisch. Damit war die Zeit in das naturwissenschaftliche Bild vom Universum etabliert, sie wurde als absolut gültig angenommen, als stetig vorbeiziehender Hintergrund des Weltgeschehens.

Der genaue physikalische Zeitbegriff war den Menschen vor dem technischen Zeitalter ziemlich egal. Sie orientierten sich an dem Sonnenstand und richteten danach ihr Leben ein. So waren auch die ersten Versuche, die Zeit zu messen, die Sonnenuhren. Die Einteilung des Sonnenlaufs in 24 Stunden wurde schon vor 4000 Jahren gemacht, als die Sumerer mit astronomischen Beobachtungen begannen. Daneben wurde alles benutzt, was zum Messen der vergehenden Zeitabschnitte taugte: Öluhren, bei denen der Docht während des Brennens eine bestimmte Menge Öl aus dem Gefäß saugte, Wasseruhren in den unterschiedlichsten Konstruktionen. Vorgegebene Wassermengen liefen dabei durch Öffnungen in Auffanggefäße, die wiederum mit Markierungen versehen waren. Sanduhren wurden be-

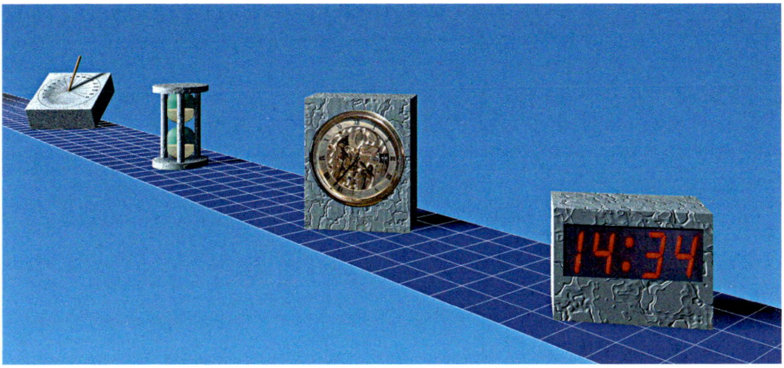

Über die Jahrtausende haben die Menschen die Instrumente zur Zeitmessung verbessert. Aus den ungenauen Sonnen- oder Sanduhren entwickelten sie nach den mechanischen Uhren die äußerst präzise gehenden Quarz- und Atomuhren.

nutzt. Dabei ging es immer um die Feststellung von Zeitintervallen. Redezeiten wurden so eingeteilt, Arbeitszeiten oder die Bewässerungsdauer von Feldern. Technische Verbesserungen dieser Uhren gab es ständig. Die mehr oder weniger großen Öffnungen der Wasser- und Sanduhren ließen auch die Messung von Stunden und Minuten zu. Chinesische Konstruktionen bestanden aus einem Wasserrad, das einzelne Behälter besaß. Waren sie gefüllt, so drehte sich das Rad unter dem Gewicht um eine Einheit weiter. Unter einen kontinuierlich fließenden Wasserstrahl gestellt, entstand so etwas wie ein Vorläufer der mechanischen Uhr.

Im 13. Jahrhundert konstruierten die Europäer die ersten mechanischen Uhren, die über Zahnräder und Pendel angetrieben und später ständig verbessert wurden. Das tägliche Leben wurde immer mehr von der Zeit und den Uhren beeinflusst. Wie wenig die Menschen daran gewöhnt waren, lässt sich daraus ablesen, dass mit Beginn der Industrialisierung Weckmannschaften durch die Straßen zogen, um die Arbeiter rechtzeitig in die Fabriken zu rufen. Aber schon weitaus früher wurde es wichtig, immer kleinere Zeitintervalle messen zu können. Besonders die Geschichte der Navigation macht das deutlich. Um weite Schiffsreisen durchführen zu können, war es not-

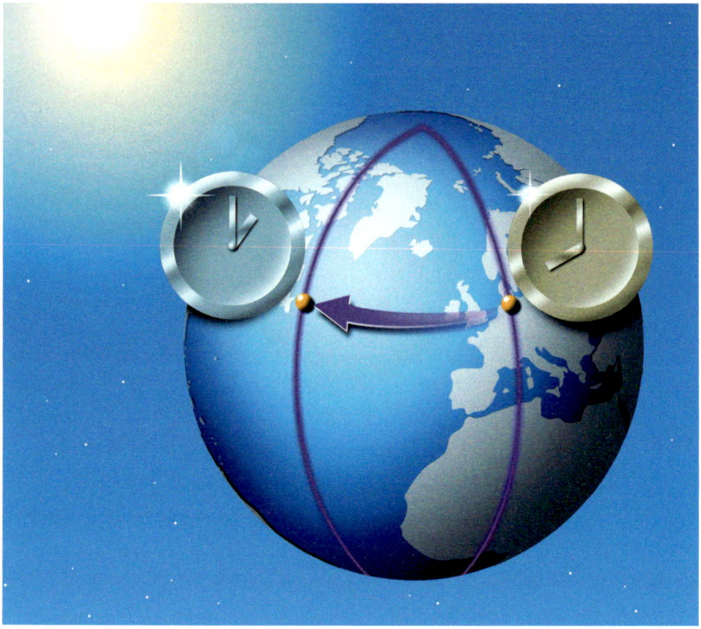

wendig, die Position des Schiffes auf dem Erdball bestimmen zu können. Diese Reisen wurden immer bedeutender, vor allem durch die Kolonialpolitik der europäischen Nationen.

Zur Ermittlung der Position auf der Erde ist die Bestimmung sowohl der geographischen Breite als auch der Länge notwendig. Bei der geographischen Breite hatte man das im Griff, denn von alters her wusste man, dass sich für den Reisenden mit verändertem Breitengrad auch die Höhe des Sonnenstandes oder die der Fixsterne über dem Horizont änderte. Wenn man wissen wollte, wie weit man nach Norden oder Süden gefahren war, dann musste man nur den Winkel zur Sonne oder zu einem Fixstern messen, und von entsprechenden

Erst Mitte des 19. Jahrhunderts war es mit Hilfe genau gehender Uhren möglich, die Längengrad-Position von Schiffen präzise zu bestimmen. Die Uhr an Bord mit der Ortszeit des Ausgangshafens ließ im Vergleich mit dem aktuellen Sonnenstand (und damit der Zeit an der augenblicklichen Position) die geographische Festlegung des Aufenthaltsortes zu.

astronomischen Tabellen war so die geographische Breite abzulesen.

Anders verhielt sich das bei der Festlegung der geographischen Länge. Es waren zuvor einige Möglichkeiten bekannt, sie mit Hilfe astronomischer Konstellationen zu bestimmen, aber diese waren in der Anwendung doch sehr kompliziert und zudem ungenau, sodass sie im praktischen Gebrauch versagten. Der Druck, dieses Problem zu lösen, erhöhte sich, denn durch den stärker werdenden Schiffsverkehr kam es immer häufiger zu Schiffsunglücken, die auf falsche Positionsbestimmungen zurückzuführen waren. Die Schiffe liefen auf Riffe oder Inseln auf, weil der Kapitän glaubte, ganz woanders zu sein.

In dieser Situation wurde die Zeitmessung wichtig. Denn mit einer äußerst genau gehenden Uhr konnte man das Problem der Längengradbestimmung lösen. Die Idee dabei ist, dass sich ja mit der Änderung des Längengrades – durch eine Reise von Hamburg nach Osten zum Beispiel – der Sonnenstand und damit auch die Ortszeit ändert. Hätte man an Bord eine genau gehende Uhr mit der Ortszeit des Heimathafens, so könnte man mit dieser Uhr und der Feststellung des aktuellen Sonnenstandes den Längengrad – die erfolgte Verschiebung der eigenen Position – berechnen. Denn hätte das Schiff Hamburg um 8 Uhr Ortszeit verlassen, dann wäre es auf der mitgeführten Uhr nach 5 Stunden Fahrzeit 13 Uhr. Die aus der aktuellen Sonnenbeobachtung berechnete Uhrzeit zeigt, dass die Bordzeit, also die ursprüngliche Hamburg-Zeit, etwas davon abweicht. Bekannt ist, dass sich die Erde pro Stunde um 15 Grad nach Osten dreht, sodass aus dieser konstanten Größe die Abweichung der Bordzeit von der Ortszeit die rechnerische Längengradbestimmung zulässt. Die Voraussetzung für diese Methode sind allerdings äußerst genau gehende Uhren. Die gab es aber im 18. Jahrhundert noch nicht Vor allem die britische Marine war an der Weiterentwicklung dieser Methode interessiert, war doch ihre Effektivität auch von der genauen Positionsbestimmung auf den Weltmeeren abhängig. Das britische Parlament setzte sogar Preisgelder für die Entwicklung solcher genau gehender Uhren aus. Es begann ein spannendes Wettrennen zwischen verschiedenen Erfindern, und endlich, Ende des 18. Jahrhunderts, standen Uhren zur Verfügung, die den Ansprüchen genügten und auch unter den rauen Bedingungen auf See genau genug liefen. Ihre Abweichung betrug etwa 3 Sekunden pro Tag. Mit den genau gehenden Uhren eröffneten sich auch neue Forschungsgebiete. Man ging daran, alle möglichen Vorgänge in der Natur zeitlich zu vermessen. Über die Zeitmessung konnten mit Hilfe der Ortskoordinaten Geschwindigkeiten fast beliebiger Vorgänge festgelegt werden. Man stieß in neue – vorher messtechnisch nicht erfassbare – Welten vor. Sogar an die Geschwindigkeit des Lichts wagte man sich heran. Welche aufregenden Konsequenzen das hatte und wie dadurch wiederum einmal unser Weltbild erschüttert wurde, zeigt das folgende Kapitel.

Der Beginn der Verunsicherung

3

Rätsel um das Licht

Quarzuhren und Atomuhren

Die Bedeutung des Dopplereffekts

Immer wiederkehrende Vorgänge in der Natur verführten regelrecht dazu, ein Maß für sie zu finden. Der Begriff Zeit war geboren. Nicht nur auf der Erde galt es, den Tag-Nacht-Rhythmus in Stunden oder Minuten zu unterteilen oder mit den Monaten eine Maßeinheit für das Jahr festzusetzen. Im Weltraum liefen Planeten am Nachthimmel entlang, bestimmte Konstellationen bildeten sich immer wieder. Es war wichtig herauszufinden, welche Zeitabschnitte dazwischen vergingen, um Vorhersagen, zum Beispiel von einer Sonnenfinsternis, machen zu können. Die Zeitbestimmung eröffnete die Möglichkeit, Ereignisse am Himmel zu berechnen. Sie wurde dadurch zur fundamentalen Säule der sich entwickelnden Naturwissenschaften.

Und besonders ein Problem hat den Forschern immer Kopfzerbrechen bereitet: die Messung der Lichtgeschwindigkeit. Geschwindigkeitsmessungen waren im 17. Jahrhundert offenbar in Mode, und auch Galilei machte sich über die Geschwindigkeit des Lichts Gedanken. Hatte das Licht eine Geschwindigkeit aufzuweisen oder breitete es sich augenblicklich, ohne Zeitverzögerung aus? Wenn die Ausbreitung des Lichtes Zeit erforderte, wie hoch war dann die Geschwindigkeit, mit der das geschah? Welche Zeit benötigt das Licht, um eine bestimmte Strecke zurückzulegen? Auch das war damals, als man begann, sich diese Fragen zu stellen, vor allem ein messtechnisches Problem, denn klar war, selbst wenn das Licht eine endliche Geschwindigkeit haben sollte, sie musste sehr hoch sein. Heute wissen wir, dass das Licht 300 000 km/sec zurücklegt. Aber wie sollte das Galilei mit seinen Wassergefäßen, mit seinen unvollkommenen Uhren zur damaligen Zeit überhaupt messen? Eine hoffnungslose Aufgabe. Aber manche Menschen sind ja findige Experimentatoren. Und Galilei gehörte zu einer besonderen Klasse in dieser Gruppe. Zur Messung der Lichtgeschwindigkeit ließ er nachts zwei Männer von zwei benachbarten Hügeln Lichtsignale geben. Die Lichtquelle wurde von ihnen mit der Hand verdeckt. Senkte einer von ihnen die Hand und ließ dadurch das Licht passieren, musste der andere sofort bei Erreichen des Signals seinerseits die abgedeckte Lichtquelle freigeben. Damit stand die Zeit fest, die das Licht brauchte, um von einem Hügel zum anderen zu laufen, und mit der Entfernung der Hügel ließ sich daraus die Lichtgeschwindigkeit berechnen – theoretisch jedenfalls. In Vorexperimenten bestimmte Galilei sogar die Reaktionszeit der beiden Männer, also die Zeit, die verging, ehe sie nach Erkennen des Lichtsignals die Hand von der Lichtquelle zogen. Er wollte alles sehr genau machen, aber letztendlich waren seine Ergebnisse über die Geschwindigkeit des Lichts nicht eindeutig. Vielleicht, so schloss Galilei, breitet sich das Licht augenblicklich aus, besitzt also keine endliche Geschwindigkeit, oder wenn doch, dann muss diese Geschwindigkeit äußerst hoch sein. Wir wissen heute, dass das Licht eine Tausendstelsekunde braucht, um eine Strecke von 3 Kilometern zu durchlaufen. Für die Möglichkeiten der damaligen Zeitmessung war es eine unlösbare Aufgabe zu entscheiden, ob das Licht wirklich eine endliche Geschwindigkeit hat oder nicht. Galilei schlug vor, eine längere Strecke für diese Experimente auszusuchen, gefühlsmäßig hatte er also dieses Problem erkannt.

Einige Jahrzehnte später, 1676, kam der Däne Olaf Römer auf eine andere Idee, um die Laufzeit des Lichtes bestimmen zu können. Er beobachtete den Planeten Jupiter und war vor allem an dessen Monden interessiert. Genau wie unser Mond die Erde umkreist, zeigen die Jupitermonde Voll- und Halbmondphasen sowie eine Mondfinsternis. Sie entsteht, wenn die Jupiter-

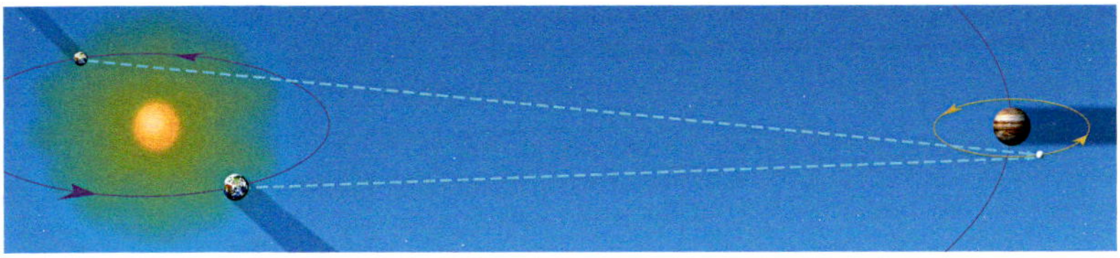

monde hinter dem Planeten Jupiter stehen und deshalb vom Sonnenlicht nicht erreicht werden. Römer beobachtete vor allem den Jupitermond Io und stellte dabei Unregelmäßigkeiten fest, obwohl die Umlaufgeschwindigkeit von Io als konstant angenommen werden musste.

Je nach der Jahreszeit, also der Position der Erde zur Sonne, sind die zahlreichen Verdunkelungen des Jupitermondes Io Unregelmäßigkeiten unterworfen. Die Erklärung dafür ist, dass die Verfinsterung des den Jupiter umlaufenden Mondes Io zwar äußerst regelmäßig auftritt, allein das Licht benötigt – je nach Stellung der Erde – einmal mehr oder weniger Zeit, um diese zu erreichen.

Die beobachtete Mondfinsternis trat fast 17 Minuten später ein. Bei genauerer Beobachtung konnte Römer in diesen Schwankungen eine Regelmäßigkeit entdecken. Die Erde bewegt sich ja auch um die Sonne. Wurde die Io-Finsternis von einer jupiternahen Position beobachtet, so geschah sie offenbar früher, als von dem jupiterferneren Punkt aus betrachtet. Das konnte die 17 Minuten Differenz erklären, und Römer errechnete aus dem Durchmesser der Erdbahn und der Zeitdifferenz eine Lichtgeschwindigkeit von etwa 200 000 km/sec. Die Abweichungen sind der damaligen ungenauen Messung der Erdumlaufbahn zuzuschreiben. Heute kann man den Durchmesser der Erdbahn um die Sonne genauer bestimmen und kommt mit diesen Messwerten tatsächlich auf den Wert der Lichtgeschwindigkeit von 300 000 km/sec.

Unter den Wissenschaftlern der damaligen Zeit war die Idee, dass das Licht eine endliche Geschwindigkeit haben sollte, äußerst unpopulär. Nur wenige glaubten dieser Vorstellung, aber erst Mitte des 19. Jahrhunderts konnte man mit Spiegel- und Zahnradsystemen, ohne Hilfe des Weltalls, die Lichtgeschwindigkeit genauer bestimmen. Dabei wird ein Lichtstrahl von zwei

Spiegeln hin- und herreflektiert. Ein schnell rotierendes Zahnrad gibt den Weg der Lichtstrahlen frei oder blockiert ihn. Die Drehgeschwindigkeit des Zahnrads wird so eingestellt, bis dem reflektierten Strahl gerade von einem Zahn der Weg blockiert wird. Stehen die Spiegel weit genug auseinander, so reichen die Zahnradgeschwindigkeiten aus, um das möglich zu machen. Erhöht man die Umdrehungsgeschwindigkeit des Zahnrads weiter, so kann das reflektierte Licht wieder eine Zahnradlücke passieren. Aus diesen Drehzahlen, der Zahl der Lücken und der Spiegelentfernung lässt sich so die Lichtgeschwindigkeit errechnen. Als Erstem gelang diese Art von Messung 1849 dem Franzosen Armand Fizeau, in den nachfolgenden Jahrzehnten wurde auf diese Weise die Lichtgeschwindigkeit immer genauer bestimmt.

Bei diesem Experiment, das für das so schnelle Licht eine endliche Geschwindigkeit gefunden hatte, wurde die Zeitmessung auf die Bestimmung der Umdrehungszahl der Zahnräder reduziert. Die zu messenden Zeitintervalle blieben so im damals noch technisch machbaren Bereich. Die Versuchsanordnung war mit dem Hügelexperiment von Galilei zu vergleichen, führte aber wegen der intelligenten Versuchsanordnung und den genaueren Uhren schließlich zum Erfolg. Durch die Erweiterung der experimentellen Möglichkeiten konnte man in einen völlig neuen Bereich hoher Geschwindigkeiten vorstoßen. Das naturwissenschaftliche Bild vom Universum erweiterte sich dadurch. Dem Licht musste, durch eindeutige Experimente bestätigt, eine endliche Geschwindigkeit zugesprochen werden, die man sogar exakt bestimmen konnte. Das Licht wurde jetzt mit anderen Augen gesehen, die Endlichkeit seiner Geschwindigkeit musste man in die naturwissenschaftliche Betrachtung des Universums einbeziehen. Und dabei sollte man noch einige Überraschungen erleben, wie sich später zeigen wird. Immer kürzere Zeitintervalle immer genauer bestimmen zu können, das versprach neue, aufregende Einsichten in die Geheimnisse des Universums. Grundsätzlich sucht man bei präziseren Uhren nach sehr genauen, immer in denselben Intervallen wiederkehrenden Abläufen. Früher hat man dazu das Pendel benutzt, heute findet man diese Voraussetzungen im

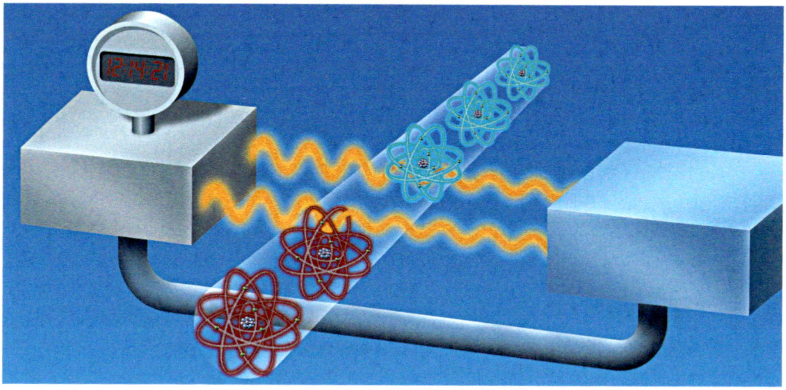

Mikrokosmos, bei den Atomen. Einmal kann man deren Schwingungen im Kristallverband dazu ausnutzen, das ist das Prinzip einer Quarzuhr. Aber auch die Vorgänge im Atom selbst können als Grundlage für eine Uhr, eine Atomuhr, dienen.

Die Atome – zum Beispiel Cäsium – werden dabei mit Mikrowellen in einen höheren Energiezustand gebracht (ein Elektron im Atom springt dabei auf ein höheres Energieniveau). Diese Mikrowellen werden von einem Quarzoszillator erzeugt. Die Mikrowellen werden durch die Cäsiumatome absorbiert und dadurch in ihrer Intensität geschwächt. Ein Empfänger registriert das auf der Gegenseite. Schwingt der Quarzoszillator jedoch außer Takt und strahlt dadurch Mikrowellen einer anderen Frequenz ab, so absorbieren die Cäsiumatome die Anregungswellen nicht mehr. Die Energieniveaus in den Atomen sind äußerst präzise festgelegt, und bei ihnen gibt es aus quan-

Bei einer Atomuhr werden von einem schwingenden Quarz Mikrowellen abgestrahlt. Ihre Frequenz ist so abgestimmt, dass ein Atom (blau) die Wellen absorbiert und so in einen höheren Energiezustand (rot) überführt wird. Das Mikrowellenfeld wird so bei exakten Schwingungen des Quarzes geschwächt. Kommt der Quarz außer Takt, so verstärkt sich das durchlaufende Mikrowellenfeld, weil jetzt die Atome die Wellen nicht mehr absorbieren. Das wiederum registriert ein Empfänger, der die Quarzschwingungen – und damit die Ganggenauigkeit der Uhr – sofort entsprechend nachregelt.

tenmechanischen Gründen (siehe Kapitel 11) nur ein Entweder-Oder. Der Empfänger registriert sofort diese Veränderung und regelt den Quarzoszillator so lange nach, bis der Resonanzzustand wieder erreicht ist. Die Cäsiumatome agieren hier also als Kontrollmedium für die Schwingungen des Quarzes. Die Ganggenauigkeit einer solchen Uhr hängt von den festen Resonanzfrequenzen im Atomgas ab. Und die können bei den Atomsorten unterschiedlich anfällig gegenüber äußeren Bedingungen sein. Beim Wasserstoff zum Beispiel kommt es durch die Temperaturbewegungen zu sehr heftigen Zusammenstößen, unter der die Frequenzgenauigkeit leidet. Mit den Atomuhren konnte man einen riesigen Schritt vorwärts bei der Bestimmung der Zeitintervalle machen. So zeigt sich, dass im Mittelalter eine Uhr eine Abweichung von etwa 15 Minuten pro Tag hatte. Bei den besten Pendeluhren des 18. Jahrhunderts war es schon etwas weniger als eine Sekunde pro Tag. Heute erreicht man mit den mechanischen Uhren eine Abweichung von einer Sekunde pro Monat. Die Quarzuhren gehen in 30 Jahren um eine Sekunde ungenau. Und die Atomuhren zeigen die minimale Abweichung von einer Sekunde in einer Million Jahren. Man will diese Genauigkeit sogar noch weiter steigern. Störend bei der Frequenzkorrektur durch das Atomgas ist ja immer die Wärmebewegung der Atome – sie zappeln dadurch einfach hin und her. Es wird versucht, dieses Problem zu minimieren, indem das Gas in der Atomuhr gekühlt wird, aber es findet sich immer noch eine Restbewegung. Und diese Bewegung beeinflusst das Resonanzverhalten der Atome. Denn bewegt sich ein Atom auf die vom Quarzkristall ausgesandten elektromagnetischen Wellen zu, erscheint ihm das Wellenfeld zusammengedrückt; bewegt es sich weg, so ist für das Atom das Wellenfeld etwas auseinandergezogen. Dieses Verhalten beschreibt der Dopplereffekt (siehe Kasten auf den Seiten 36/37). Die Wellen passen also nicht mehr exakt in die Lücken der Elektronenbahnen, und es leidet dadurch die Messgenauigkeit der Atomuhren.

Um dem zu begegnen, wird das Atom auf recht ungewöhnliche Weise »gekühlt«, das heißt in seiner Bewegung ruhiggestellt. Ein einzelnes Quecksilberion wird dazu von einem

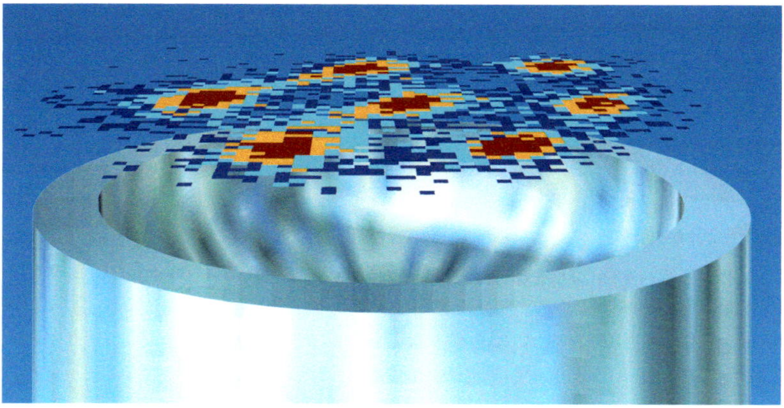

geschickt angeordneten elektromagnetischen Feld eingefangen. Die Entwicklung einer solchen »Ionenfalle« führte übrigens zu einem Nobelpreis. Dann beschießt man dieses Ion mit Laserlicht, das mit Frequenzen knapp ober- oder unterhalb der Resonanzfrequenz des Quecksilberions liegt. Wenn sich das Ion bewegt, dann verschiebt sich aus seinem Blickwinkel über den Dopplereffekt die Resonanzfrequenz, es wird also das Laserlicht absorbieren und ein Elektron auf eine höhere Umlaufbahn heben. Dieses Elektron fällt nach einiger Zeit wieder auf seine ursprüngliche Bahn zurück und strahlt dabei die aufgenommene Energie ab. Durch diesen Impuls verliert das Ion etwas von seiner Bewegung; passiert das häufig, so ist das Atom auf diese Weise nahezu ruhiggestellt und jetzt bereit, die Strahlung aufzunehmen, die seiner »wahren« Resonanzfrequenz entspricht. Mit diesem genialen Schachzug kann man die Genauigkeit der Atomuhren noch einmal verbessern. Sie zeigen dann eine Abweichung von nur einer Sekunde in einer Milliarde Jahren. Damit eröffnen sich neue technische Anwendungsmöglichkeiten und tiefere Einsichten in die Abläufe des Universums.

Das Licht, das sieben Magnesium-Ionen in einer Ionenfalle (symbolisch dargestellt) nach Anregung mit einem Laser abstrahlt. Die Ionen wurden mit dem im Text beschriebenen Verfahren auf 5 Millikelvin heruntergekühlt und strahlen deshalb ihre »wahren« Resonanzfrequenzen ab.

Dopplereffekt

Wir kommen nicht umhin, uns einen einfachen Sachverhalt anzuschauen, den Dopplereffekt. Auf eine Vorstellung von der Natur wird man im Modell der Wissenschaftler immer wieder treffen, und das sind Wellen. Wenn sich Schall durch die Luft bewegt, dann sind Druckschwankungen messbar. Sie laufen als Weilen durch das Medium. Man hat es in der Physik mit elektromagnetischen Wellen zu tun. Licht wird als elektromagnetische Welle angesehen, obwohl es dabei – wie sich später zeigen wird – Überraschungen gibt. Die Wellenlänge – der Abstand zum Beispiel von Wellenberg zu Wellenberg – ist ein Maß für die Energie, die in den Wellen steckt. Kurze Wellenlängen bedeuten höhere Energie als lange. So empfinden wir mit unseren Augen eine relativ kurze elektromagnetische Welle als blau – eine längere als rot. Dazwischen liegen die anderen Farbstufen, die mit entsprechenden Wellenlängen verknüpft sind. Es gibt noch kürzere elektromagnetische Wellen – wie die Röntgen- oder Gammastrahlen –, die jedoch von unseren Augen nicht mehr registrierbar sind – sie liegen außerhalb des optischen Bereichs und zerstören sogar wegen ihrer hohen Energie unsere Zellen. Und längere elektromagnetische Wellen als die von uns als rot registrierten gibt es auch: Infrarot- oder Radiowellen zum Beispiel. Mit unserem Auge können wir nur einen kleinen Ausschnitt aus dem elektromagnetischen Wellenspektrum wahrnehmen. Nur mit technischen Hilfsmitteln ist es möglich, die Welt der anderen elektromagnetischen Wellen zu entdecken. Für die beobachteten Wellen ist es entscheidend, von welcher Quelle sie abgestrahlt werden, zum Beispiel ob sich die Quelle relativ zum Beobachter bewegt. Geschieht das, dann ändert sich die Wellenlänge. Einfach nachzuvollziehen ist das mit diesem Experiment: Tupft man mit der Fingerspitze in eine mit Wasser gefüllte Schüssel, so breiten sich gleichmäßig

Wasserwellen bei ruhendem und bewegtem Erreger. Der Abstand der Wellen verändert sich je nach Bewegungsrichtung.

nach allen Richtungen Wellen aus. Je nach der Häufigkeit des Tippens haben die Wellenberge einen bestimmten Abstand. Setzt man voraus, dass dieses Tippen in regelmäßigen Abständen erfolgt, so entstehen aus den Wellenbergen konzentrische Kreise mit konstantem Abstand. Wird jedoch der Finger während des Eintauchens in eine Richtung bewegt, so verschiebt sich das Bild. Die Wellen werden in Bewegungsrichtungen gequetscht und auf der Gegenseite auseinandergezogen. Und das ist der Dopplereffekt. Bewegt sich die Quelle, die Wellen abstrahlt, auf einen Beobachter zu, so verkürzt sich die Wellenlänge; bewegt sie sich fort, so vergrößert sich die Wellenlänge. Für elektromagnetische Wellen bedeutet das: Strahlt eine sich für uns in Ruhe befindende Lichtquelle grünes Licht ab, so ändert sich ihre Farbe, wenn sie sich uns gegenüber bewegt. Kommt sie auf uns zu, so verkürzen sich die Wellen – das Licht wird blau. Bewegt sie sich von uns weg, so werden die Wellen auseinandergezogen, die Wellenlänge vergrößert sich – wir registrieren Rot. Übrigens wird dieser Effekt bei der Geschwindigkeitsmessung im Autoverkehr ausgenutzt. Eine »Laserpistole« schießt dabei Licht einer definierten Frequenz auf das fahrende Auto. Durch dessen Bewegung wird das reflektierte Licht in seiner Frequenz leicht verschoben. Im Vergleich mit der ausgesandten Frequenz lässt sich dann die Geschwindigkeit des Autos berechnen. Die Experimente mit bewegten Lichtquellen haben eine fundamentale Bedeutung in den Naturwissenschaften und auf diese Ergebnisse wird in diesem Buch immer wieder zurückgegriffen.

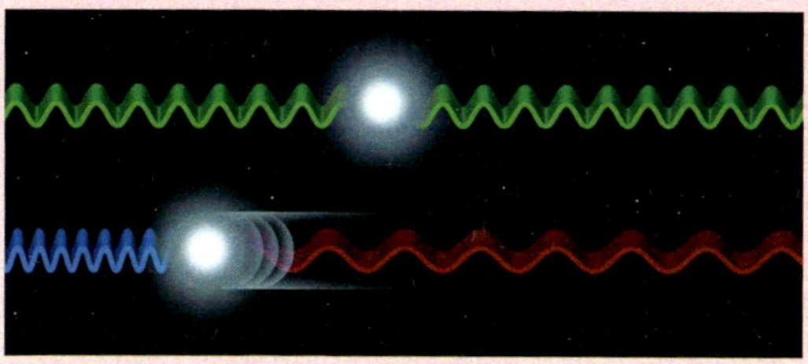

Strahlt eine Lichtquelle grünes Licht aus, so verändert sich die Wellenlänge (damit die Farbe), wenn sich die Quelle bewegt. In Bewegungsrichtung wird sie gestaucht, im anderen Fall aus- einandergezogen.

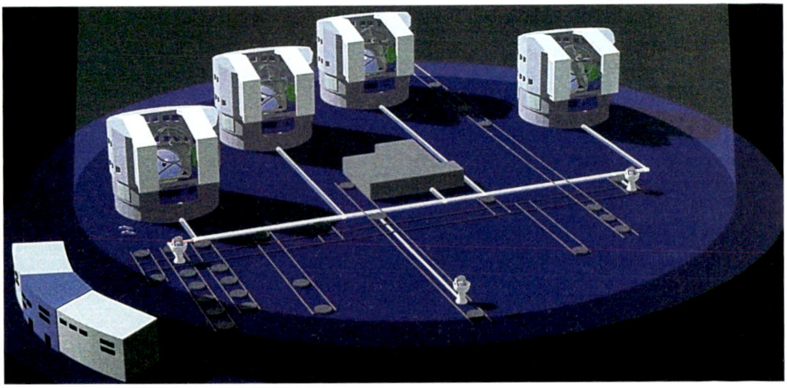

Eine Computerdarstellung der vier Teleskope, die von der Europäischen Südsternwarte (ESO) in Paranal, Chile, betrieben werden. Diese Teleskope sind zusammengeschaltet, um noch tiefer in das Universum hineinschauen zu können. Zur Koordination der Einzelteleskope ist eine äußerst präzise Zeitmessung wichtig.

So ist das genaue Messen von kleinsten Zeitintervallen in der Satellitentechnik wichtig. Signale der Satelliten werden heute zur Positionsbestimmung benutzt. In der Nachrichtentechnik verschachtelt man digitale Informationspakete ineinander, um die Übertragungskapazität zu steigern. Um das bewältigen zu können, sind hier genaue Taktgeber und damit präzise Zeitmessungen notwendig. In der Astronomie werden Teleskope miteinander verschaltet, um durch die damit verbundene höhere Auflösung tiefer in das Universum blicken zu können. Auch hier ist für das genaue Zusammenspiel eine verfeinerte Zeitmessung gefragt.

Für die Entdeckung der Geheimnisse des Universums ist die genaue Zeitmessung von fundamentaler Bedeutung. Sie entlarvte nicht nur die Endlichkeit der Lichtgeschwindigkeit, sondern durch die Verbesserung der Präzision bei der Festlegung allerkleinster Zeitintervalle werden plötzlich Zusammenhänge im Universum deutlich, die uns bisher verborgen blieben. Die Zeitmessung hat entscheidenden Anteil an den Umwälzungen in der naturwissenschaftlichen Sicht des Universums, und sie offenbart noch mehr Überraschungen.

Der Zweifel am Augenblick

4

Die Lichtgeschwindigkeit als Maßstab

Vergangenheit als Gegenwart

Der getäuschte Mensch

Die Zeitintervalle konnten mit dem Fortschreiten der Technik immer genauer bestimmt werden. Es gelang auch, extrem schnelle Abläufe, wie die Fortbewegung des Lichts, zu messen. Diese Möglichkeiten eröffneten völlig neue Welten, das Bild vom Universum wurde erweitert, neue Ideen und Visionen entwickelt. In der engen eigenen Umgebung spielte zwar die Erkenntnis, dass die Geschwindigkeit des Lichts endlich ist, kaum eine Rolle; denn mit dieser hohen Geschwindigkeit und den kurzen Distanzen auf der Erde konnte man im praktischen Leben auch ganz gut mit der Annäherung weiterleben, dass sich das Licht fast augenblicklich ausbreitet. Das alles funktioniert jedoch nicht mehr, wenn man die Tiefe des Weltalls mit seinen riesigen Dimensionen betrachtet. Hier wird man von den gigantischen Entfernungen überwältigt und kann die damit verbundenen Zahlen kaum in den Griff bekommen. Das Licht mit seiner messbaren hohen Geschwindigkeit bot sich plötzlich als Lösung für dieses Problem an. Denn jetzt konnte man Entfernungen in dieser Geschwindigkeit ausdrücken und alles – auf dem Papier zumindest – überschaubar halten. Das zeigt sich schon bei der Entfernungsangabe der Sonne. Anstatt festzuhalten, dass sie 150 Millionen Kilometer entfernt ist, rechnete man einfach aus, wie lange das Licht zur Sonne benötigen würde. Und das waren dann etwas mehr als 8 Minuten. Die Entfernung konnte so mit diesen 8 Lichtminuten angegeben werden. Eine überschaubare Zahl, deren Festlegung jedoch erst nach der genauen Bestimmung der Lichtgeschwindigkeit möglich war. Die Sonne und unser Planetensystem sind jedoch nur ein Sandkorn in der riesigen Weite des Weltalls.

Im Universum spielen ganz andere Dimensionen eine Rolle, sogar Lichtjahre – das heißt die Entfernung, die das Licht in einem Jahr zurücklegt – scheinen eine zu kleine Maßeinheit zu sein. Hunderttausende oder gar Milliarden Lichtjahre sind die Größenordnungen, die hier wichtig sind. Und die Erkenntnis, dass die Lichtgeschwindigkeit endlich ist, hat noch eine andere Konsequenz, und die hat etwas damit zu tun, wie wir das Universum, die Welt um uns herum, überhaupt wahrnehmen. Wenn wir wissen, dass das Licht von der Sonne etwa 8 Minuten benötigt, erkennen wir auch, dass wir damit ein Bild von der Sonne erhalten, das 8 Minuten alt ist. Wir sehen also nicht das aktuelle Geschehen auf der Sonne, sondern das, was schon Vergangenheit ist. Sollte sich einmal die Sonne in ihrer Endphase zum »Roten Riesen« aufblähen – was rechnerisch erst in etwa 5 Milliarden Jahren geschehen wird –, so erreicht uns die Botschaft vom Todeskampf der Sonne erst 8 Minuten später.

Diese Einsicht verändert selbstverständlich unsere Sicht von der Welt: Plötzlich ist unsicher, wie das, was wir Realität nennen, zu bewerten ist. Ist Realität nur das, was wir augenblicklich erfahren? Daneben müssen wir offenbar noch mit einer anderen Realität leben, die plötzlich mit dem Wissen um die Endlichkeit der Lichtgeschwindigkeit auftaucht. Denn dadurch ist es uns möglich, der Sonne, die wir aktuell sehen, einen Zustand zuzuschreiben, den sie vor 8 Minuten hatte und den wir erst nach dieser Zeitspanne erfahren können. Unsere Situation ist vergleichbar mit einem Blitz, der für uns sichtbar kilometerweit entfernt einschlägt, dessen akustisches Erscheinungsbild wir aber erst – durch die niedrige Schallgeschwindigkeit – Sekunden später wahrnehmen können. In diesem Beispiel nehmen wir die Realität im optischen Bereich früher wahr als im akustischen, weil die Lichtgeschwindigkeit so gigantisch größer als die akustische ist. Bei der Sonne sind wir als Informationsträger auf das Licht angewiesen. Allein durch

Extrapolation in der naturwissenschaftlichen Modellvorstellung können wir ableiten, dass es bei der Sonne eine Realität gibt, die wir erst 8 Minuten später erfahren und überprüfen können. Ein Beispiel dafür, wie wir mit den tieferen Einsichten, die uns die Naturwissenschaften bieten, unseren Erfahrungshorizont erweitern können und zu einem völlig neuen Bild vom Universum gelangen.

Aber es gibt noch mehr ungewöhnliche Erfahrungen, die wir durch die Endlichkeit der Lichtgeschwindigkeit im Universum machen können. Wenn wir in die Milchstraße blicken, so sehen wir schon mit dem bloßen Auge unzählige Sterne, die viel weiter als unsere Sonne entfernt sind. Das Licht benötigt Millionen von Jahren, um zu uns zu gelangen. Und weil das Licht nicht augenblicklich, instantan, zu uns gelangt, sondern mit einer endlichen Geschwindigkeit, sehen wir am Himmel Bilder aus der Vergangenheit! Ist eine Galaxie einige Lichtjahre entfernt, so sehen wir zurzeit ein Bild dieser Galaxie, das genau diese Anzahl von Jahren alt ist. Mit dem Blick auf die Sternenwelt des Universums betrachten wir also nicht die augenblickliche Realität, sondern ein zeitliches Gemisch aus Bildern, die einige Minuten, Jahre oder gar Jahrmillionen alt sind. Wegen der riesigen Entfernungen im Weltall und der Endlichkeit der Lichtgeschwindigkeit haben wir keine Chance, den augenblicklichen Zustand des Universums wahrzunehmen.

Mit Teleskopen können wir heute sehr tief in das Weltall hineinschauen. Von den einfachen Fernrohren ist die Technik heute bis zu Weltraumteleskopen und sehr leistungsfähigen Spiegelteleskopen gediehen. So kann man mit dem größten Teleskop auf der Erde, in Paranal/Chile, durch Zusammenschalten von vier Teleskopspiegeln eine Auflösung erreichen, die es erlaubt, das Mondauto von der Erde aus zu sehen. Mit solchen Techniken lassen sich auch feine Strukturen im Weltall ausmachen, und mit der entsprechenden Lichtstärke kann man sehr tief ins Universum schauen. Auf den beiden folgenden Seiten finden sich einige Beispiele dafür. Je tiefer man ins Universum schaut, umso weiter blickt man zurück in die Vergangenheit. Eine Galaxie, die 100 Millionen Lichtjahre entfernt ist, zeigt uns mit dem Eintreffen ihres Lichts ein Bild, das 100 Millionen Jahre alt

Botschaften aus der Vergangenheit

Wenn wir in das Weltall schauen, so erreicht uns Licht, das unterschiedlich lange unterwegs war. Je nach der Entfernung sehen wir deshalb Bilder von mehr oder weniger schon vergangenen Abläufen. Der Himmel bietet uns eine Mixtur davon. Auf diesen beiden Seiten sind einige Beispiele für diesen Blick in die Vergangenheit dargestellt.

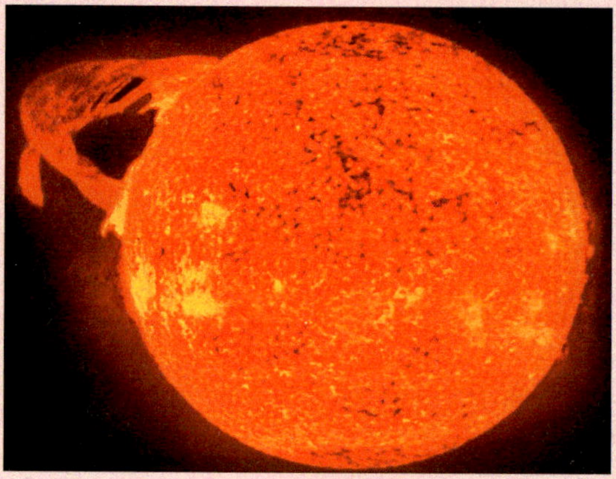

Unsere Sonne:
8 Minuten

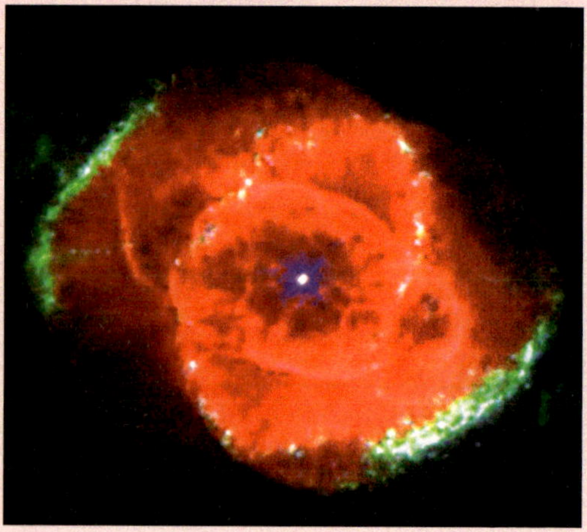

Planet-Nebel NGC 6543:
3000 Lichtjahre

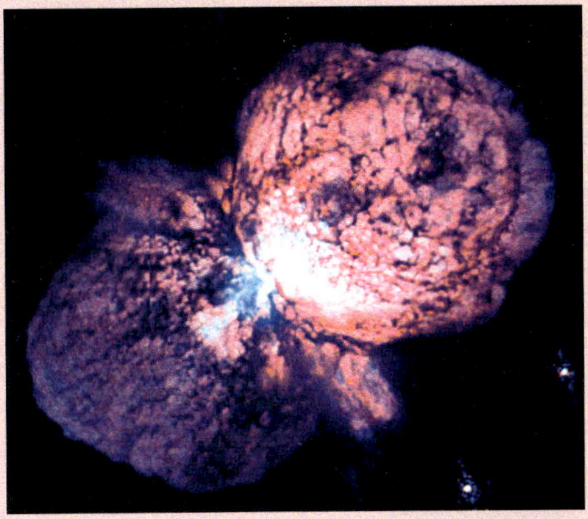

Nebel um den Stern
Eta-Carinae:
8000 Lichtjahre

Nebel in der Galaxie
M 33: 2,7 Millionen Lichtjahre

Spiralgalaxie NGC 1232:
300 Millionen Lichtjahre

ist. Wie sie heute aussieht, weiß keiner, und das ist auch prinzipiell nicht bestimmbar! Es sind ja nicht nur statische Bilder, die uns als Lichtquellen erreichen. Die optischen Botschaften zeigen das Geschehen zum Zeitpunkt ihres Starts von den fernen Galaxien. Sie erreichen uns dann zum Beispiel Hunderttausende Jahre später. So konnte man 1987 eine Supernova-Explosion beobachten. Die Wissenschaftler erlebten sie im Augenblick des eintreffenden Lichts. Aber weil die Magellan'sche Wolke, in der die Explosion stattfand, 160 000 Lichtjahre von uns entfernt ist, geschah sie vor genau dieser Zeit. Den tiefsten Blick in das Universum hat man vor Kurzem mit dem Hubble-Teleskop getan – und damit auch den weitesten zurück in die Vergangenheit, etwa 14 Milliarden Jahre.

Für unser Selbstverständnis bedeutet diese Einsicht eine gehörige Verwirrung. Mit einem Blick in das Universum wird uns eine Mischung von Realitäten vorgegaukelt. Einige Bilder, die wir aufnehmen, sind älter als andere, aber alle Bilder aus dem Universum haben mit der gerade existierenden Realität nichts zu tun. Schon der Mond ist 1,3 Lichtsekunden von uns entfernt und

Weil auch Radio- und Funkwellen mit Lichtgeschwindigkeit durch das Vakuum laufen, sind die von ihnen transportierten Programme – in Weltraumdimensionen gerechnet – gar nicht so weit von der Erde entfernt: ein Fernsehprogramm aus den 1970er Jahren gerade einmal 30 Lichtjahre. In Sciencefiction-Filmen werden immer wieder Raumschiffe gezeigt, die schneller als das Licht sind und mit denen man dann diese Programme aus der Vergangenheit einholen kann. Eine aufregende Idee, aber leider prinzipiell nicht zu realisieren.

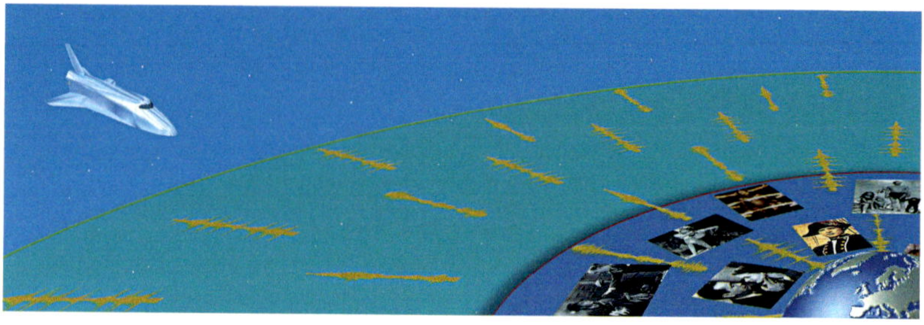

wird überdies noch mit 8 Minuten altem Licht von der Sonne bestrahlt. Wir müssen erkennen, dass wir unsere Umwelt mit Bildern aus der Vergangenheit registrieren.

Wegen der endlichen Geschwindigkeit des Lichts kann man auch versuchen abzuschätzen, wie wahrscheinlich es ist, außerirdische Zivilisationen mit Signalen zu erreichen. Wir befinden uns mit der Erde am Rande unserer Galaxie, die einen Durchmesser von 100 000 Lichtjahren hat. Seit etwa 100 Jahren können wir Radiowellen abstrahlen – die würden jetzt also 100 Lichtjahre weit sein. In diesem Bereich konnten wir nie Antworten von anderen Zivilisationen erhalten, und wir wissen auch deshalb, dass es eher unwahrscheinlich ist, hier intelligentes Leben zu finden. Stellt man sich nun die riesigen Dimensionen im Universum vor und schätzt dazu noch die Lebensdauer von Zivilisationen ab, so ist der Versuch, mit anderen Zivilisationen selbst nur über Radiowellen in Kontakt zu treten, äußerst hoffnungslos.

Nur in unserem engsten Umfeld können wir wegen der geringen Entfernungen bei der hohen Lichtgeschwindigkeit davon ausgehen, dass etwas (fast) instantan geschieht. Aber auch hier kommt es zu Mogeleien mit der Realität. Unsere Augen täuschen uns bei der Wahrnehmung unserer Umwelt. Setzt man eine Sonnenbrille mit nur einem Glas auf, so nimmt das vom dunklen Glas bedeckte Auge alles mit einer Verzögerung von einigen Millisekunden auf. Man weiß nicht genau, woran das liegt, das gesamte Auge-Gehirn-System ist bei diesem Vorgang beteiligt. Übrigens spielen Tennisprofis wegen dieser Verzögerung nur ungern mit Sonnenbrillen.

Man kann die einseitige Abdunklung des Auges auch für ein einfaches dreidimensionales Fernsehen ausnutzen. Wir sehen ja räumlich, weil unsere Augen nebeneinander angeordnet sind und sie deshalb die Welt jeweils aus leicht unterschiedlicher Perspektive betrachten. Diese beiden Bilder werden vom Gehirn zu einem dreidimensionalen Gesamteindruck zusammengesetzt. Will man zum dreidimensionalen Fernsehen kommen, so muss eine Kamera mit zwei nebeneinanderliegenden Objektiven die Rolle der Augen übernehmen. Auf dem Empfänger müssen diese leicht abweichenden Bilder entspre-

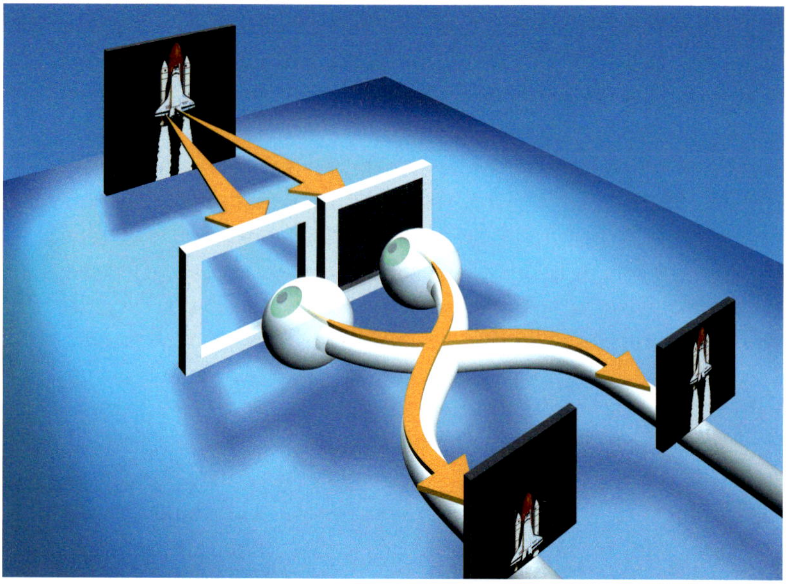

Ein dunkles Glas führt zu einer verzögerten Verarbeitung der optischen Signale. Wird ein Auge durch ein dunkles Glas abgedeckt, während das andere das Objekt direkt betrachtet, berechnet das Gehirn diese optischen Eindrücke so, dass man damit dreidimensionales Fernsehen realisieren kann.

chend dem rechten oder linken Auge zugeordnet werden. Das ist schwierig; man versucht das mit farbigen Brillen zu lösen oder mit im Takt pulsierenden Bildern. Mit unserer einglasigen Sonnenbrille geht das einfacher. Verfolgt man einen Kameraschwenk auf dem Bildschirm, so nimmt das mit dem dunklen Glas bedeckte Auge das angebotene Bild gegenüber dem direkt beobachtenden Auge verzögert wahr. Es bietet dadurch dem Gehirn – wie beim dreidimensionalen Sehen – immer ein Bild aus leicht anderer Perspektive an – nämlich das vorhergehende, das durch den kontinuierlichen Kameraschwenk ja ständig angeliefert wird. Ein solches TV-System hat man auch schon ausprobiert, es funktioniert aber wegen der geschilderten Gründe nur bei bestimmten Kamerabewegungen gut. Weitaus aufregender ist jedoch die daraus folgende Erkenntnis, dass wir schon durch einfache technische Tricks das, was wir Gegenwart nennen, zeitlich verschieben können. Allein schon die Betrachtung der Umgebung durch eine Sonnenbrille lässt den Augenblick zur Vergangenheit werden – in kleinsten Dimensionen allerdings.

Wenn man dem weiter nachgeht, so entdeckt man, dass offenbar für unsere Wahrnehmung die Zeit auch kein Kontinuum ist. Das Zeitgefühl scheint sich für uns aus kleinen Abschnitten zusammenzusetzen. Es gibt Experimente, die zeigen, in welchen Einheiten dabei das menschliche Gehirn arbeitet. Die Zeit fließt nicht kontinuierlich, vielmehr wird sie im Gehirn des Menschen in kleinsten Zeiteinheiten von 30 Millisekunden erzeugt.

In diesen Zeitfenstern sammelt das Gehirn die Eindrücke, um sie dann insgesamt zu verarbeiten. Das ist offenbar notwendig, denn optische Reize über das Auge wahrgenommen erreichen wegen der hohen Lichtgeschwindigkeit das Gehirn schneller als ein Reiz, der sich erst durch die Nervenbahnen bewegen muss – ein Schmerz zum Beispiel, der durch einen auf den Fuß fallenden Stein ausgelöst wird. Beide Reize müssen aber als Einheit empfunden werden. Daher kommt es offenbar zu diesem Zeitfenster in unserem Gehirn. In Experimenten hat man Testpersonen Klicklaute und Lichtblitze in immer kürzer werdenden Zeitintervallen als Reizkombination vorgeführt. Bei einem Abstand von 30 Millisekunden können beide Reize noch als getrennt wahrgenommen und deren Reihenfolge bestimmt werden. Bei kürzeren Abständen ist das nicht mehr möglich.

Der Fluss des bewussten Lebens und Handelns ist in einen 30-Millisekunden-Takt eingeteilt. Die »Bewusstseinsfenster« entsprechen der Zeiteinheit, die der Arbeitsspeicher des Kurzzeitgedächtnisses gerade noch unterscheiden kann. Dies bedeutet aber auch, dass das Bewusstsein immer ein Stück hinterherhinkt und nie auf dem aktuellen Stand ist. Und das Gehirn scheint sogar das zeitliche Erleben des Menschen zu manipulieren. Testpersonen werden dazu einer Uhr gegenübergesetzt, und dann werden bei vollem Bewusstsein entsprechende offenliegende Nervenbahnen im Gehirn durch elektrische Impulse gereizt. Man kann damit zum Beispiel eine Berührung der Hand der Versuchsperson simulieren. Normalerweise gelangen

Nervenerregungen durch die Trägheit der Reizübertragung erst mit einiger Verspätung ins Gehirn. Um dies aber unmerklich zu machen, datiert das Gehirn die Reize zurück. Der optische Eindruck über das Auge wird so lange »zwischengespeichert«, bis er mit dem langsameren Reiz, der von der Hand über die Nervenbahn zum Gehirn gelangt, korrigiert werden kann. Reizt man nun die für die Hand verantwortlichen Nerven direkt im Gehirn und umgeht dabei die Trägheit der Nervenleitungen, rechnet das Gehirn trotzdem zurück, und das kann man mit diesen Versuchen erkennen. Unsere körperlichen Reaktionen machten es offenbar notwendig, die Realität verzögert zu erleben und zu verarbeiten. Im Bereich von 30 Millisekunden ist das auch ohne Schaden zu bewerkstelligen, denn in diesem kurzen Zeitabschnitt passiert für unser Überleben nichts Dramatisches.

Diese Versuche zeigen, dass die Zeit offenbar eine verschiebbare und manipulierbare Messgröße ist. Wir erleben die Zeit zwar als Kontinuum, sie ist aber abhängig von den Funktionen in unserem Körper. Und das führt zu einer Entmythologisierung des Zeitbegriffs.

5 Der Verlust der absoluten Zeit

Lichtgeschwindigkeit als absolute Größe

Relativität von Raum und Zeit

Einsteins neues Weltbild

Mit dem Fortschreiten der Naturwissenschaften verändert sich auch unsere persönliche Sicht von der Welt. So wird – wie im vorherigen Kapitel gesehen – durch die Möglichkeit, Zeiten sehr genau zu messen und damit auch hohe Geschwindigkeiten wie die des Lichts, unsere Vorstellung vom Jetzt erschüttert. Die durch die Verbesserung der Messtechnik festgestellte Endlichkeit der Lichtgeschwindigkeit ist aber nur der Anfang einer noch weitergehenden, aufregenden Entwicklung, die mit dem Licht zusammenhängt. Beeindruckend ist nicht nur die hohe Geschwindigkeit des Lichts, sondern noch eine andere ungewöhnliche Eigenschaft. Das folgende Gedankenexperiment zeigt, worum es geht: Es ist gar nicht so einfach, wie man meinen könnte, mit einem Ball eine Fensterscheibe einzuwerfen. Beim Abwurf erreicht man nur eine bestimmte Geschwindigkeit – und damit Energie – des Balls. Fährt man allerdings mit einem Fahrrad auf die Fensterscheibe zu und wirft dann den Ball bei hoher Geschwindigkeit ab, so gelingt der Versuch schon besser, vorausgesetzt, man trifft. Zu der Geschwindigkeit des Balls beim Abwurf kommt noch die Geschwindigkeit hinzu, die durch das Fahrrad gewonnen wird. Unsere Erfahrung im täglichen Leben ist, dass sich Geschwindigkeiten addieren. Ein aus dem schnell fahrenden Auto nur leicht geworfener Ball kann so auf ein am Straßenrand stehendes Objekt eine verheerende

Bei einer von einem Raumschiff abgeschossenen Kugel addiert sich die Geschwindigkeit des Raumschiffs zu der der Kugel. Das Licht macht dabei jedoch eine Ausnahme: Seine Geschwindigkeit hat immer denselben Wert, egal ob sich die Lichtquelle bewegt oder nicht.

Wirkung haben. Beim Licht jedoch offenbart sich eine überraschende andere Erfahrung: Egal, wie schnell man sich bewegt, diese Geschwindigkeit addiert sich nicht zu der des Lichts, das Licht behält seine Geschwindigkeit von 300000 km/sec ständig bei!

Es zeigt sich, dass die Geschwindigkeit des Lichtes unabhängig von der Bewegung der Lichtquelle und des Beobachters ist. Sie beträgt immer 300000 km/sec. Und das gilt in allen Situationen; für den Beobachter, an dem die Lichtquelle vorbeifliegt, ebenso wie für einen Beobachter, der sich relativ zu dieser Lichtquelle bewegt, und auch für einen Beobachter, der auf der Lichtquelle sitzt und sich mit ihr bewegt. Die Lichtgeschwindigkeit wird so zu einer universellen Naturkonstanten. Strahlt ein auf uns zukommendes Raumschiff Licht ab, so messen wir nicht etwa die Lichtgeschwindigkeit plus die Geschwindigkeit des Raumschiffes, sondern es bleibt bei den 300 000 km/sec. Schickt es nach dem Vorbeifliegen Licht zu uns, messen wir wiederum 300 000 km/sec, obwohl sich ja jetzt das Raumschiff von uns wegbewegt und sich dabei, nach der klassischen Vorstellung, die Lichtgeschwindigkeit eigentlich verkleinern sollte. Egal was geschieht, die Lichtgeschwindigkeit im leeren Raum bleibt immer konstant.

Für uns ist das eine überraschende Erkenntnis, glaubte man doch, dass sich in allen Fällen die Geschwindigkeiten addieren. Das Experiment mit dem Ball hat ja gezeigt, wie das funktioniert. Stellt man sich das Licht als Teilchenstrom vor, so müsste zu der Geschwindigkeit der Lichtteilchen auch die Geschwindigkeit des Raumschiffes hinzukommen. Aber – und das ist die neue Erkenntnis – für das Licht gilt das nicht. Die Lichtteilchen, die Photonen, verhalten sich nicht wie Bälle in der uns vertrauten Mechanik. Licht besitzt in jedem System – ob nun auf der Erde oder im vorbeifliegenden Raumschiff – immer dieselbe Geschwindigkeit von 300 000 km/sec! Etwas genauer gemessen sind es 299 792,458 km/sec.

Schon 1851 hatte Armand Fizeau Experimente gemacht, um herauszufinden, ob sich das Licht wie die Bälle bei unserem Fahrradversuch verhält. Dazu schickte er Lichtstrahlen durch strömendes Wasser. Einmal lief der Lichtstrahl mit der Wasserströmung und einmal dagegen. Das konnte er mit einer entsprechenden Anordnung von Spiegeln erreichen. Die Messungen zeigten, dass zu der Lichtgeschwindigkeit keinesfalls – wie bei den Bällen – einfach die Geschwindigkeit des strömenden Wassers hinzukam. Man konnte daraus ableiten, dass die Lichtgeschwindigkeit unabhängig von der Bewegung der Quelle war. Dieses Experiment wurde 1886 von Michelson und Morley wiederholt, und auch sie kamen zu demselben Ergebnis. Die Lichtgeschwindigkeit war damit als unabhängig vom Bewegungszustand der Quelle und des Beobachters erkannt. Andere Experimente folgten, die diese Ausnahmerolle des Lichts bestätigten.

Auch astronomische Beobachtungen wie Doppelsternsysteme wurden diskutiert. Dabei handelt es sich um zwei Sterne, die sich umkreisen. Würde sich zu der Lichtgeschwindigkeit c

die Eigenbewegung dieser Sterne addieren, so käme es zu einigen Merkwürdigkeiten. Der Stern, der sich gerade mit der Geschwindigkeit v von uns wegbewegt, würde sein Licht mit der Geschwindigkeit c minus v abstrahlen. Kommt er während des Umlaufs wieder auf uns zu, so würde das Licht die Geschwindigkeit c plus v besitzen und deshalb den ersten Lichtstrahl überholen. Wir müssten deshalb eigentlich verschwommene Mehrfachbilder dieser Sterne sehen – aber das passiert nicht!

Die Folgerung aus all diesen Experimenten ist, dass die Lichtgeschwindigkeit im leeren Raum immer denselben Wert hat, unabhängig von der Geschwindigkeit der Quelle, die das Licht aussendet, und auch unabhängig von der Geschwindigkeit des Beobachters.

Und noch eine Überraschung kommt dazu: Die Lichtgeschwindigkeit kann nicht überschritten werden. Nichts ist schneller als das Licht. Immer wieder wurde nach Signalen gesucht, die schneller als das Licht sind, aber vergeblich. Deshalb wurde postuliert, dass kein Signal schneller als das Licht sein kann. Und das gilt in der Physik, bis in einem Experiment das Gegenteil bewiesen wird. Es gibt zwar einige Beispiele, die zeigen sollen, dass scheinbar Überlichtgeschwindigkeit erreicht wird, aber sie erfüllen nicht die Bedingung, dass dabei auch Information übertragen wird, also Signale ausgetauscht werden. So bleibt es dabei, dass kein Signal schneller als das Licht sein kann. Die Geschwindigkeit des Lichts ist im Vakuum nicht variabel, deshalb bezeichnet man sie auch mit c wie »constant«.

Das alles erschütterte selbstverständlich auch die Modellvorstellungen und Theorien der Physiker über das Geschehen in der Natur. Es gab einige Versuche, dieses ungewöhnliche Verhalten des Lichts in das physikalische Weltbild zu integrieren. Mit größter Konsequenz bei der Suche nach den neuen Theorien verfolgte dies Albert Einstein.

Er machte die Erkenntnis der Invarianz der Lichtgeschwindigkeit zur Voraussetzung einer Theorie, die das Bild von der Welt entscheidend veränderte: die Relativitätstheorie. In einem Teil dieser Theorie – die Einstein die »Spezielle Relativitätstheorie« nannte – werden zunächst Bezugssysteme, das sind Koordinatensysteme, betrachtet, die sich gegeneinander gleichförmig und geradlinig bewegen. Die Lichtgeschwindigkeit in diesen

Dieses Doppelsternsystem rotiert wie eine Hantel. Wäre die Geschwindigkeit des Lichts abhängig von der Bewegung der Lichtquelle, so müssten wir auf der Erde seltsame Bildüberlagerungen dieser Doppelsterne sehen, denn bei der Rotation bewegen sich die Sterne ja einmal von uns weg, dann wieder auf uns zu. Beobachtet wird jedoch ein klares Bild dieses Doppelsternsystems. Das gilt als eine Bestätigung der konstanten Lichtgeschwindigkeit.

»Koordinatensystemen« wird, egal wie schnell sie sich gegeneinander bewegen, als gleich angenommen, und das bildet die wichtigste Voraussetzung für die Einstein'sche Vorstellung von der Welt. Diese Bezugssysteme kann man sich als Raumschiffe vorstellen, die aneinander vorbeigleiten. Sie bewegen sich relativ zueinander, und ein Beobachter sieht in diesem Einstein'schen Universum aus dem System, in dem er mitreist, in der Welt, die an ihm vorbeifliegt, erstaunliche Dinge. Er erlebt eine spezielle Welt: Wie stark diese von seiner eigenen abweicht, ist abhängig von seiner Bewegung, relativ zu der beobachteten Umgebung, zu den anderen Bezugssystemen. Das ist das »Relative« an dieser neuen Vorstellung vom Universum. Die Lichtgeschwindigkeit jedoch bleibt in all diesen Welten unveränderlich. Sie wird als universell geltend angenommen, und das genau führt ja zu den einschneidenden Konsequenzen in dem neuen Weltbild.

Dabei stellt sich die Frage, wie es überhaupt möglich ist, dass der Astronaut in seinem Raumschiff denselben Wert der Lichtgeschwindigkeit misst wie der Beobachter auf der Erde, obwohl er sich doch rasend schnell an uns vorbeibewegt. Nach der Erfahrung mit den Bällen und dem Fahrrad müssten wir ja auf der Erde eine höhere Geschwindigkeit der ankommenden Lichtteilchen messen, die vom auf uns zukommenden Raumschiff abgestrahlt werden; denn sie tragen ja noch die Geschwindigkeit des Raumschiffs mit sich. Einstein setzt jedoch strikt voraus, dass in beiden Systemen die Lichtgeschwindigkeit denselben Wert besitzen muss – und diese Annahme wird ja auch von den Experimenten bestätigt. Wenn diese Voraussetzung so konsequent gefordert wird, so müssen sich andere Größen als die Lichtgeschwindigkeit verändern, und das sind die Längen und Zeiten in dem entsprechenden Bezugssystem. Warum das so ist, wird im folgenden Kasten plausibel gemacht.

Diese Folgerung der Einstein'schen Theorie ist ungeheuerlich. Sind doch Raum und Zeit in unserer Vorstellung unantastbar. Warum sollten Strecken länger oder kürzer erscheinen oder Zeiten schneller oder langsamer vergehen, nur weil wir sie aus unserem Bezugssystem in einem schnellen Raumschiff – in

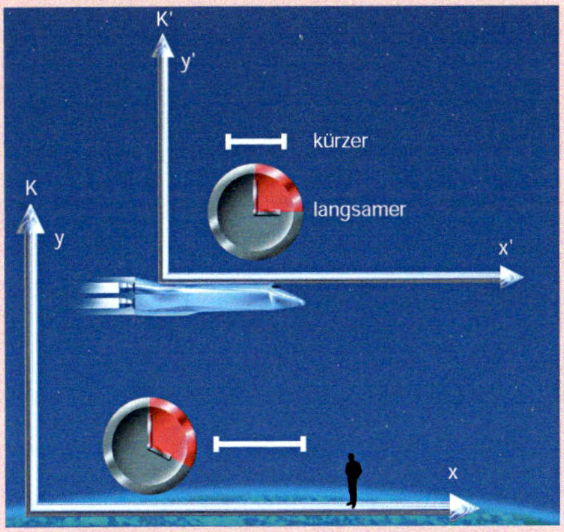

Geschwindigkeit ist mathematisch gesehen die zurückgelegte Strecke geteilt durch die dabei vergangene Zeit. Dies kann man auch kurz als Formel so schreiben: $v = \frac{\Delta x}{\Delta t}$, wobei Δx die zurückgelegte Wegstrecke und Δt das abgelaufene Zeitintervall ist. Soll nun die Geschwindigkeit des Lichts, die wir c nennen, immer den konstanten Wert von 300 000 km/sec besitzen, so muss der Bruch Ort durch Zeit für die Beobachter in den verschiedenen Systemen immer denselben Wert ergeben. Wie aber kann das erreicht werden? Eine Möglichkeit wäre, dass in dem vorbeifliegenden Bezugssystem andere Längen und Zeiteinheiten zu beobachten sind als in unserem ruhenden. Eine unglaubliche Vorstellung, aber zumindest rechnerisch könnte dann in beiden Koordinatensystemen derselbe Wert für c erhalten werden. Das ruhende Bezugssystem bezeichnen wir mit K und den Koordinaten x, y, z. In ihm wird die Zeit t gemessen. Das bewegte System nennen wir K' mit den entsprechenden Koordinaten x', y', z' und der Zeit t'. Sendet ein Astronaut während des Vorbeiflugs an der Erde aus seinem Raumschiff, dem System K', Licht aus, so müssen er und der Beobachter auf der Erde in seinem System K den gleichen Wert c für die Lichtgeschwindigkeit messen. Bewegt sich das Raumschiff vom Beobachter weg, so müssen sich die für die Geschwindigkeitsbestimmung des Lichts gemessenen Längen und Zeiten im jeweiligen Bezugssystem so darstellen, dass für die Brüche

$$c = \frac{\Delta x}{\Delta t} \quad \text{und} \quad c' = \frac{\Delta x'}{\Delta t'}$$

in beiden Systemen – dem sich bewegenden Raumschiff und der dazu relativ ruhenden Erde – derselbe Wert erhalten wird. Die einzige Möglichkeit dafür bietet sich, indem sich die Längen und Zeiten im betrachteten Bezugssystem entsprechend verkürzen oder verlängern. Für den Beobachter auf der Erde müssen die Uhren in dem an ihm vorbeifliegenden Raumschiff langsamer laufen und sich die dort von ihm gemessenen Längen verkürzen, um auch mit diesen Messwerten auf den richtigen Wert von c zu kommen. Dasselbe gilt für den Beobachter im Raumschiff, wenn er Längen und Zeiten auf der Erde betrachtet.

einem bewegten System K′ – betrachten? Für die Naturwissenschaftler vor Einstein waren Raum und Zeit unveränderlich in ihrer Größe, ob sich nun ein System relativ zu einem anderen bewegte oder nicht. Eine Minute gemessen auf der Erde blieb in dem klassischen Bild eine Minute, auch wenn man die Uhr im vorbeifliegenden Raumschiff abliest. Und ein Meter blieb in jeder Situation ein Meter. Raum und Zeit wurden als universelle Größen angesehen, die den übergreifenden Rahmen der Welt bildeten, in dem die Vorgänge in der Natur abliefen. Newton hatte dieses Weltbild begründet und es stimmte mit unserem natürlichen Gefühl überein. Plötzlich aber werden diese Pfeiler unseres Weltbildes zu relativen Werten!

Einstein kommt jedoch in seiner Theorie gar nicht daran vorbei, diese unglaubliche Konsequenz zu formulieren, die so entscheidend an der Unveränderlichkeit von Raum und Zeit rüttelt. Es ist einfach die Folge der Voraussetzung, den gleichen Wert der Lichtgeschwindigkeit für jedes System zu garantieren.

Mathematisch beschrieben führt das zu der Situation, dass sich für einen Beobachter im System K die Längen im dazu relativ bewegten, von ihm betrachteten System K′ verkürzen und die Zeiten dehnen. Mit diesen Veränderungen kann er auch den unverrückbaren, vom Bezugssystem unabhängigen Wert von c erhalten. Ebenso gilt für den Astronauten im System K′, dass er beim Vorbeifliegen hier auf der Erde – im System K – die Längen verkürzt und die Zeiten gedehnt sieht. Beide Systeme sind gleichberechtigt, und so kann der Astronaut den konstanten Wert von c in seinem und dem K-System auf der Erde messen.

Diese Situation lässt sich wiederum mathematisch beschreiben. Führt man in dem mathematischen Formalismus die Bedingung ein, dass, wenn sich zwei Systeme K und K′ mit einer Geschwindigkeit v relativ zueinander bewegen, die Geschwindigkeit des Lichts c im leeren Raum für jedes System konstant 300 000 km/sec betragen muss, so erhält man eine mathematische Beziehung, die das Geschehen im einen System zu dem im anderen in Beziehung bringt. Die Orts- und Zeitkoordinaten des einen oder anderen Systems müssen beim Wechsel von einem ins andere System jeweils mit einem Faktor $\alpha = \sqrt{1-v^2/c^2}$ multipliziert werden. Dieser Transformationsfaktor garantiert, dass in beiden Systemen die Lichtgeschwindigkeit ihren universellen Wert beibehält und durch nichts übertroffen werden kann. Kenner der mathematischen Formelsprache sehen das sofort, denn soll der Ausdruck unter der Wurzel physikalischen Sinn behalten, so darf v die Lichtgeschwindigkeit c nie übersteigen, denn dann wäre er negativ. Durch Einsetzung von Zahlen ist das leicht zu testen, v ist dabei die Geschwindigkeit der Systeme zueinander.

Ist Δx die Längenmessung im ruhenden System und $\Delta x'$ die im bewegten, so ergibt sich für die Transformation

$$\Delta x = \Delta x' \sqrt{1 - v^2/c^2}$$

Die Differenz in den Ortskoordinaten, im bewegten System betrachtet, verkürzt sich für einen Beobachter auf der Erde, weil der Wurzelausdruck immer kleiner als oder höchstens gleich 1 ist. Und auch die Zeitintervalle im bewegten System – die Uhrzeiten – unterliegen einer Veränderung. Durch die mathematische Transformation der Zeitkoordinate vom bewegten zum unbewegten System, wieder unter der strikten Beachtung, dass die Lichtgeschwindigkeit in beiden Systemen gleich sein muss, gilt für die Zeit:

$$\Delta t = \Delta t' \ \frac{1}{\sqrt{1 - v^2/c^2}}$$

Das Zeitintervall erscheint für einen im ruhenden System messenden Beobachter größer – läuft also langsamer ab –, weil der Wurzelausdruck immer kleiner als 1 ist.

Eines soll noch einmal betont werden: Die Verkürzungen der Längen und die Verlängerung der Zeitintervalle ist gegenseitig zu beobachten. Der Raumfahrer nimmt von der Erde einen Stab der Eigenlänge $\Delta x' = 1$ Meter und eine Uhr mit Sekundenanzeiger mit. Im Raumschiff misst er immer noch $\Delta x' = 1$ Meter und $\Delta t' = 1$ Sekunde. Betrachtet man nun von der Erde aus – dem ruhenden System – diese Längen und Zeiten im sich bewegenden Raumschiff, so erscheinen sie entsprechend verkürzt oder verlängert. Auch der Astronaut misst umgekehrt dieselben Veränderungen, wenn er beim Vorbeifahren Maßstäbe und Uhren auf der Erde betrachtet. Mit der Relativitätstheorie stellte sich das Gebäude der Welt, das Naturwissenschaftler mühsam – im Einklang mit dem gesunden Menschenverstand – über Hunderte von Jahren entwickelt haben, plötzlich anders dar. Bei Newton gab es keinen Zweifel, dass Längen in den verschiedenen Bezugssystemen, ob nun bewegt oder nicht, absolut gleich sind. Dasselbe setzte man für die Zeit voraus. Mit der Einstein'schen Sicht von der Welt gelten diese Größen nicht mehr absolut, sie sind abhängig geworden von den Bezugssystemen, die sich relativ zueinander bewegen.

Und noch eine einschneidende Veränderung gibt es, und die lässt sich aus dem mathematischen Formalismus erkennen: Die Relativitätstheorie ist ja mathematisch etwas aufwendiger als hier dargestellt. Die oben angegebene Gleichung für die Längenverkürzung bei der Beobachtung eines bewegten Systems gilt für einen speziellen Fall, dann, wenn bei einem Maßstab mit der Länge $\Delta x'$ der Anfangspunkt x_1' und sein Endpunkt x_2' zum gleichen Zeitpunkt gemessen werden. Schreibt man jedoch die allgemeine Form der Transformationsgleichungen, die Lorenztransformation, auf, so sind in ihnen Ort und Zeit miteinander verknüpft. In der Gleichung für die Zeit t finden sich Ortskoordinaten und umgekehrt. Ort und Zeit existieren damit nicht mehr unabhängig voneinander, sondern sind nun miteinander verschmolzen. Das heißt: Es gibt keine isolierte Betrachtung der Zeit mehr, der Ort ist automatisch mit ihr verknüpft und umgekehrt. Im Einstein'schen Universum muss man deshalb stets Ereignisse in der Raum-Zeit betrachten, danach laufen die Vorgänge auch folgerichtig in einem Raum-Zeit-Kontinuum ab. Einstein hat mit seiner Theorie ein in sich geschlossenes vierdimensionales Bild von der Welt entwickelt, mit drei Orts- und einer Zeitkoordinate.

Neben den drei Ortskoordinaten, die ein Teilchen festlegen, ist es jetzt auch wichtig zu sagen, welche Zeit gültig ist. Und die hängt von den jeweiligen Bezugssystemen ab. Mit der Relativitätstheorie tritt jetzt eine vierte Koordinate bei der Beschreibung eines Bewegungsvorganges stark in den Vordergrund: die relative Zeit. Das ist ein großer Wandel in der Vorstellung über die physikalische Zeit. Von den unabhängigen, beliebig verschiebbaren Zeitintervallen ist man zu einer unlösbaren Verknüpfung mit den Raumkoordinaten gekommen. Zudem muss beachtet werden, dass c einen universellen Wert hat, unabhängig von bewegten oder unbewegten Systemen. Und: Kein Signal kann schneller sein als das Licht, keine Geschwindigkeit größer als c.

Man ist von der Invarianz von c gegenüber allen Bezugssystemen so fest überzeugt, dass sie seit 1983 über das Meter definiert wird. Der universelle Wert von c wird heute nicht mehr gemessen, sondern ist im Vakuum auf 299 792 458 m/sec festgelegt. Das Meter ist die Strecke, die das Licht im Vakuum während 1/299 792 458 Sekunden durchläuft. Ein Zeichen dafür, wie sich das Einsteinsche Bild von der Welt etabliert hat. Bemerkt werden muss, dass diese sich gleichförmig und geradlinig bewegenden Bezugssysteme von Einstein unter Ausschluss der Gravitationskraft betrachtet wurden. Nur dadurch kommt man zu diesen einfachen Transformationsgleichungen. Einstein nannte deshalb diesen Teil seiner Theorie die »Spezielle« Relativitätstheorie. Selbstverständlich spielt die Gravitation in unserer Welt eine große Rolle. Erst in der später von ihm aufgestellten »Allgemeinen« Relativitätstheorie bezieht er auch die Gravitation ein. Das wird in späteren Kapiteln geschildert.

Durch die Voraussetzung, dass die Lichtgeschwindigkeit in allen Systemen immer denselben Wert von 300 000 km/sec besitzen muss, dringt man mit der »Speziellen« Relativitätstheorie in eine ungewöhnliche Welt vor. Eine Welt, die unserem Vorstellungsvermögen zuwiderzulaufen scheint. Raum und Zeit werden zu physikalischen Größen, die vom Bewegungszustand der beobachteten Uhren und Maßstäbe abhängig sind. Warum bemerkte man das nicht schon vor den Experimenten mit der Lichtgeschwindigkeit? Auch darauf gibt der Wurzelfaktor $\alpha = \sqrt{1-v^2/c^2}$ eine Antwort. Ist die Geschwindigkeit v klein im Vergleich zur Lichtgeschwindigkeit, und das ist sie für die täglichen Vorgänge im Leben fast immer, so wird v^2/c^2 so klein (fast null), dass der Ausdruck unter der Wurzel praktisch 1 ist. Δt wird deshalb gleich $\Delta t'$ und $\Delta x = \Delta x'$. Wenn sich also Systeme zueinander mit Geschwindigkeiten bewegen, die klein gegenüber der Lichtgeschwindigkeit sind, bleiben dieselben Zeiten und Längenmaße für das eine oder andere System erhalten. Die Uhren auf einem schnellen Motorrad und einem Sonnenbadenden im Vorgarten zeigen keinen Unterschied. Die Welt, die uns umgibt, mündet dann praktisch wieder in das vertraute Bild – in die klassische Newton'sche Vorstellung, dass Raum und Zeit absolut sind und nicht von der Geschwindigkeit eines Systems abhängen.

Erreicht v allerdings Werte, die in der Nähe der Lichtgeschwindigkeit liegen, dann stellt sich die Welt anders dar. Der Ablauf der Zeiten in einem bewegten System erscheint für einen ruhenden Beobachter verlangsamt. Die Längen zeigen sich verkürzt. Die Spezielle Relativitätstheorie von Einstein ist also mit dem klassischen Gebäude der naturwissenschaftlichen Vorstellung nahtlos verknüpft und erweitert unser Bild von der Welt. Bei Geschwindigkeiten, die uns täglich begegnen, mündet sie in die Theorien, die uns bis jetzt vertraut waren. Sie eröffnet allerdings bei Geschwindigkeiten, die der Lichtgeschwindigkeit nahe kommen, eine neue Sicht des Universums. Weil die Geschwindigkeiten, die wir im alltäglichen Leben erfahren, so klein gegenüber der Lichtgeschwindigkeit sind, ist es äußerst schwer, das Einstein'sche Gedankengebäude experimentell zu bestätigen. Entsprechend heftig wurde diese Theorie bekämpft. Für einen direkten Nachweis benötigte man wiederum sehr genau gehende Uhren, und die standen damals nicht zur Verfügung. Erst einige Jahre später gelang das.

Die Entwicklung der Relativitätstheorie lag Anfang des 20. Jahrhunderts regelrecht in der Luft. Man wusste nach den Experimenten über die Invarianz der Lichtgeschwindigkeit, dass sich dadurch etwas im physikalischen Weltbild ändern müsste, aber auf eine derartige Revolution im Verständnis von Raum und Zeit wollte man sich nur höchst ungern einlassen. Verschiedene Wissenschaftler beschäftigten sich schon vor Einstein mit Lösungsmöglichkeiten für das Problem. So entwickelte H. A. Lorentz zwischen 1895 und 1904 einen Ansatz dafür. Aber erst Einstein hatte die Weitsicht, konsequent die physikalischen Folgerungen aus den Messungen der Lichtgeschwindigkeit zu ziehen. Es kam dadurch zu der Vorstellung einer »elastischen« Zeit, die von der jeweiligen Situation abhängig ist. Heute ist die Relativitätstheorie unter den Wissenschaften voll akzeptiert. Und auch in der allgemeinen Öffentlichkeit werden gerne angebliche Folgerungen aus dieser Theorie benützt. So geschehen in Sciencefiction-Büchern schier haarsträubende Dinge. Zeitmaschinen katapultieren die Menschen in die Zukunft, Strahlung wandelt sich in Materie um, und Raumfahrer finden ihren Planeten nach einer langen Reise um Jahrhunderte gealtert vor, obwohl für sie in ihrem Raumschiff nur einige Jahre vergangen sind. Steckt hinter diesen dramatischen Szenarien wenigstens ein Stück Realität oder ist alles nur pure Phantasie?

Tatsächlich können einige dieser unglaublichen Geschichten in der Welt, in der wir leben, Wirklichkeit werden. Und dieser überraschende Aspekt des Universums hat eigentlich wieder in der Geschwindigkeit des Lichts seine Ursache, und Einsteins Relativitätstheorie sagt einige der unfassbaren Ereignisse tatsächlich voraus, wie wir im nächsten Kapitel sehen werden.

6 Die Welt der Zeitmaschinen

Was ist gleichzeitig?
Die Illusion von Zeitreisen
Verkürzte Entfernungen – verlangsamte Zeit

In dem Universum, das wir überschauen, ist es für uns selbstverständlich, dass es so etwas wie »Gleichzeitigkeit der Ereignisse« gibt. Denken wir an Freunde, die auf einem anderen Erdteil wohnen, und stellen wir uns vor, was sie gerade erleben, so haben wir keinen Zweifel, dass unser und der weiter entfernt ablaufende Augenblick identisch sind. In dieser Situation gehen wir wieder instinktiv davon aus, dass die Zeit einen unerschütterlichen Rahmen für das Geschehen im Universum liefert und als überall gleicher Taktgeber präsent ist. Mit der Speziellen Relativitätstheorie wird diese Position der Zeit in unserem Weltbild entscheidend verändert.

Die Vorhersagen von Einsteins Relativitätstheorie gehen gegen die Phantasie über das an, was alles in dieser neuen Welt möglich sein könnte. Wenn sich die Zeiten in bewegten Systemen so stark verlangsamen, wäre es dann nicht möglich, auch in die Vergangenheit zu reisen? Oder könnte sich ein schnelles Raumschiff nicht als Jungbrunnen benutzen lassen? Wie sieht es mit einer Reise in die Zukunft aus? Und wie sollte eine Zeitmaschine überhaupt konstruiert sein?

Zunächst einmal ist die Relativitätstheorie eine Theorie, das heißt, sie liefert Ergebnisse und Vorhersagen innerhalb eines mathematischen Formalismus. Die Rechnungen zeigen, dass die erstaunlichen Dinge alle nur bei Geschwindigkeiten nahe

Wie tiefgreifend die Zeitauffassung der Relativitätstheorie für unser Weltverständnis ist, zeigt sich in einem einfachen Gedankenexperiment: Im Spiel sind dabei zwei Astronauten und zwei Satelliten. Der eine Astronaut schießt mit einer Laserkanone auf den ersten Satelliten, worauf dieser explodiert. Der Laserstrahl bewegt sich mit Lichtgeschwindigkeit, genauso wie das Bild von der Explosion, denn Bilder sind ja nichts anderes als in Licht verpackte Informationen. Weil nichts schneller als das Licht sein kann und die Lichtgeschwindigkeit konstant ist, erreichen Laserstrahl und das Bild von der Explosion gleichzeitig den Satelliten 2. Dieser explodiert ebenfalls, und jetzt laufen der Laserstrahl, das Bild von der Explosion des ersten Satelliten und das Bild des explodierenden zweiten Satelliten gleich schnell zum beobachtenden Astronauten 2. Beide Bilder der Explosion (und auch der Laserstrahl) erreichen ihn gleichzeitig. Der Astronaut 2 wird schwören, dass die Satelliten gleichzeitig explodiert sind.

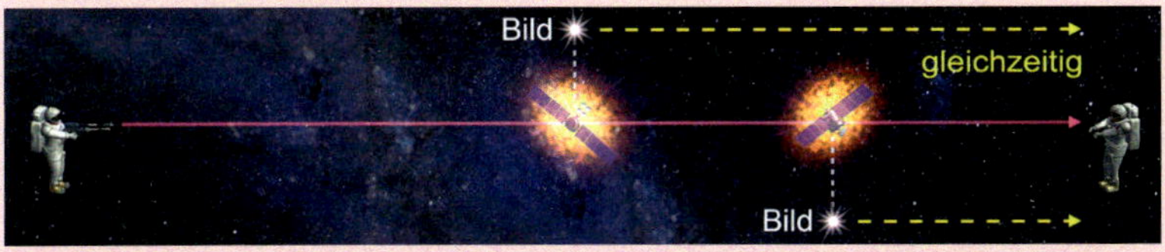

Der Astronaut 1 sieht jedoch alles völlig anders: Wenn der von ihm abgefeuerte Laserstrahl den ersten Satelliten explodieren lässt, läuft die Bildinformation darüber zurück zu ihm – und das mit Lichtgeschwindigkeit. Der Laserstrahl setzt seinen Weg zum zweiten Satelliten fort und bringt diesen zur Explosion. Die Bildinformation darüber läuft zurück zum Astronauten 1. Auch das geschieht mit Lichtgeschwindigkeit. Und weil nichts schneller als das Licht sein kann und das Bild von der Explosion des Satelliten 2 einen längeren Weg zurücklegen muss, trifft diese Information später als die über den ersten Satelliten bei ihm ein. Der Astronaut 1 würde schwören, dass die beiden Satelliten nacheinander explodiert sind. Wem soll man hier glauben? Unsere Vorstellung über das, was gleichzeitig geschieht, ist damit empfindlich gestört.

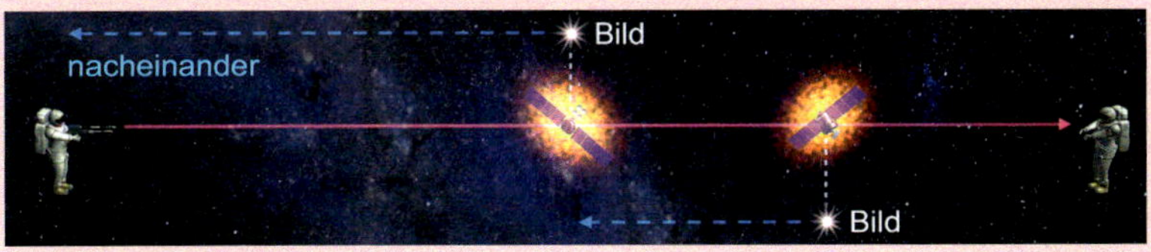

der Lichtgeschwindigkeit c geschehen können. Dafür ist der Faktor a verantwortlich. Will man die Theorie experimentell bestätigen, so muss man erst einmal in die Nähe von c kommen. Die Geschwindigkeiten, mit denen wir es im täglichen Leben zu tun haben, sind winzig klein im Vergleich zu der Lichtgeschwindigkeit. Eine Gewehrkugel zum Beispiel bringt es gerade auf 600 m/sec und eine Rakete auf etwa 11km/sec. Welche geringen Geschwindigkeiten verglichen zu der Lichtgeschwindigkeit von 300 000 km/sec. Der Einfluss des so wichtigen Faktors a ist bei den Geschwindigkeiten des täglichen Lebens vernachlässigbar. Schnell kommt da ein Verdacht auf: Zwar scheinen die theoretisch möglichen Auswirkungen der Speziellen Relativitätstheorie erstaunlich zu sein – sie haben nur den Schönheitsfehler, dass sie offenbar keiner nachprüfen kann, weil wir die hohen Geschwindigkeiten gar nicht erreichen können. Aber jede Theorie muss selbstverständlich durch Experimente bestätigt werden.

Eine Möglichkeit dazu findet sich im Mikrokosmos, denn kleine Teilchen können äußerst schnell sein. Unsere Erdatmosphäre wird ständig von Mini-Teilchen aus dem Weltall bombar-

	v (km/sec)	$\frac{v}{c}$	$\frac{1}{\alpha} = \frac{1}{\sqrt{1-v^2/c^2}}$
Düsenflugzeug	000 000,28	0,000 000 9	1
Gewehrkugel	000 000,6	0,000 0020	1
50% von c	150 000	0,5	1,155
75% von c	225 000	0,75	1,512
90% von c	270 000	0,9	2,294
99% von c	297 000	0,99	7,089
99,9% von c	299 700	0,999	22,37
99,9999% von c	299 999,7	0,999 999	707,10

diert. Trifft diese »kosmische Strahlung« auf die Moleküle unserer Erdatmosphäre, so zerplatzen die Protonen, Neutronen oder Elektronen der Atome und bilden neue Teilchen. Eine Sorte von Teilchen, die dabei frei werden, sind μ-Mesonen. Diese μ-Mesonen kann man auch auf der Erde erzeugen. Dazu werden in einem Beschleuniger mit Hilfe von elektromagnetischen Feldern Teilchen auf hohe Geschwindigkeiten gebracht und aufeinander geschossen. Dabei zerplatzen sie und es entstehen so μ-Mesonen im Labor. Hier kann man sie dann untersuchen und vermessen. Die μ-Mesonen aus dem Weltall besitzen eine Geschwindigkeit, die nur etwas geringer als die Lichtgeschwindigkeit ist. Sie sind von daher ein geeignetes Objekt, um die Relativitätstheorie zu überprüfen. Bei dieser Geschwindigkeit müsste sich messbar etwas an Raum und Zeit ändern. Die Relativitätstheorie sagt ja voraus, dass sich bei einer Geschwindigkeit nahe der Lichtgeschwindigkeit tatsächlich eine registrierbare Zeitdehnung oder eine Längenverkürzung finden lassen müsste. Die μ-Mesonen sind keine stabilen Teilchen, die meisten von ihnen zerfallen nach einer bestimmten Zeit. Sie besitzen damit so etwas wie eine eingebaute Uhr. Diese Zerfallszeit von $2 \cdot 10^{-6}$ Sekunden ist aus Laborexperimenten bekannt, ebenso die Geschwindigkeit der Teilchen. Für sie setzen wir:

$c = 300000 \text{ km/sec} = 3 \cdot 10^8 \text{ m/sec}$

ein. Aus den beiden Größen wird der Weg x, den ein μ-Meson zurücklegen kann, berechnet:

$x = v \cdot t = 3 \cdot 10^8 \text{ m/sec} \cdot 2 \cdot 10^{-6} \text{ sec} = 600 \text{ m}$

Die Tabelle zeigt, dass die Zeitdehnung und die Längenverkürzung erst dann eine Rolle spielen, wenn man in die Nähe der Lichtgeschwindigkeit c gelangt. Selbst beim Erreichen der Hälfte der Lichtgeschwindigkeit erreicht $1/\alpha$ nur einen Wert von 1,155. Mit der Formel

$$\Delta t = \Delta t' \cdot \frac{1}{\sqrt{1-v^2/c^2}}$$

zeigt sich, dass die Dauer einer Sekunde ($\Delta t'$) im bewegten Raumschiff in diesem Fall mit 1,155 multipliziert werden muss, also diese Sekunde sich für einen ruhenden Beobachter auf 1,155 sec verlängert. Mit den entsprechenden Zahlenbeispielen aus der Tabelle wird deutlich, dass eindrucksvolle Zeitdehnungen erst direkt an der Lichtgeschwindigkeit erreicht werden.

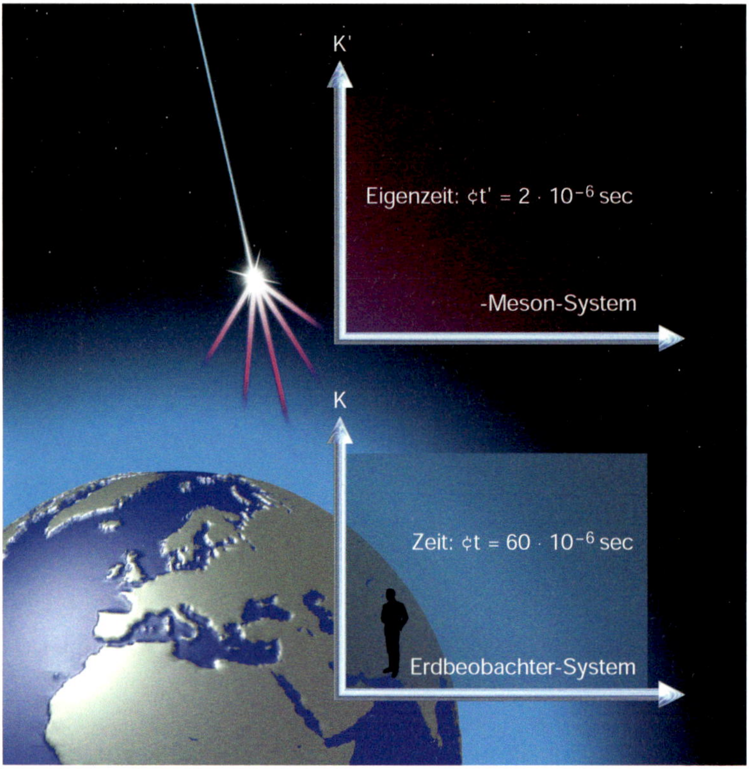

x ist 600 m. Demnach können μ-Mesonen 600 Meter in der Atmosphäre fliegen, bevor sie zerfallen. Messungen zeigen jedoch, dass sie 18 Kilometer und mehr durch die Atmosphäre zurücklegen und damit sogar die Erdoberfläche erreichen. Wo liegt der Fehler bei diesen Berechnungen?

Die Zerfallszeit von $2 \cdot 10^{-6}$ Sekunden ist die Uhr, die die rasend schnellen μ-Mesonen mit sich tragen. Die μ-Mesonen kann man sich als Bestandteile eines sich fast mit Lichtgeschwindigkeit bewegenden Systems K′ vorstellen, in dem die Zeit $\Delta t' = 2 \cdot 10^{-6}$ sec gemessen wird. Von der Erde aus betrachtet – dem ruhenden K-System – muss man nach der Speziellen Relativitätstheorie bei der Beobachtung von den μ-Mesonen, dem K′-System, den Transformationsfaktor a benutzen. Von uns gesehen, vergeht so die Zeit im bewegten

K′-System der μ-Mesonen weitaus langsamer. Die Zerfallszeit wird, von unseren Beobachterpositionen aus betrachtet, gedehnt, und damit können die μ-Mesonen auch einen längeren Weg zurücklegen. Genau das wird auch im Experiment beobachtet.

Mit μ-Mesonen lässt sich die Spezielle Relativitätstheorie bestätigen. Im bewegten System K' beträgt ihre mittlere Zerfallszeit $2 \cdot 10^{-6}$ sec. Vom ruhenden Beobachter auf der Erde (K-System) aus betrachtet, wird die Zeit um den Faktor 30 gedehnt. Deshalb können die μ-Mesonen einen weitaus längeren Weg in der Atmosphäre zurücklegen und die Erdoberfläche überhaupt erreichen.

Dies ist ein Paradebeispiel für die Richtigkeit der Folgerung aus der Speziellen Relativitätstheorie, die ja die Zeitverlangsamung und Längenverkürzungen bei sich relativ zueinander bewegenden Systemen voraussagt. Auch in den modernen Beschleunigeranlagen kann man die μ-Mesonen auf Werte nahe der Lichtgeschwindigkeit bringen, und auch hier bestätigt sich das langsamere Ablaufen der Zeit bei entsprechend hohen Geschwindigkeiten. Die Zerfallszeit der μ-Mesonen – die als Uhr dient – verlängert sich zum Beispiel um den Faktor 30, wenn die Teilchen in die Nähe der Lichtgeschwindigkeit ($v = 0{,}9994 \cdot c$) beschleunigt werden. Diese Veränderungen in der Zeit- und Längenmessung kann man auch umgekehrt – aus der Sicht des μ-Mesons – betrachten. In seinem System K′ ist die durchschnittliche Zerfallszeit wiederum $2 \cdot 10^{-6}$ Sekunden; aber von den μ-Mesonen aus betrachtet, saust während ihres Weges durch die Atmosphäre die Erde rasend schnell auf sie zu, und das hat eine Verkürzung der Distanz Meson – Erde zur Folge. Deshalb können die μ-Mesonen weitere Strecken zurücklegen, als nach der klassischen Rechnung zu erwarten wäre.

An diesem Beispiel ist auch zu sehen, wie fundamental sich das Bild von der Welt durch die Einstein'sche Vorstellung verändert. Bei hohen Geschwindigkeiten verkürzen sich die Längen in Richtung des Beobachters dramatisch. Würde man mit einer Geschwindigkeit nahe c auf den Eiffelturm zufliegen, so würde er für einen Beobachter in dem Superraumschiff

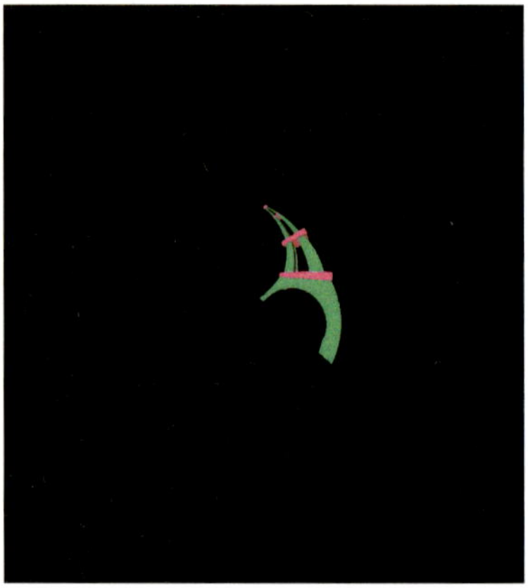

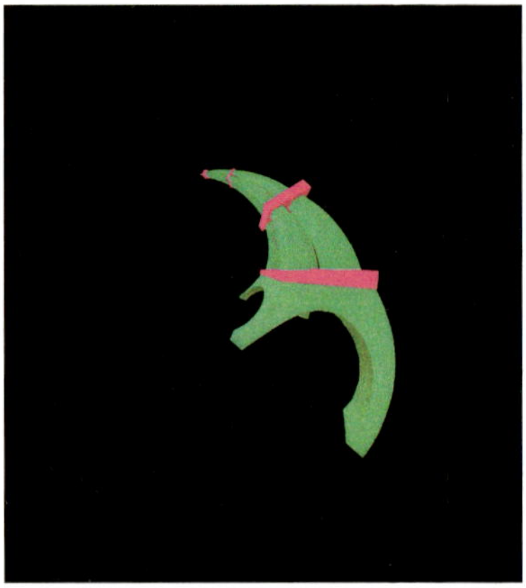

Mit Computern lässt sich die Verzerrung darstellen, die ein Astronaut sehen würde, wenn er sich in seinem Raumschiff dem Eiffelturm mit sehr hoher Geschwindigkeit nähert – hier 99 Prozent der Lichtgeschwindigkeit. Erst in der Nähe der Lichtgeschwindigkeit sind die Längenveränderungen eindrucksvoll.

gekrümmt erscheinen. Die Abmessungen würden sich je nach der Fluggeschwindigkeit ändern. Ebenso kann man sich vorstellen, dass sich Atome in ihrer geometrischen Form verändern. Auch diese Vorhersage der Theorie wurde im Experiment getestet. Protonen kann man in Beschleunigern in die Nähe der Lichtgeschwindigkeit bringen. Aus dem Verhalten beim Zusammenprall mit einem anderen Proton kann man schließen, dass das schnell bewegte Proton dem »ruhenden« Beobachter wie eine flache Scheibe erscheint. Ein weiterer überraschender Aspekt im neuen Bild von der Welt.

Im Zeitalter der Düsenflugzeuge hat man selbstverständlich nicht gezögert, die Veränderung der Zeitmessung in sich relativ zueinander bewegenden Systemen auch im Großen, mit schnell fliegenden Maschinen zu testen. Die Geschwindigkeit des Flugzeuges von etwa 1000 km/h allein reicht nicht für eine experimentelle Bestätigung der Speziellen Relativitätstheorie aus. Diese Geschwindigkeit ist einfach zu klein gegenüber c, und die genauesten Messgeräte sind für den dabei erzielten Effekt zu unempfindlich. Deshalb wird bei diesem Versuch auch die

Erddrehung mit etwa 1750 km/h in Äquatornähe ausgenutzt. In diesem Experiment bewegen sich die Flugzeuge entweder mit oder gegen die Erddrehung. Benötigt werden außerdem genau gehende und äußerst kleine Zeitabweichungen messende Uhren. Solche empfindlichen Zeitmesser standen erst in den sechziger Jahren mit den Atomuhren zur Verfügung. Drei Uhren sind bei diesem Experiment wichtig – eine bleibt auf der Erde, die beiden anderen fliegen mit den Flugzeugen. Alle drei werden nach dem Experiment miteinander verglichen. Ein Flugzeug fliegt in Ostrichtung, also mit der Erddrehung, das andere in Westrichtung. Wegen der Erddrehung bewegt sich für einen Beobachter aus dem Weltraum die Uhr am Boden nach Osten, mit einer Geschwindigkeit von etwa 1750 km/h in Äquatornähe. Das mit einer Geschwindigkeit von 1000 km/h nach Westen fliegende Flugzeug wird auch von der Erddrehung nach Osten mitgenommen. Seine Geschwindigkeit beträgt also 1750 km/h – 1000 km/h = 750 km/h.

Das mit der Erddrehung nach Osten fliegende Flugzeug kommt auf 1750 km/h + 1000 km/h = 2750 km/h. Es bewegt also die Uhr am schnellsten. Als man die drei Uhren nach Beendigung des Experiments verglich, kam – mit einigen Fehlerabweichungen – genau die mit Hilfe der Speziellen Relativitätstheorie errechnete Laufdifferenz zwischen den Uhren heraus. Die sich am schnellsten bewegende Uhr zeigte, relativ zu den anderen, die am langsamsten vergehende Zeit an. Beim Ostflug

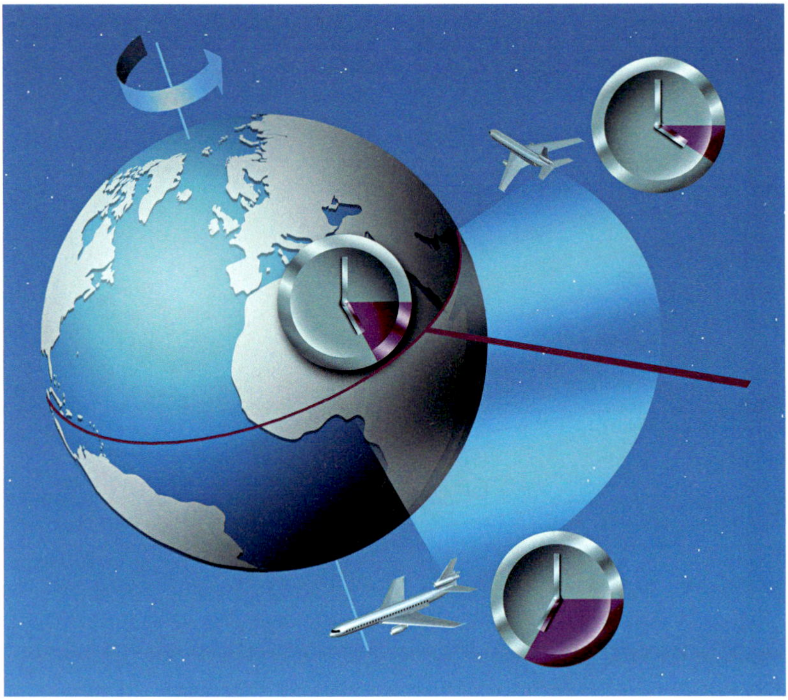

war die Zeit relativ zu der auf der Erde stationierten Uhr um 184 Nanosekunden langsamer vergangen (eine Nanosekunde ist eine Milliardstel Sekunde). Beim Westflug war die Zeit – allein durch die niedrigere Geschwindigkeit – 96 Nanosekunden schneller abgelaufen. Die Ergebnisse lagen innerhalb der vorgegebenen Fehlergrenzen und konnten somit als Bestätigung der Speziellen Relativitätstheorie gelten. Die Uhren laufen nicht etwa deshalb verschieden, weil sich an ihrer Mechanik etwas verändert, sondern diese Zeitunterschiede kommen aus ganz prinzipiellen Gründen zustande. Auch biologische Systeme unterliegen diesen zeitlichen Veränderungen.

Wenn zahlreiche Experimente die Richtigkeit der Einstein'schen Theorie von unserer Welt belegen, dann sind der Phantasie keine Grenzen mehr gesetzt. Was für Auswirkungen hat die Spezielle Relativitätstheorie auf einen Menschen, der sehr hohe Geschwindigkeiten erreicht? Besteigt ein Astronaut sein Raumschiff, das dann in die Nähe der Lichtgeschwindigkeit gebracht wird, so läuft für einen Beobachter auf der Erde die Zeit im Raumschiff langsamer ab als bei ihm. Aber auch der Raumfahrer sieht das, wenn er die Erde betrachtet, in gleicher Weise. Für ihn sind die Zeiten auf der Erde gedehnt und die Maßstäbe verkürzt. Beide Systeme sind gleichberechtigt. Jeder hält sein System für das die normalen Abläufe repräsentierende. Dann aber kommt die Überraschung. Kehrt der wagemutige Astronaut auf die Erde zurück, so sind hier seine Mitmenschen weitaus stärker gealtert als er selbst im Verlauf seiner Reise. Würde sich ein Zwilling in das Raumschiff setzen und der andere auf der Erde bleiben, so ist es denkbar, dass für den Raumfahrer, bei entsprechender Reisegeschwindigkeit in der Nähe der Lichtgeschwindigkeit, bei der Reise kaum Zeit vergeht, er aber bei der Rückkehr auf die Erde seine Zeitgenossen und seinen Bruder schon seit Generationen verstorben vorfindet. Was ist geschehen?

Zur Rückkehr muss der Astronaut sein Raumschiff abbremsen und dann wieder in die Gegenrichtung beschleunigen. In diesen Phasen sind die beiden Koordinatensysteme K' für das Raumschiff und K für die Erde nicht mehr gleichberechtigt. Nur unter der Voraussetzung der sich gleichförmig und geradlinig bewegenden Bezugssysteme konnte die Spezielle Relativitätstheorie mit den zeitverlangsamenden und entfernungsverkürzenden Faktoren mathematisch so gefasst werden – daraus folgt ja der scharf definierte Begriff der Relativität. In der Situation der Zwillinge wird jedoch ein Bezugssystem beschleunigt (bei der Umkehr zur Erde). Die Relativität gilt im ursprünglichen

Als experimentelle Bestätigung der Einstein'schen Theorie wurden drei Uhren miteinander verglichen. Die auf der Erde verbliebene Uhr wird mit der Drehung der Erde nach Osten bewegt. Die Uhr im Flugzeug, das mit der Erddrehung nach Osten fliegt, bewegt sich am schnellsten von den drei Uhren, weil sich zu der Erddrehung noch die eigene Geschwindigkeit addiert. Auf dieser Uhr vergeht deshalb die Zeit am langsamsten. Das Flugzeug mit der nach Westen fliegenden Uhr war relativ am langsamsten, deshalb läuft hier die Zeit am schnellsten ab.

Sinne der Gleichberechtigung der Systeme nicht mehr. Es ändern sich die Zusammenhänge im Raum-Zeit-Kontinuum, und es kommt zu der für uns nicht fassbaren Altersverschiebung bei den Zwillingen. Dabei altert der Raumfahrer in seinem Raumschiff mit der normalen Geschwindigkeit, die Zeit auf der Erde läuft relativ zu ihm schneller ab.

Mit dieser Erkenntnis eröffnen sich phantastische Möglichkeiten. Heute kämpft ja die Weltraumfahrt mit den unvorstellbar großen Dimensionen des Weltalls. Eine Reise zum Mars würde allein schon ein Jahr dauern, zu einer anderen Galaxie würden wir Milliarden von Jahren benötigen. Unerreichbar von uns, wenn wir die heute üblichen Antriebssysteme und die damit möglichen Geschwindigkeiten betrachten. Allein 130 000 Jahre würden bei einer Expedition zum nächsten Fixstern, Alpha-Centauri, vergehen. Ein Raumschiff bewegt sich mit etwa einem Vierzigtausendstel der Lichtgeschwindigkeit. Die uns nächste Galaxie, der Andromeda-Nebel, würden wir in 80 Milliarden Jahren erreichen. Käme es jedoch zu einem revolutionären Durchbruch bei der Entwicklung von neuartigen Antrieben und könnte man dadurch näher an die Lichtgeschwindigkeit herankommen, dann wäre auch die Reise zu fernen Sternen denkbar. Der Faktor α zeigt, dass sich Entfernungen, vom Raumschiff aus gesehen, verkürzen, je höher die erreichte Geschwindigkeit ist – der Raum schrumpft damit für die Astronauten. Wie in einem Sciencefiction-Film könnte dann ein reger Verkehr zwischen einzelnen Sternen stattfinden. Der Nachteil dieser Art zu reisen wäre allerdings, dass bei einer Rückkehr zur Erde bereits mehrere Generationen vergangen wären, die Nachkommen würden sich vielleicht an einen Forschungsauftrag in die Tiefe des Weltalls überhaupt nicht mehr erinnern.

Solche Reisen sind reine Gedankenspielereien. Sie sind zwar durchaus richtige Folgerungen aus der Speziellen Relativitätstheorie, aber ihre Realisierung scheitert daran, dass sich bis heute keinerlei Möglichkeit abzeichnet, die dazu erforderlichen hohen Geschwindigkeiten zu erreichen. Eine prinzipielle Schwierigkeit dabei ist, dass sich die Masse eines Körpers vergrößert, wenn er an Geschwindigkeit gewinnt. Das klingt zunächst unglaublich, denn unsere tägliche Erfahrung lässt uns davon nichts spüren, und auch in dem Bild von der Welt, das sich die klassische Mechanik macht, gibt es keinen Platz für die Geschwindigkeitsabhängigkeit der Masse. Aber schon kurz bevor Einstein seine Relativitätstheorie formulierte, zeigten Experimente mit Elektronen, die in die Nähe der Lichtgeschwindigkeit beschleunigt wurden, dass damit eine Vergrößerung der Masse verbunden sein musste. Wiederum rüttelten extrem hohe Geschwindigkeiten an der klassischen Theorie, die ja bis dahin nur selten mit diesen extremen Bedingungen konfrontiert war. Einstein konnte auch diesen Aspekt in seine Relativitätstheorie integrieren. Wiederum spielt der Faktor α eine wichtige Rolle. Mit m_0 wird die Masse des Körpers bezeichnet, wenn er sich in Ruhe befindet. Nach der Relativitätstheorie folgt für

$$m = \frac{m_0}{\sqrt{1-v^2/c^2}}$$

Wenn v vergleichbar groß mit der Lichtgeschwindigkeit c wird, so teilt man m_0 durch eine sehr kleine Zahl, und damit wird m riesengroß. Für kleine Geschwindigkeitswerte v entspricht m der Ruhemasse m_0. Hier geht wieder die Einstein'sche Vorstellung in die klassische Theorie über. Mit dieser Formel ist einsichtig, warum es so schwer ist, ein Raumschiff in die Nähe der Lichtgeschwindigkeit zu bringen. Denn durch Einsetzen von Zahlen wird deutlich: Je schneller ein Körper ist, umso schwerer wird er auch. Und je näher man an die Lichtgeschwindigkeit herankommen will, umso mehr Masse hat man zu beschleunigen, die letztlich auch unendlich groß werden kann. Die zur Beschleunigung aufgewendete Energie wird offensichtlich in die Masse gesteckt. Schon aus diesem Grund bleibt es nur ein aufregender Traum, die Masse einer Rakete in die Nähe der Lichtgeschwindigkeit zu bringen und damit durch den »verkürzten« Weltraum zu fliegen. Aber es werden noch andere Möglichkeiten von Zeitreisen diskutiert, wie wir später sehen werden.

7 Das Verschmelzen zweier Welten

Masse und Energie
Die Zauberformel $E = mc^2$
Materie aus dem Nichts

Im klassischen Weltbild sind Masse und Energie zwei völlig unterschiedliche Begriffe. Eine Masse kann man auf Geschwindigkeit bringen, dann besitzt sie eine kinetische oder »Bewegungs«-Energie. Licht wiederum ist für uns von vornherein Energie. Keiner würde auf den Gedanken kommen, die Lichtstrahlen mit so etwas wie Masse in Verbindung zu bringen. Aber mit der Entwicklung der Relativitätstheorie wird auch das in Frage gestellt, wie es sich schon im vorangegangenen Kapitel gezeigt hat. Da wird die Größe der Masse plötzlich abhängig von der Geschwindigkeit; und nähert diese sich dem Wert der Lichtgeschwindigkeit, so wird die Masse gigantisch groß. Es scheint, als ob bei diesen hohen Geschwindigkeiten die Energie, die man zum weiteren Beschleunigen der Masse aufwendet, sich direkt in Masse umwandelt und dadurch die Ursprungsmasse ständig vergrößert. Masse und Energie scheinen äquivalent zu sein. Und tatsächlich kann man aus der Relativitätstheorie mathematisch eine solche Äquivalenz ableiten. $E = mc^2$ ist das Ergebnis dieses Formelspiels.

Diese Formel fällt heute jedem ein, wenn die Rede auf Albert Einstein kommt. In der Kurzform bedeutet sie, dass die Energie einer Masse entspricht und dass auch die Umkehrung gilt, die heißt, Masse kann in andere Formen der Energie umgesetzt werden. Diese neue Sicht der Welt ist eine weitere Folge der Relativitätstheorie. Die uns so vertraute Materieeigenschaft Masse ist eine spezielle Form der Energie. Dass die Masse etwas mit Energie zu tun haben könnte, dafür gab es schon recht früh Hinweise. Vor mehr als hundert Jahren versuchte man die Ladung der Elektronen experimentell zu bestimmen. Gemessen wurde dabei die sogenannte spezifische Ladung. Das ist die elektrische Ladung des Elektrons geteilt durch seine Masse. Bei diesem Versuch wurden Elektronen beschleunigt und einem Magnetfeld ausgesetzt, das sie auf eine Kreisbahn lenkte. Heraus kam, dass der bei diesem Experiment gemessene Wert der elektrischen Ladung des Elektrons geteilt durch seine Masse offensichtlich von der Geschwindigkeit der eingeschossenen Elektronen abhängig ist. Die elektrische Ladung wiederum konnte auf anderen Wegen bestimmt werden. Sie erwies sich als konstant. Also musste die Masse des Elektrons mit Wachsen der Geschwindigkeit größer werden. Je näher die Geschwindigkeit des Elektrons der Lichtgeschwindigkeit kam, umso mehr vergrößerte sich seine Masse. Beschleunigt man das Elektron in diesem Versuch mit einer Spannung von 500 000 eV (Elektronenvolt)*, so verdoppelt sich die Masse des Elektrons gegenüber seiner Masse im Ruhezustand! Genauso wie die Zeit und die Längen muss auch die Masse relativistisch betrachtet werden. Die Masse m ist gleich:

$$m = \frac{m_0}{\sqrt{1-v^2/c^2}} \; ; \; \sqrt{1-v^2/c^2} = \alpha$$

Wieder zeigt sich, dass erst bei Geschwindigkeiten nahe der Lichtgeschwindigkeit der Wurzelfaktor α bedeutenden Einfluss gewinnt, dann nämlich wird der Nenner des Bruchs sehr klein und damit der Wert für die Masse m sehr groß.

Die hundert Jahre alten Experimente zur Bestimmung der elektrischen Ladung des Elektrons konnten plötzlich mit der Relativitätstheorie erklärt werden. Übrigens spüren die Konstrukteure von Teilchenbeschleunigern sehr empfindlich die Abhängigkeit der Masse von der Geschwindigkeit. Ein Teilchen, in die Nähe der Lichtgeschwindigkeit gebracht, wird einige hun-

---

* 1 Elektronenvolt ist die Energie, die ein Elektron gewinnt, wenn es die Spannungsdifferenz von 1 Volt durchläuft.

In Beschleunigern werden elektrisch geladene Teilchen in Vakuumröhren mit Hilfe von Wechselfeldern auf Geschwindigkeiten nahe der Lichtgeschwindigkeit gebracht – und das hat verblüffende Folgen. Hier ist grafisch der neue europäische Protonen-Beschleuniger in Genf dargestellt. Er wurde 2005 fertiggestellt und besitzt einen Ringumfang von 27 Kilometern.

dert Male schwerer als im Ruhezustand. Das hat Auswirkungen auf seine Bahn, und deshalb müssen die Magnetfelder, die es im Beschleuniger auf der Umlaufbahn halten, entsprechend vergrößert werden.

Die Relativitätstheorie verändert grundlegend unsere Vorstellung von der Welt. In diesem Bild hängt auch die Masse, wie die Zeit und die Längen, von dem jeweiligen Bezugssystem, in dem sie gemessen wird, ab. Im Grunde ist diese Abhängigkeit wiederum eine Folge daraus, dass die Lichtgeschwindigkeit in jedem Bezugssystem – universell – als gleich angenommen wird und überdies nicht überschritten werden kann. Nehmen wir an, ein Körper, der im Ruhezustand eine nicht allzu große Masse m_0 besitzt, wird durch eine konstante Kraft beschleunigt. Er müsste mit der Zeit immer mehr an Geschwindigkeit gewinnen. In diesem Gedankenexperiment gibt es zunächst kein Hindernis für den Körper, die Lichtgeschwindigkeit zu erreichen und sie sogar zu übertreffen. Erst die Voraussetzung der Speziellen Relativitätstheorie »verbietet« diese grenzenlose Geschwindigkeitsvermehrung. Sie setzt ja c als konstant und als unübertreffbar fest. Diese Begrenzung ist in der oben angeführten Formel enthalten. Sie zeigt – das wird schon durch Einsetzen einfacher Zahlen klar –, dass die Masse mit der Geschwindigkeit wächst. Die im Gedankenexperiment angenommene konstant wirkende Kraft wird es dadurch immer schwerer haben, den anfänglich so massearmen Körper weiter zu beschleunigen. Je näher dieser nämlich der Lichtgeschwindigkeit kommt, umso größer wird seine Masse; das beschreibt der Wurzelausdruck. Hat er sie fast erreicht, dann genügt keine noch so große Kraft, um den immer schwerer werdenden Körper auf Lichtgeschwindigkeit zu bringen, und schon gar nicht kann er die Lichtgeschwindigkeit übertreffen! Der relativistische Korrekturfaktor verhindert den Verstoß gegen das Postulat der Relativitätstheorie, dass nichts schneller als das Licht sein kann. Der Energiezuwachs des durch die einwirkende Kraft schneller werdenden Körpers findet sich in dessen zunehmender Masse wieder.

Übrigens führt das recht plausibel zu der Formel: $E = mc^2$, die ja gerade beschreibt, dass die Energie und Masse in der Einstein'schen Betrachtungsweise äquivalent sind: Steckt man zum Beschleunigen Energie in das System, so wird die in Masse umgewandelt und umgekehrt: Wenn diese Gleichung nach m aufgelöst wird, so zeigt sich, dass Materie in Energie umgewandelt werden kann. Auch das kann man in Experimenten bestätigen, wie gleich gezeigt wird. Diese Äquivalenz erscheint uns heute vertrauter als vor 90 Jahren, als Einstein diese Beziehung zwischen Energie und Materie formulierte. Die magische Formel $E = mc^2$ war eine Folgerung aus der Relativitätstheorie, eine Vorhersage also, wenn man so will. Heute gibt es viele experimentelle Beweise für diese Äquivalenz. 1905 jedoch klang diese Theorie so unglaublich, dass sie nur zögernd von den Physikern akzeptiert wurde.

Viele Beispiele zeigen, wie dieser Teil der Einstein'schen Theorie unsere Vorstellung von der Welt verändert hat: Auf der Sonne wird ständig Masse in Energie umgewandelt. Durch das Verschmelzen von zwei Wasserstoffkernen – durch die Kernfusion – entsteht ein Heliumkern. Dieser neu gebildete Kern ist etwas leichter als das Gewicht der beiden einzelnen Wasser-

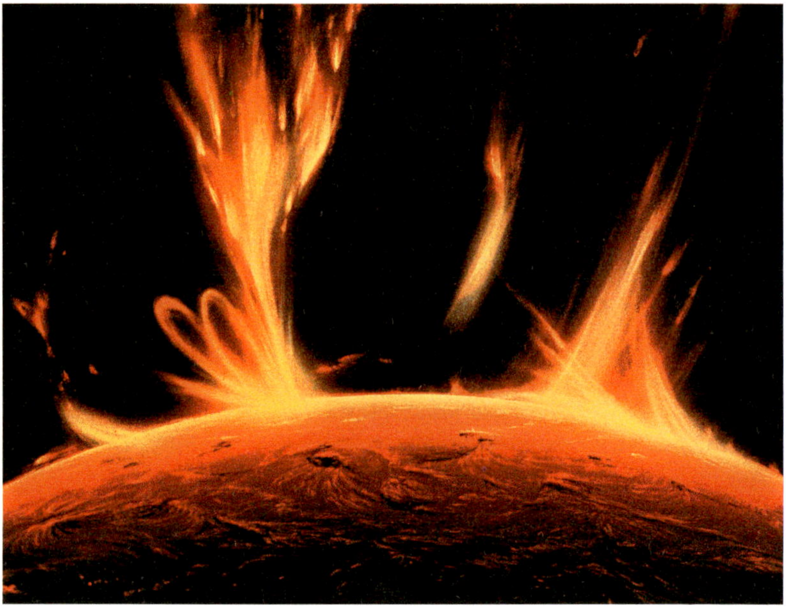

Ausbrüche auf der Sonnenoberfläche. Die Sonne »funktioniert« prinzipiell durch das Verschmelzen von Atomkernen. Dabei wird ständig Materie in reine Energie umgewandelt, die uns als Strahlung auf der Erde erreicht.

stoffkerne. Die fehlende Masse wurde in Wärme und Strahlung umgewandelt – in Energie also. Die Atomkerne bestehen ja aus Neutronen und Protonen. Die wiederum sind in den verschieden großen Atomkernen unterschiedlich stark gebunden. Schließen sich zum Beispiel ein Neutron und ein Proton zu dem Atomkern des schweren Wasserstoffs zusammen, so ist die Masse dieses Kerns etwas geringer als die Summe der Masse des einzelnen Protons und Neutrons. Diese Massendifferenz ist in die Bindungsenergie zwischen Proton und Neutron im Kern des schweren Wasserstoffs aufgegangen. Will man diesen Kern wieder in ein einzelnes Proton und Neutron aufspalten, so muss man genau die Energie wieder hineinstecken, die dieser Massendifferenz entspricht.

Bei der Verschmelzung zu neuen Kernen wiederum, der Fusion, wird die frei werdende Energie in Form von elektromagnetischer Strahlung abgegeben, oder dabei entstehende Teilchen bekommen sie als kinetische Energie mit. Es wird seit Jahren versucht, diese Kernfusion zur Energieversorgung auf der Erde auszunutzen. Die Energie, die hier bei der Fusion von Atomkernen frei wird, steckt zum großen Teil in davonfliegenden Neutronen. Sie werden von einem Lithiummantel abgebremst, der sich dadurch erhitzt und als Wärmequelle für ein konventionelles Turbinenkraftwerk dienen soll. Bis jetzt ist es jedoch noch nicht gelungen, eine ausreichend große Anzahl von Kernverschmelzungen zu erreichen, damit dieser Prozess kontinuierlich abläuft. Durch die bestehende Äquivalenz von Masse und Energie ist übrigens auch die ungewöhnliche Vorstellung richtig, dass eine mit einer Feder betriebene Taschenuhr im aufgezogenen Zustand schwerer ist als mit abgelaufener Feder. Allerdings gibt es keine so genauen Waagen, mit denen man dies nachprüfen könnte.

Wenn man sich die Formel $E = mc^2$ genau anschaut, dann zeigt sich, dass relativ kleine Werte von m zu großen Energien führen, denn m wird ja mit der riesi-

Würde man die Einzelteilchen (Protonen und Neutronen) eines Atomkerns wiegen, so wären sie schwerer, als wenn sie sich zu dem Kern zusammengeschlossen hätten. Die fehlende Masse steckt in der Bindungsenergie der Teilchen, die beim Aufbrechen des Atomkerns wieder aufgewendet werden muss.

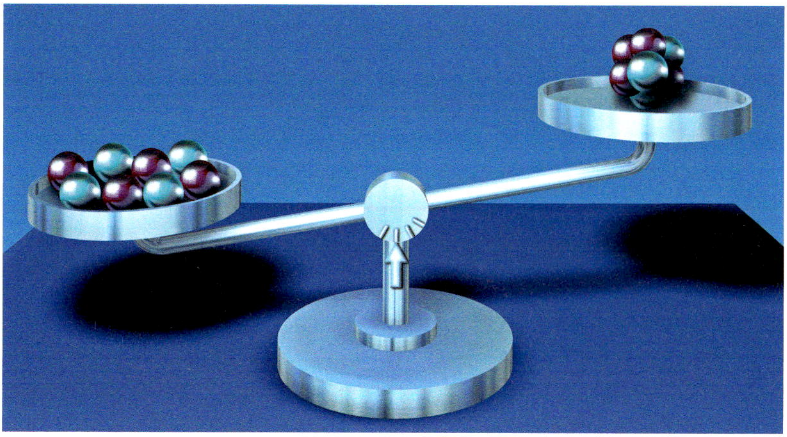

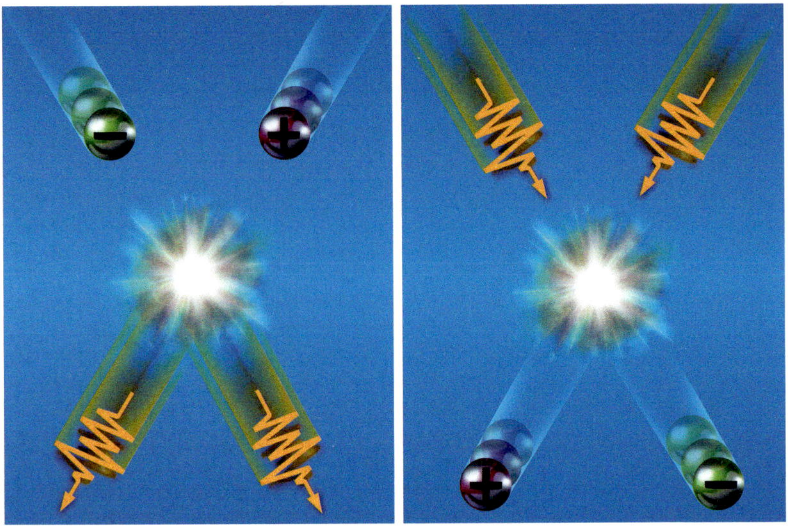

Trifft ein Elektron auf sein Antiteilchen, das Positron, so »zerstrahlen« sie zu Photonen, zu reiner Energie. Ein Beispiel dafür, dass Materie in Energie umgewandelt wird (links). Umgekehrt können auch aus energiereichen Photonen, also aus reiner Strahlung, Materieteilchen entstehen (rechts). Im elektrischen Feld eines Atomkerns bilden sich so aus Photonen ein Elektron und ein Positron.

gen Zahl der Lichtgeschwindigkeit multipliziert, und die steht auch noch in dieser Formel im Quadrat. Der Massendefekt durch die Kernfusion in der Sonne ist relativ gering; nur etwa dreimal so viel Masse wird dabei verbraucht, wie sonst der Sonne durch den ständigen Materiestrom – dem Sonnenwind – sowieso verloren geht.

Einstein sagte auch voraus, dass beim Zerfall von schweren Atomkernen, zum Beispiel Uran 235, Masse in Form von Strahlung und Bewegungsenergie frei wird. Daraus entwickelte sich die Theorie von der Kernspaltung, die schließlich experimentell durch den radioaktiven Zerfall bestimmter Atomkerne nachgewiesen werden konnte. Die riesenhaften Energien, die während einer Kernbombenexplosion frei werden – bei der nur ein relativ kleiner Massenanteil in Energie umgewandelt wird –, sind ein furchterregender Beleg dafür, was in der Einstein'schen Theorie der Gleichwertigkeit von Masse und Energie steckt. Auch Kernreaktoren funktionieren durch die Kernspaltung. Kontrolliert wird hier Masse in Energie umgewandelt, die sich dann in der frei werdenden elektromagnetischen Strahlung und der kinetischen Energie der davonfliegenden Kernbruchstücke wiederfindet. Eine eindrucksvolle Demonstration der

Das sind die Spuren von einem Materie- und Antimaterieteilchen, die durch den Aufprall von energiereichen Photonen entstanden sind. Dieses Ereignis wurde in einer Blasenkammer aufgenommen. Die Photonen kommen (unsichtbar) von oben, die Wege der entstandenen Teilchen (Elektron und Positron) werden durch angelegte äußere Magnetfelder beeinflusst.

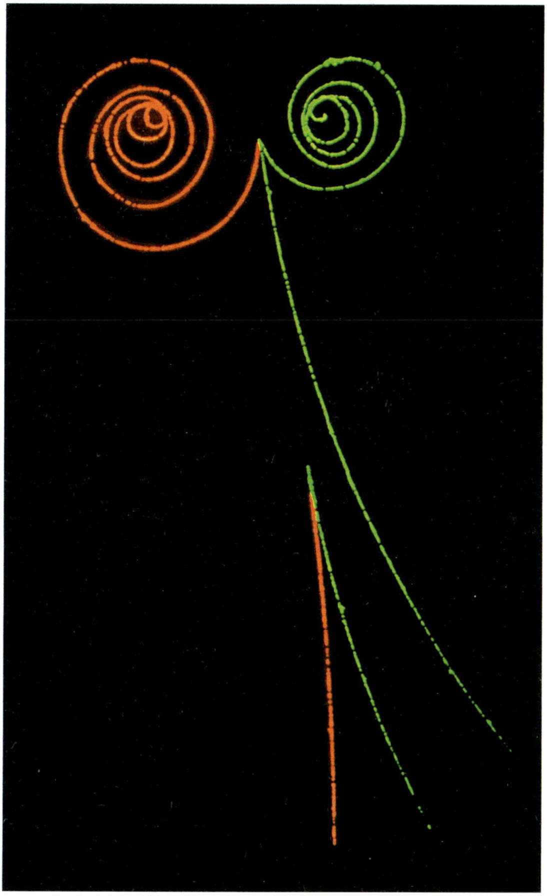

Äquivalenz zwischen Masse und Energie ist die Umwandlung von Materieteilchen in elektromagnetische Strahlung – in Photonen, die keine Ruhemasse besitzen. In der kosmischen Strahlung kann man dieses Wunder ständig beobachten. Mesonen, die beim Aufprall von Protonen auf Atomkerne entstehen können und eine Masse besitzen, zerfallen dabei nach kurzer Zeit in reine Energie, in zwei γ-Quanten. Das sind Photonen mit einer hohen Energie. Und auch die Umkehrung gibt es: Materie wird vollständig in elektromagnetische Strahlung umgewandelt, wenn unter bestimmten Bedingungen zwei Materieteilchen aufeinandertreffen. So existiert zum Beispiel zum Elektron ein Antiteilchen, das Positron. Es besitzt die gleiche Masse wie das Elektron, hat jedoch eine positive elektrische Ladung. Treffen die beiden Teilchen aufeinander, so »zerstrahlen« sie in zwei energiereiche Photonen. In ihnen steckt dann die gesamte Energie der Materieteilchen. Wenn wiederum ein Photon eine ausreichende Energie besitzt, so kann es im elektrischen Feld eines Atomkerns Materieteilchen, ein Elektron und ein Positron, bilden. Die Situation hat sich hier umgekehrt. Aus elektromagnetischer Strahlung entsteht plötzlich Materie. Diese Prozesse waren bei der Entstehung unseres Universums wichtig, beim »Urknall« (siehe Kapitel 14). An diesem Beispiel wird deutlich, wie gründlich sich das Bild von der Welt durch die Einstein'sche Äquivalenz von Masse und Energie verändert hat. Die Masse wird damit auch zum Maß für den Energieinhalt eines Systems. Der Wechsel zwischen den energetischen Erscheinungsformen Materie und elektromagnetische Strahlung ist im Weltall ein alltäglicher Vorgang. Die Protonen, Neutronen und Elektronen jedoch scheinen in diesem Wechselspiel relativ beständig zu sein. Ein Glück für uns, werden doch aus ihnen die Atome gebildet, aus denen auch wir letztendlich bestehen.

Das neue Bild vom Universum

8

Die allmächtige Gravitation
Krümmung des Raumes
Die Raum-Zeit als Weltbild

Wenn sich durch die Relativitätstheorie die Begriffe Zeit, Länge, Energie und Masse so stark verändern, warum sollte das nicht auch noch für andere physikalische Größen gelten, zum Beispiel für die Kräfte? In der klassischen Vorstellung von Newton wird die gegenseitige Anziehung der Körper den Gravitationskräften zugeschrieben. Diese Kräfte gehorchen dem Gravitationsgesetz

$$K = G \frac{m_1 \cdot m_2}{r^2}$$

Danach ist die Anziehungskraft zwischen zwei Körpern von ihren Massen m_1 und m_2 und von ihrem Abstand r abhängig. G ist eine Konstante. Je größer der Abstand zwischen den beiden Körpern wird, desto kleiner ist die Gravitationskraft. In Newtons Weltbild fällt ein Apfel deshalb zur Erde, weil sich die Masse der Erdkugel und die des Apfels gegenseitig anziehen. Genauso werden die Planeten auf den Umlaufbahnen gehalten. Sie bewegen sich im Kräftefeld der Sonne und widerstehen der Anziehungskraft der Sonne allein durch ihre Geschwindigkeit auf ihrer Bahn. Durch diese Geschwindigkeit könnte der Planet in die Tiefe des Universums entfliehen, die Gravitation jedoch hält ihn davon ab, und durch dieses Wechselspiel zieht der Planet letztendlich ruhig seine Bahn um die Sonne.

Nach der klassischen Newton'schen Vorstellung umgibt sich jede Masse mit einem Gravitationsfeld, das unendlich weit reicht. Im Weltall ziehen sich demnach alle Massen – je nach

Größe und Abstand – gegenseitig mehr oder weniger stark an. Wenn sich die Position einer Masse verändert, so muss sich nach diesem Bild auch das Kräftefeld an jeder Stelle des Raumes verändern, und zwar sofort. Doch das ist mit dem Bild von der Welt, das die Relativitätstheorie zeichnet, nicht vereinbar. Denn die setzt ja voraus, dass nichts schneller als das Licht sein kann. Eine sofortige Veränderung des Kräftefeldes kann es demnach gar nicht geben, denn dann müsste sich ja die Veränderung mit einer unendlich hohen Geschwindigkeit – augenblicklich – an jeder Stelle des Raumes bemerkbar machen, und das hieße, dass sich diese Information über die Veränderung der Gravitation schneller als die Lichtgeschwindigkeit fortpflanzen würde. Bei der Vorstellung von Kräftefeldern, die von Körpern ausgehen, kommt man also mit der Voraussetzung der Relativitätstheorie in Konflikt, dass sich kein Signal mit einer größeren Geschwindigkeit als der Lichtgeschwindigkeit fortbewegen kann.

In der Speziellen Relativitätstheorie hat Einstein alles dadurch vereinfacht, dass er die Wirkung der Gravitation schlicht nicht berücksichtigte. Die Gravitation ist jedoch in unserer physikalischen Realität eine sehr weitreichende Kraft. Bei allen Vorgängen im Universum ist sie zuge-

In einem frei fallenden Kasten ist die Gravitation nicht vollständig aufgehoben. Die untere Testkugel fällt schneller als die obere; denn sie ist der Erde näher und unterliegt deshalb einer stärkeren Gravitation als die obere. Die beiden äußeren Kugeln bewegen sich während des Falles aufeinander zu, denn das Gravitationszentrum befindet sich im Mittelpunkt der Erde. Die Wechselwirkung der Kugeln untereinander wird dabei vernachlässigt, deshalb nennt man sie auch »Testkugeln«. Wichtig dabei ist die experimentelle Bestätigung, dass diese geometrische Verzerrung im Abstand der Kugeln während des Falles unabhängig von ihrer Zusammensetzung (ob Holz oder Eisen) auftritt. Ein Beobachter im Kasten kann – ohne nach außen zu schauen – aus der Bewegung der Kugeln auf die Größe und Form eines Gravitationszentrums schließen. Die Gravitation ist somit auch als eine geometrische Eigenschaft des Raumes zu verstehen – die Idee für Einsteins Allgemeine Relativitätstheorie.

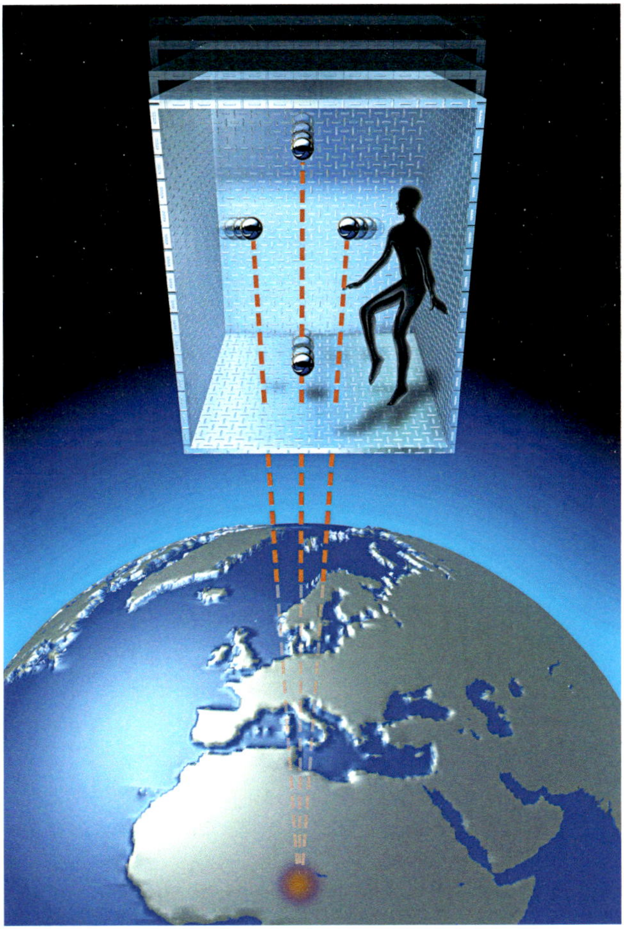

gen, und auch die Uhren und Längenmaße unterliegen der Gravitationswirkung. Man kann sie eigentlich bei der Aufstellung von Theorien nicht so einfach ausklammern. Wie sieht das Bild von der Welt aus, wenn man eine Theorie aufstellt, die einmal die universelle Konstanz der Lichtgeschwindigkeit und zudem die Wirkung der Gravitation berücksichtigt? Eine erstaunliche Eigenschaft der Gravitation ist, dass unter ihrem Einfluss alle Körper gleich schnell fallen. Schon Galilei hat in Experimenten gezeigt, dass eine Eisen- und eine Holzkugel dieselbe Fallgeschwindigkeit besitzen. Und auch eine volle Flasche fällt genauso schnell nach unten wie eine leere. Diese »universelle« Wirkung der Gravitation auf alle Körper ist eine wichtige Tatsache, die Einsteins Versuch, die Gravitation in seine Theorie einzubeziehen, zum Erfolg führte.

Stellt man sich vor, dass man in einem geschlossenen Kasten durch die Welt treibt, so ist die Wirkung der Gravitation auch in diesem Labor – ohne Sicht nach außen – zu erkennen. Fällt dieser Kasten auf die Erde zu, so werden vier Testkugeln, die wie in der Grafik gezeigt angeordnet sind, in diesem Kasten schweben. Während des Falles verändern sich die Abstände der Kugeln: Die unteren entfernen sich von den oberen, und die nebeneinander liegenden nähern sich an, der Abstand zwischen ihnen schrumpft. Dabei ist das nicht der gegenseitigen Anziehung der Kugeln zuzuschreiben, denn bei diesem Gedankenexperiment soll die Wirkung der einzelnen Kugeln aufeinander ausgeschlossen sein, sodass die Annäherung der vier Testkörper im fallenden Labor allein durch die äußere Wirkung – die Gravitation von der Erde – hervorgerufen wird. Die Entfernungsänderung zwischen der oberen und unteren Kugel wird dadurch hervorgerufen, dass die Wirkung der (Erd-)Gravitation umso stärker wird, je näher man zum Gravitationszentrum kommt. Und weil die Gravitationskraft zum Mittelpunkt des Massekörpers (Erde) zeigt, wird es mit abnehmender Entfernung von diesem Zentrum eine Annäherung der Kugeln in horizontaler Richtung geben. In diesem Labor reagiert jeder Körper auf die Wirkung der Gravitation, unabhängig von seiner Zusammensetzung und seiner Masse, denn alle Körper fallen ja gleich schnell. Das Ausmaß dieser Annäherung der Testkörper im Kasten wird bei verschieden großen Massezentren – ob nun Erde oder Mond –, auf die man mit dem Labor zufällt, unterschiedlich groß sein. Die Gravitation ließe sich deshalb auch in einem anderen Bild beschreiben, und zwar mit der geometrischen Eigenschaft des Raumes in Verbindung bringen. Das genau wird in der Allgemeinen Relativitätstheorie getan. Berücksichtigt man dabei noch den universellen Wert der Lichtgeschwindigkeit c, so ergibt sich damit eine Umformulierung der Newton'schen Gravitationskraft in eine geometrische Beschreibung, als Veränderung der Raum-Zeit.

In der Speziellen Relativitätstheorie hat Einstein die Gravitation nicht berücksichtigt. Er hat sie bei dieser Betrachtung für sich einfach »abgeschaltet«. Dadurch konnte er alles einfacher machen. Die Ergebnisse dieser Theorie lieferten uns die Einsicht, dass die Längen und Zeiten nicht mehr absolut als »starr« betrachtet werden dürfen, sondern zu variablen physikalischen Größen werden. Zudem bilden in der Vorstellung der Speziellen Relativitätstheorie Raum und Zeit ein Kontinuum – sie sind miteinander verknüpft.

Mit seinem neuen Bild von der Welt, unter der Einwirkung der Gravitation, wird der Raum-Zeit-Begriff der Speziellen Relativitätstheorie erweitert. Die Raum-Zeit wird durch die Gravitation gekrümmt! So zieht in diesem Bild vom Universum die Erde den Mond nicht über Kräfte an, sondern die Masse der Erde verändert den Raum und die Zeit – sie werden dadurch gekrümmt. Durch diese Krümmung der Raum-Zeit wird der Mond auf einer Bahn um die Erde gehalten. Wir können bei einer grafischen Darstellung dieser Situation nur zwei Dimensionen darstellen, das heißt die Verhältnisse auf einer Fläche zeigen. Außerdem beschränken wir uns bei der Auswirkung der Gravitation darauf, nur den Raum und nicht die Raum-Zeit zu betrachten. Durch die Masse der Erde wird dann der Raum um die Erde gekrümmt. Dadurch zwingt der Raum der Materie – in unserem Beispiel dem Mond – auf, wie sie sich bewegen soll.

Der Mond auf seiner Umlaufbahn bekommt den Befehl, wie er sich verhalten soll, von dem jeweiligen Punkt im Raum, in dem er sich gerade befindet. Die Masse der Erde bestimmt hier, wie sich der Raum krümmen muss. Bei der Gravitation wirken jetzt also keine Kräfte, sondern der Raum selbst – der durch die Masse gekrümmt wurde – übt den Einfluss auf die Bewegung der Körper aus. In einer zweidimensionalen Darstellung kann man zum besseren Verständnis eine Gummihaut zu Hilfe nehmen, die in einen Rahmen gespannt ist. Legt man eine schwere Stahlkugel auf diese Haut, so wird das Gummi im Bereich der Kugel mehr oder weniger stark eingedrückt. Das entspricht der Vorstellung von der Krümmung des Raumes durch die Einwirkung der Materie und repräsentiert die Gravitation. Eine zweite – weitaus kleinere – Kugel, die um dieses Massezentrum

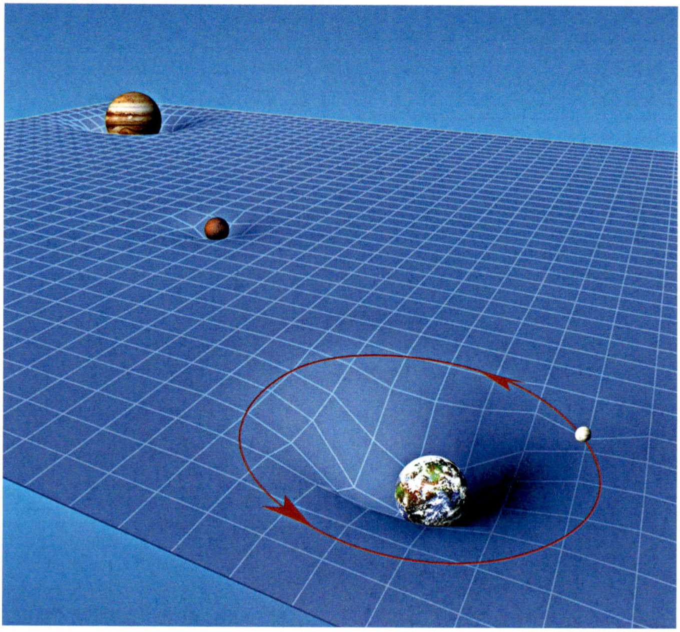

Die Wirkung einer Masse auf die Raum-Zeit wird hier nur zweidimensional – als Krümmung einer Fläche – dargestellt. Je größer die Masse, umso stärker der Effekt. Ein Planet läuft in diesem Bild deshalb um ein Massezentrum, weil er durch dessen Krümmung des Raumes auf diese Umlaufbahn gezwungen wird. Die Gravitation wird so als Eigenschaft des Raumes (und der Zeit) beschrieben.

herumläuft, wird durch diese Krümmung der Gummihaut auf eine Umlaufbahn gezwungen. Nimmt man die erste Kugel weg, so verschwindet die Einbuchtung der Gummihaut, die Fläche wird eben und die kleine Kugel läuft jetzt – unbeeinflusst – geradlinig über die Gummifläche.

Wäre also die Erde mit ihrer raumverändernden Wirkung, die ja die Gravitation darstellt, nicht vorhanden, so würde der Mond, wie die kleine Kugel auf der geglätteten Gummihaut, einfach geradeaus laufen. Betrachtet man das gesamte Planetensystem, stellt sich in der zweidimensionalen Darstellung durch die Gummihaut der Raum wie eine Hügellandschaft dar. Jeder Planet verursacht eine Krümmung des Raumes und dellt die Fläche je nach seiner Masse mehr oder weniger stark ein. Selbstverständlich krümmt auch ihrerseits die Masse des Mondes den Raum um sich ein. Die Gummihaut simuliert die Krümmung durch die Erde, den Mond und all die anderen Planeten einleuchtend, denn wie bei ihr läuft auch in der theoretischen Beschreibung die spezifische Krümmung des Raumes durch eine Masse mit dem Körper mit. Die Wirkung der Gravitation muss sich also nicht mit einer Geschwindigkeit, die höher als die Lichtgeschwindigkeit ist, fortpflanzen, sondern die Gravitation ist eine Eigenschaft der Raum-Zeit.

Mit diesem neuen Bild von der Gravitation ist also die Einstein'sche Forderung über die Begrenztheit der Lichtgeschwindigkeit nicht verletzt. Zu jeder Anordnung der Massen gehört ein bestimmtes Gravitationsfeld. Diese Krümmung des Raumes, die die Wirkung der Gravitation beschreibt, wird durch mathematische Gleichungen repräsentiert, die Einstein mit einiger Mühe und mit Hilfe von anderen Wissenschaftlern aufstellen konnte. Endlich kam er zu einer in sich geschlossenen Beschreibung der Raum-Zeit unter Berücksichtigung der Gravitation. Das Ergebnis war die Allgemeine Relativitätstheorie. In der Speziellen Relativitätstheorie wurde durch die Voraussetzung, dass die Lichtgeschwindigkeit in allen Bezugssystemen als gleich anzunehmen ist, die Vorstellung von der absoluten Zeit und dem Raum zu Fall gebracht. In der Allgemeinen Relativitätstheorie führt diese Annahme zu einem neuen Bild der Gravitation: Der Apfel fällt nicht auf die Erde, weil Kräfte wirken, sondern die Raum-Zeit wird in ihren geometrischen Eigenschaften von der Gravitation bestimmt.

Was aber ist der Vorzug dieser neuen Sicht der Welt, zumal es eines hohen mathematischen Aufwandes bedarf, um mit Hilfe der Einstein'schen Theorien zu konkreten Ergebnissen zu kommen? Sie löst nicht nur den Widerspruch bei der Fernwirkung von Kräften in der Einstein'schen Welt, in der die Unüberwindbarkeit der Lichtgeschwindigkeit die große Rolle spielt. Berechnet man nämlich die Bahn des Planeten Merkur nach der Newton'schen Vorstellung, so stimmt das Ergebnis nicht mit der tatsächlichen Beobachtung, dem Experiment, wenn man so will, überein. Durch die Wechselwirkung mit den

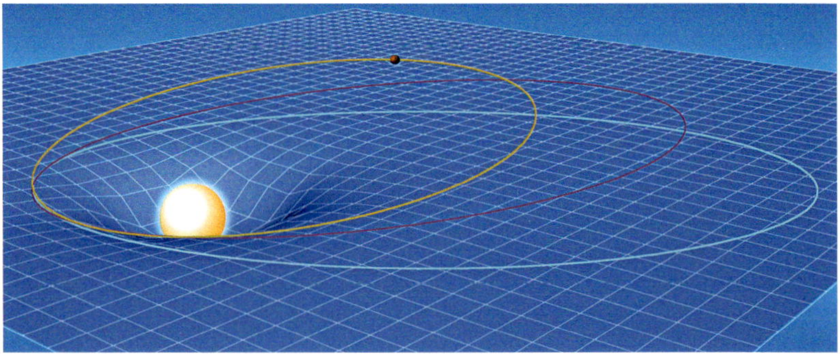

Die Umlaufbahn des Merkur um die Sonne verlagert langsam ihren Scheitelpunkt. Mit der Newton'schen Theorie lässt sich diese Drehung, die in dem Einfluss der anderen Planeten ihre Ursache hat, nicht vollständig beschreiben. Erst aus der Einstein'schen Vorstellung über die Krümmung der Raum-Zeit folgt der exakte Wert für die Rotation der Merkur-Bahn.

anderen Planeten bewegt sich der Merkur auf einer Ellipsenbahn, die in ihrem Scheitelpunkt langsam um die Sonne rotiert. Man kann dieses Verhalten mit der Newton'schen Theorie zwar beschreiben, aber es zeigt sich, dass es zu einer Diskrepanz mit der Beobachtung kommt. Es bleibt ein unerklärbarer Rest von etwa 43 Bogensekunden Abweichung pro hundert Jahre. Dadurch wird deutlich, dass etwas an Newtons Weltbild nicht stimmig ist. Erst mit einigen Zusatzannahmen, die recht willkürlich sind und sich zudem nicht besonders elegant darstellen, könnte man die Realität exakt beschreiben. Aus dem mathematischen Formalismus von Einstein jedoch, der die Krümmung des Raumes und der Zeit als Folge der Gravitation enthält, lässt sich diese besondere Bewegung der Bahn des Merkur ohne Schwierigkeiten berechnen. Sie stimmt exakt mit der Beobachtung überein.

Durch die Allgemeine Relativitätstheorie hat sich wieder einmal unsere Vorstellung vom Universum entscheidend verändert. Die Raum-Zeit ist in diesem Bild nicht mehr ein starres Gerüst, sondern sie kann sich verformen und verdrehen – sie ist dynamisch geworden. Der reine Zeitbegriff, der von Newton vorausgesetzt wurde, ist jetzt eng mit dem Raum verknüpft, und diese Raum-Zeit ist selbst Bestandteil des physikalischen Geschehens – sie kann sich verändern. Mit dieser naturwissenschaftlichen Konzeption des Universums eröffnen sich viele neue Möglichkeiten. Was dadurch noch alles in dieser Welt zu entdecken ist, das schildern die folgenden Kapitel.

9 Der Triumph einer Sonnenfinsternis

Wenn Licht auf Materie trifft

Warum Schwarze Löcher unheimlich sind

Wie Gravitationslinsen wirken

Die Vorstellung von der Krümmung des Raumes durch die in ihm vorhandene Materie birgt in sich viele Möglichkeiten, Abläufe im Universum zu erklären oder Vorhersagen über mögliche Konsequenzen zu machen. Es ist ja auch der Sinn einer Theorie, das Vorhandene zu erklären und mit ihrer Hilfe Neues vorherzusagen. Wendet man das auf das Licht an, zeigen sich einige Überraschungen. Einstein hatte ja schon in der Speziellen Relativitätstheorie mit der Formel $E = mc^2$ festgelegt, dass Masse einer Energie entspricht und umgekehrt. Weil Massen von anderen angezogen werden, müsste das eigentlich auch für das Licht gelten; denn nach Einstein besitzt es als Strahlung ja Masseeigenschaften. Lichtteilchen sollten demnach ebenfalls der Gravitation unterliegen, also von einer anderen Masse, der Sonne zum Beispiel, angezogen werden.

Mit der Allgemeinen Relativitätstheorie zeigt sich, dass Massen die Raum-Zeit krümmen und damit die Wirkung der Gravitation vollständig beschrieben wird. Wenn das Licht von der Gravitation auf seinem Weg beeinflusst wird, so muss es durch diese Raumkrümmung abgelenkt werden. Eine schier unglaubliche Vorstellung. Wir gehen ja immer davon aus, dass Licht sich geradlinig fortbewegt. Messungen mit Hilfe von Lichtstrahlen sind uns vertraut, bei denen die Geradlinigkeit geradezu eine unumstößliche Voraussetzung ist. Mit der

Während einer totalen Sonnenfinsternis wird die strahlend helle Sonne vom Mond exakt abgedeckt. Eigentlich ein Wunder, dass die Abstände und Durchmesser von Sonne und Mond gerade so bemessen sind. Von der Erde sichtbar wird dabei die weitaus schwächer leuchtende Korona. Und auch Sterne zeigen sich hinter der Sonne. Das nutzen Wissenschaftler für ein spannendes Experiment aus.

Vorstellung von Einstein erfahren wir jedoch plötzlich, dass Licht durch Materie abgelenkt wird. Weil Materie den Raum krümmt, kann auch das Licht nicht umhin, auf krummen Wegen an großen Massen vorbeizulaufen. Das ist eine kühne Behauptung, die aber mit einem Experiment bewiesen werden kann. Nachdem Einstein seine Allgemeine Relativitätstheorie aufgestellt hatte, die ja ein solches Verhalten des Lichts voraussagte, suchte er nach einer experimentellen Bestätigung dafür.

Eine große Masse, die diesen Effekt zeigen müsste, war rasch gefunden: die Sonne. Wenn Lichtstrahlen von den Fixsternen,

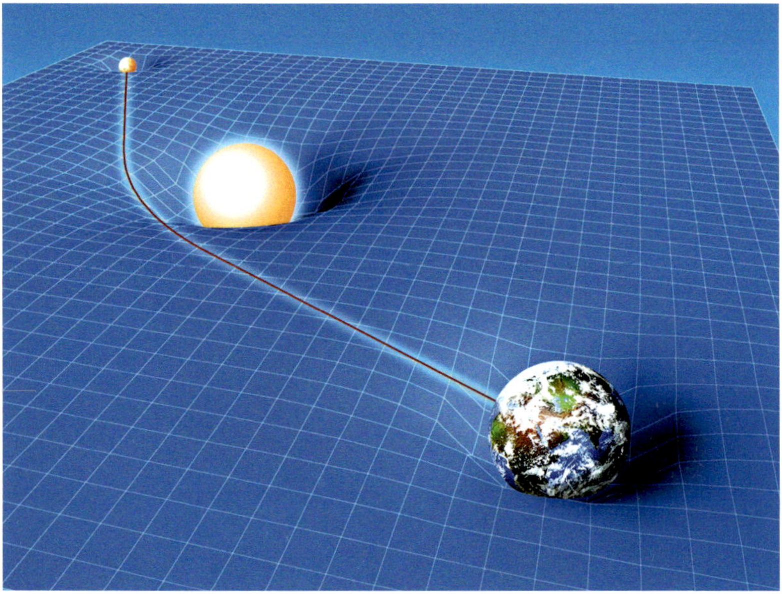

Das Licht wird von der Gravitation beeinflusst. Nach der Allgemeinen Relativitätstheorie wird es auf seinem Weg durch die Krümmung des Raumes (und der Zeit) von Massezentren wie der Sonne abgelenkt. So verschieben sich für uns auf der Erde die Positionen der Sterne.

so die Überlegung, an der Sonne vorbeikommen, so müssten sie auf ihrem Weg durch die Krümmung des Raumes in der Nachbarschaft der Sonne, durch die Gravitation also, abgelenkt werden. Wie kann man das aber feststellen? Die Erde bewegt sich um die Sonne. Sternbilder – und damit der Abstand der Sterne voneinander – können während dieses Jahresumlaufs vermessen werden. Je nach Position der Erde kann man die Sternbilder in der Nacht betrachten oder – ein halbes Jahr später – am Tage, wenn sich die Sonne zwischen die Erde und die Sternbilder geschoben hat. Weil die Sonne aber so hell strahlt, sind am Tag für uns die Sternbilder in der Nachbarschaft der Sonne nicht zu erkennen – ihr Licht ist weitaus schwächer als das Streulicht der Sonne. Die Natur selbst hilft uns aus dem Dilemma, das die Beobachtung der Sterne neben der hell strahlenden Sonne verhindert, und zwar durch eine Sonnenfinsternis. Dabei deckt der Mond die helle Sonne für einige Minuten ab, und die schwächer leuchtenden Sterne werden sichtbar. Die Lichtstrahlen, die von ihnen ausgesendet werden, müssen an der Sonne vorbei und werden dadurch – wenn Einsteins Vorstellung von der Krümmung des Raumes richtig ist – abgelenkt. Der Abstand zwischen den Sternen, der vor einem halben Jahr ohne die Einwirkung der Sonne auf der anderen Seite der Erdbahn gemessen wurde, müsste sich dann, verursacht durch die Krümmung des Raumes, verändern. Am 29. Mai 1919 gab es eine Sonnenfinsternis, die über Südamerika und Afrika hinwegzog. Eine rasch gebildete Expedition hatte zur Aufgabe, diese vermutete Abweichung der Sternbilder zu messen – und tatsächlich konnte diese Expedition die Theorie von Einstein prinzipiell bestätigen.

Die Äquivalenz von Masse und Energie ergibt nach der Berechnung der Speziellen Relativitätstheorie einen bestimmten Wert der Ablenkung des Lichts. Stellt man nun in Rechnung, dass die Lichtteilchen mit Masseeigenschaften versehen sind und der Anziehungskraft der Sonne unterliegen, so beschreibt dies alles die Ablenkung noch nicht vollständig. Erst durch die Berücksichtigung der Allgemeinen Relativitätstheorie, mit ihrer Vorstellung von der Krümmung der Raum-Zeit durch die Gravitation, kommt man auf den doppelten – und damit richtigen – Wert der Ablenkung. Und das wurde durch die Messung bestätigt.

Dieses Experiment ist inzwischen so beliebt, dass es immer wieder mit verbesserter Messgenauigkeit durchgeführt wird. So hat am 11. August 1999 während der totalen Sonnenfinsternis über Süddeutschland eine Gruppe von Wissenschaftlern die Abweichung des Sternbildes erneut vermessen – und wiederum eine Bestätigung der Allgemeinen Relativitätstheorie erhalten. Bei den Messungen der Ablenkung von Strahlen durch eine Masse ist man heute jedoch nicht auf eine Sonnenfinsternis angewiesen. Radio- und Röntgenstrahlen besitzen als elektromagnetische Wellen die gleichen Eigenschaften wie Licht. Auch sie werden durch die Krümmung des Raumes abgelenkt. Quasare sind kosmische Objekte, die ständig Radiowellen abstrahlen. Ist der Abstand zwischen zwei Quasaren bekannt,

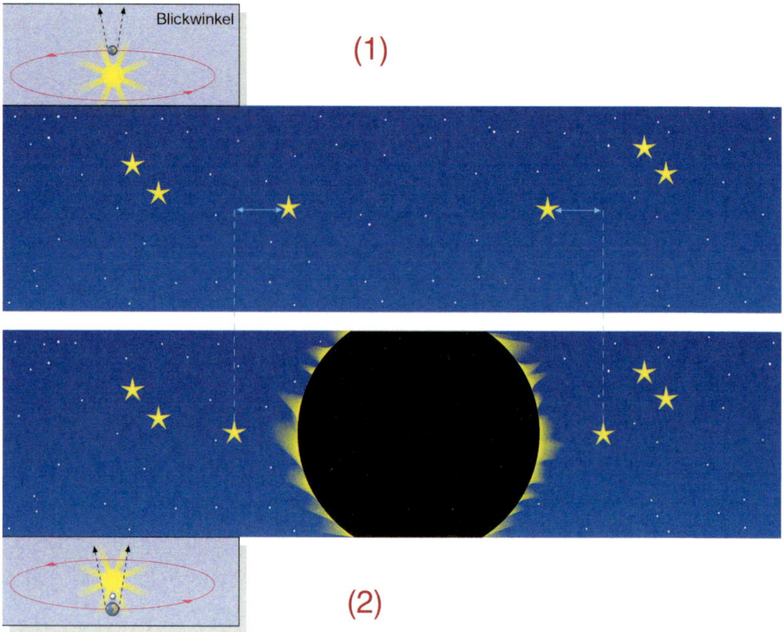

kann man die Veränderung durch die Gravitation feststellen, wenn die Quasare, jahreszeitlich bedingt, neben der Sonne stehen. Die Radiowellen der Quasare können leicht von Radiowellenstrahlen der Sonne unterschieden werden, sodass dieses Experiment auch ohne Sonnenfinsternis durchzuführen ist. Und wieder ergab sich eine Bestätigung der Vorstellung von Einstein über den gekrümmten Raum.

Auch Röntgensterne kann man für solche Messungen verwenden. Röntgenstrahlen aus dem Weltraum sind zwar auf der Erde nicht zu empfangen, sie werden von der Atmosphäre absorbiert, aber mit Raketen löst sich dieses Problem. Satelliten, auf eine Umlaufbahn außerhalb der Atmosphäre gebracht, messen die Röntgenstrahlen der Sterne, und auch hier konnte die Allgemeine Relativitätstheorie bestätigt werden. Der Einfluss der Gravitation auf das Licht und die anderen elektromagnetischen Wellen verändert wieder einmal unsere Sicht des Universums. In diesem Fall ist das sogar wörtlich zu nehmen, denn wenn wir Objekte im Weltall beobachten, so sind wir auf elektromagnetische Strahlen angewiesen. Werden sie durch Massen im Weltall abgelenkt, so verfälscht sich die Information, die in den Strahlen steckt. Man betrachtet die Welt wie durch eine Linse – und tatsächlich spricht man hier auch von Gravitationslinsen. Die Relativitätstheorie hilft, diese Beobachtungsfehler rechnerisch zu korrigieren und so ein unverfälschtes Bild darzustellen. Beim Vorbeidriften eines »Schwarzen Loches« – eines Gebildes, in dem sehr viel Masse in einem kleinen Raumbereich konzentriert ist – verzerrt sich das Bild von Galaxien. Mit Hilfe der Relativitätstheorie kann man das Gebilde »entzerren« – es mathematisch korrigieren – und so zusätzlich einen Nachweis für die Existenz eines »Schwarzen Loches« führen.

Und auch bei der Suche nach weit entfernten Planetensystemen kann eine Gravitationslinse helfen. Wegen der Entfernungen, in denen man die Planeten vermutet, kann man sie nicht direkt entdecken, das Auflösungsvermögen der Teleskope reicht dazu nicht aus, und zudem würde der Stern, der von dem Planeten umkreist wird, alles überstrahlen. Deshalb suchen die Planetenjäger nach anderen Anzeichen. Schwankt ein Stern unregelmäßig hin und her, so kann das ein Hinweis darauf sein, dass ein Planet während seines Umlaufs an ihm »zerrt«.

Anfang 1999 glaubten Astronomen einen anderen Hinweis auf einen unbekannten Planeten erhalten zu haben. Er soll 30 000 Lichtjahre von uns entfernt in unserer Galaxie liegen.

Während einer totalen Sonnenfinsternis kann die Position der Sterne zueinander, die sich hinter der Sonne befinden, von der Erde aus bestimmt werden (2). Nach einem halben Jahr, wenn sich die Erde auf der gegenüberliegenden Seite befindet, lassen sich die so gemessenen Abstände der Sterne überprüfen (1). Die von den hinter der Sonne stehenden Sternen kommenden Lichtstrahlen werden von ihr abgelenkt. So hat die von der Sonne hervorgerufene Raum-Zeit-Krümmung zur Folge, dass wir während einer Sonnenfinsternis den Abstand zwischen zwei Sternen größer sehen, als er in Wirklichkeit ist. Im oberen Streifen ist die »wahre« Position der Sterne angegeben – im unteren die durch den Einfluss der Sonne »verzerrte« Beobachtung.

Befindet sich vor einer Galaxie ein Schwarzes Loch, so kommt es beim Vorbeidriften zu optischen Verzerrungen. Das Schwarze Loch krümmt mit seiner sehr dichten Masse die Raum-Zeit äußerst stark, sodass die von der Galaxie kommenden Lichtstrahlen durch diese »Gravitationslinse« stark abgelenkt werden. Uns erscheint dann die vorher so überschaubare Galaxie als merkwürdiges Gebilde.

Beobachtet wurde eine vorübergehende Zunahme der Helligkeit in einem Bereich der Milchstraße. Interpretiert werden kann das so, als ob ein vorbeiziehender Planet über seine Gravitation das hinter ihm abgestrahlte Licht kurzzeitig bündelt und so aufblitzen lässt. Passiert das periodisch, so kann auf seine Umlaufzeit geschlossen werden. So gibt es viele Möglichkeiten, die Allgemeine Relativitätstheorie anzuwenden und experimentell zu bestätigen. Heute bildet sie die feste Grundlage für das Weltbild der Physiker.

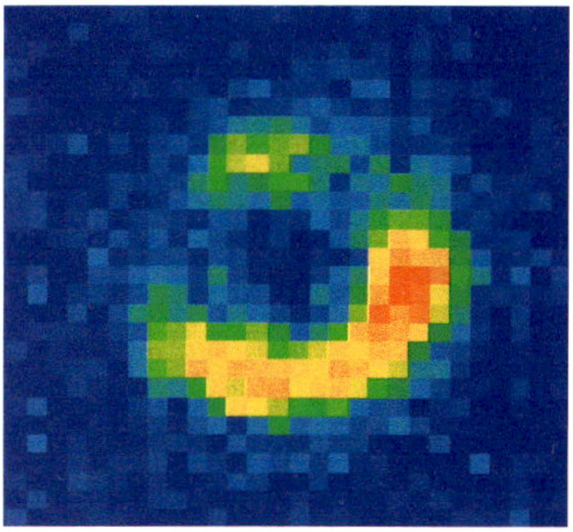

(1)

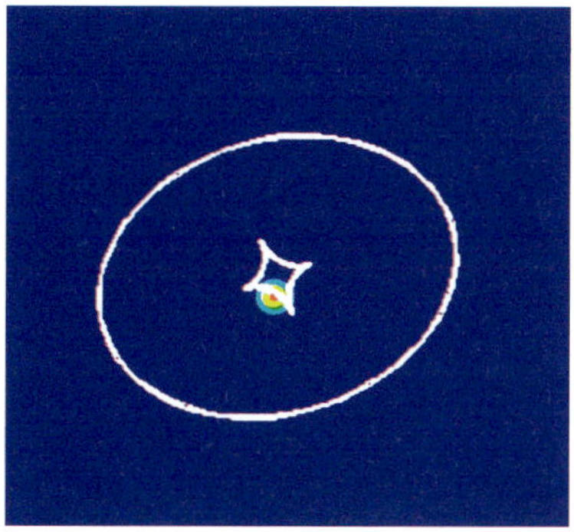

(2)

(3)

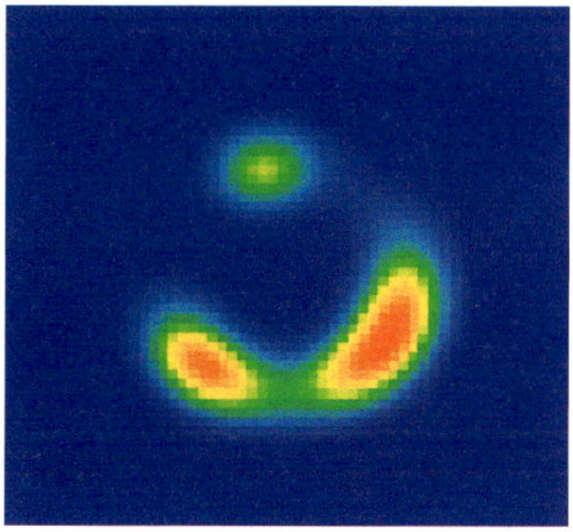

(4)

Links oben (1) ist der beobachtete Einstein-Ring dargestellt, der durch die Wirkung einer Gravitationslinse entsteht. Bild 4 zeigt davon eine geglättete Version. Im Bild 2 wurde im Computer das dafür verantwortliche berechnete Gravitationsfeld über die ungestörte Galaxie gelegt. Der farbige Fleck wird dabei zum Ring (3). Vergleicht man diese Modellrechnung mit der Beobachtung (4), so ist eine gute Übereinstimmung zu sehen.

10 Der Stillstand der Zeit

Zeit und Gravitation
Wurmlöcher und Zeitreisen
Wie in Satelliten die Zeit vergeht

Wenn jemand behaupten würde, dass auf den Bergen die Zeit schneller vergeht als auf Meereshöhe, so erschiene das sehr unglaubwürdig. Warum sollte sich auch der Gang der Uhren mit der Entfernung von der Meereshöhe verändern? Aber genau das ist eine weitere Folgerung aus der Allgemeinen Relativitätstheorie, die unser Bild von der Welt erschüttert. Eine Theorie ist jedoch nur dann akzeptabel, wenn sie auch der experimentellen Prüfung standhält.

Einstein hatte zwar in seiner Relativitätstheorie die Abhängigkeit des Zeitablaufs von der Gravitation vorausgesagt. Viele Kritiker wollten diese Aussage in seiner Theorie nicht akzeptieren und rüttelten deshalb am von Einstein propagierten Weltbild. Beeinflusst die Gravitation wirklich den Lauf der Uhren? Läuft die Zeit auf einem Berg schneller ab als auf der Meereshöhe? Obwohl Einstein seine Theorie schon am Anfang unseres Jahrhunderts formulierte, konnten die Wissenschaftler erst um 1960 versuchen, diese Vorhersagen experimentell zu überprüfen. Denn inzwischen hatten sich die Methoden der Zeitmessung so verfeinert, dass man das Experiment wagen konnte. Bekannt ist die Messung mit radioaktiven Eisenatomen. Fe^{57} ist ein Eisenisotop, das nach einer bestimmten Zeit zerfällt und dabei Gammastrahlung, also elektromagnetische Strahlung einer genau definierten Frequenz, abstrahlt. Diese Strahlung wird von anderen Eisenatomen wieder verschluckt – sie »passt«

genau in die Energiestruktur der Fe^{57}-Atomkerne. Die Forscher platzierten die strahlende Fe^{57}-Quelle am Boden und brachten in 22 Meter Höhe, auf der Spitze eines Turms, die empfangenden Eisenatome unter. In dieser Konstellation stellten sie fest, dass die beim Zerfall ausgesandten Gammastrahlen vom in der Höhe befindlichen Eisen nicht mehr absorbiert wurden. Der Grund: Die von den Eisenatomen am Boden abgestrahlte Frequenz »passte« plötzlich nicht mehr genau in die energetischen Verhältnisse der über den Boden platzierten Eisenatomkerne, weil hier die Zeit schneller ablief als 22 Meter tiefer (die Frequenz ist ja mit der Zeit verknüpft). Das war eine experimentelle Bestätigung dafür, dass die Zeit vom Gravitationsfeld abhängig ist.

Danach machte man Experimente in Flugzeugen. Dazu benutzte man Atomuhren, die eine Abweichung von nur 1 Milliardstel Sekunde pro Tag zeigen. Vermindert man die Gravitation, um die Abhängigkeit der Zeit nachzuweisen, muss man sich vom Gravitationszentrum entfernen, auf der Erde also in die Höhe gehen. Bei den geringen Möglichkeiten von etwa 10 Kilometern Flughöhe waren die erwarteten Zeitunterschiede äußerst klein. Im Flugzeug sollten die Uhren um einige Milliardstel Sekunden in der Stunde schneller gehen als auf der Erdoberfläche. Bei dem Flugzeugexperiment ergab sich tatsächlich der von Einstein vorhergesagte Zeitunterschied. Aber an den kleinen Zeitdifferenzen sieht man schon, dass der anfangs erwähnte Unterschied beim Altern in Meereshöhe und auf den Bergen in der Praxis kaum eine Bedeutung hat und fast immer vernachlässigbar klein ist.

Für unseren »gesunden« Menschenverstand ist es kaum fassbar: Uhren gehen anders, wenn sie eine geringere Gravitation – eine geringere Massenanziehung – spüren. Das liegt nicht etwa an der anders beeinflussten Mechanik der Uhren, sondern die Zeit selbst läuft bei geringerem Einfluss der Gravi-

Ein Schwarzes Loch saugt aufgrund seiner extrem hohen Massendichte die Materie eines Begleitsterns ab. Selbst das Licht entkommt dieser Massenkonzentration im Universum nicht, und die Zeit scheint in seiner Umgebung stillzustehen.

tation schneller ab. Dieses experimentelle Ergebnis wurde auch mit Raketen bestätigt, die, auf einige tausend Kilometer Entfernung gebracht, beim späteren Vergleich mit der Uhr auf der Erde den erwarteten größeren Unterschied im Ablauf der Uhren zeigten. Je weiter man aus dem Gravitationsfeld der Erde herauskommt, je geringer also der Einfluss der Gravitation ist, umso schneller laufen die Uhren, umso schneller vergeht – von der Erde aus beobachtet – die Zeit. Wieder ist es hier wichtig sich klarzumachen, dass dies nur im Vergleich der Uhren in den beiden Bezugssystemen gilt. Für den Astronauten im entfernten Raumschiff ändert sich bei seiner Zeitmessung nichts – für ihn bleibt 1 Sekunde weiterhin 1 Sekunde. Erst wenn er auf die Erde schaut oder dorthin zurückkehrt, so stellt er den unterschiedlichen Gang der Uhr fest.

Das ist übrigens auch eine plausible Erklärung für das Zwillingsparadox in der Speziellen Relativitätstheorie: Auch hier wurde der im Vergleich festgestellte Altersunterschied auf die Beschleunigung des Raumschiffs bei seiner Umkehr zurückgeführt. Diese Beschleunigung »wirkt« wie die Gravitation, und so ist der Altersunterschied der Zwillinge zu erklären. Letztendlich ist diese Veränderung des Zeitablaufs wiederum eine Folge des konsequenten Festhaltens an der Voraussetzung, dass die Lichtgeschwindigkeit überall denselben konstanten Wert c = 300 000 km/sec besitzen muss. Man kann sich vorstellen, dass eine Lampe im Weltall Licht in Form von Photonen – Lichtteilchen – aussendet. Geschieht das nicht in der Nähe eines Gravitationszentrums, so legen die Photonen in einer Sekunde eine bestimmte Strecke zurück. Die Messung ergibt die Lichtgeschwindigkeit c = 300 000 km/sec. Führt

Die Lichtgeschwindigkeit c muss in jedem Bezugssystem denselben Wert von 300 000 km/sec besitzen. Im Fall links legen die von einer Lampe kommenden Photonen in 1 sec eine bestimmte Strecke $\Delta x = x_2 - x_1$ zurück. In der Nähe eines Gravitationszentrums allerdings (rechts) werden die Photonen vom Gravitationsfeld festgehalten und in ihrem Lauf verzögert. Wollen sie auf denselben Wert von c kommen, muss bei konstanter Strecke Δx die Zeit im Gravitationsfeld entsprechend langsamer ablaufen.

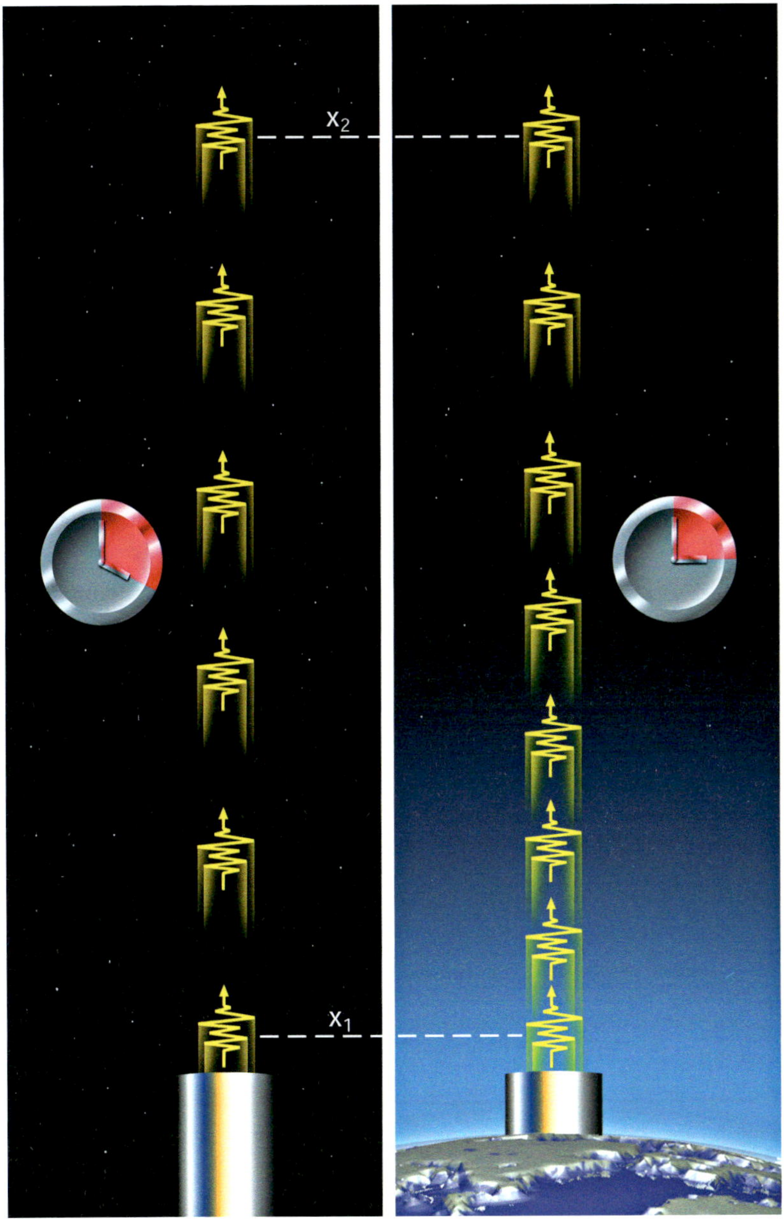
x_2
x_1

man dasselbe Experiment ineinem starken Gravitationsfeld durch, werden die Photonen von diesem Feld stärker festgehalten. Ihre Laufzeit verzögert sich. Aber auch sie müssen auf die Lichtgeschwindigkeit c kommen. Das ist in dieser Betrachtung nur möglich, wenn auch die Zeit im Gravitationsfeld entsprechend langsamer abläuft!

Schwächt sich das Gravitationsfeld mit der Entfernung ab, so werden auch die Photonen schneller, die Zeit unterliegt dann einer geringeren Verlangsamung. Hier zeigt sich dieselbe Situation wie in der Speziellen Relativitätstheorie, in der ja durch die schnelle Bewegung der Bezugssysteme zueinander der absolute Wert der Lichtgeschwindigkeit in Schwierigkeiten kam und dadurch die Vorstellung von den unantastbaren und absoluten Werten des Raumes und der Zeit aufgegeben werden musste. Um den absoluten Wert der Lichtgeschwindigkeit nicht in Frage zu stellen, muss sich jetzt die Vorstellung von der Zeit ändern – sie wird abhängig von der Gravitation.

Durch die konsequent zugrunde gelegte Annahme der Konstanz der Lichtgeschwindigkeit eröffnet sich plötzlich eine Welt, die man sich vorher auch mit viel Phantasie nur schwer vorstellen konnte. Einstein entdeckte 1908 durch die Ergebnisse seines mathematischen Formelwerkes die Abhängigkeit des Zeitverlaufs vom Gravitationsfeld; viele waren gegenüber die-

Je nach dem Abstand von einem Gravitationszentrum läuft die Zeit mehr oder weniger schnell ab. Für die Erde gilt, dass pro km über Meereshöhe sich durch die abnehmende Gravitation der Lauf der Zeit um 10^{-13} sec beschleunigt.

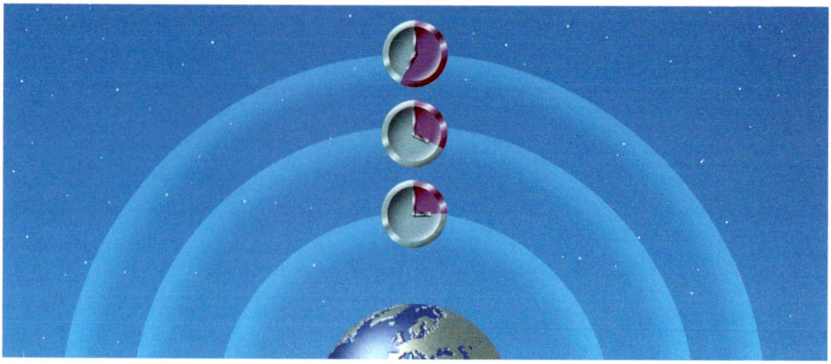

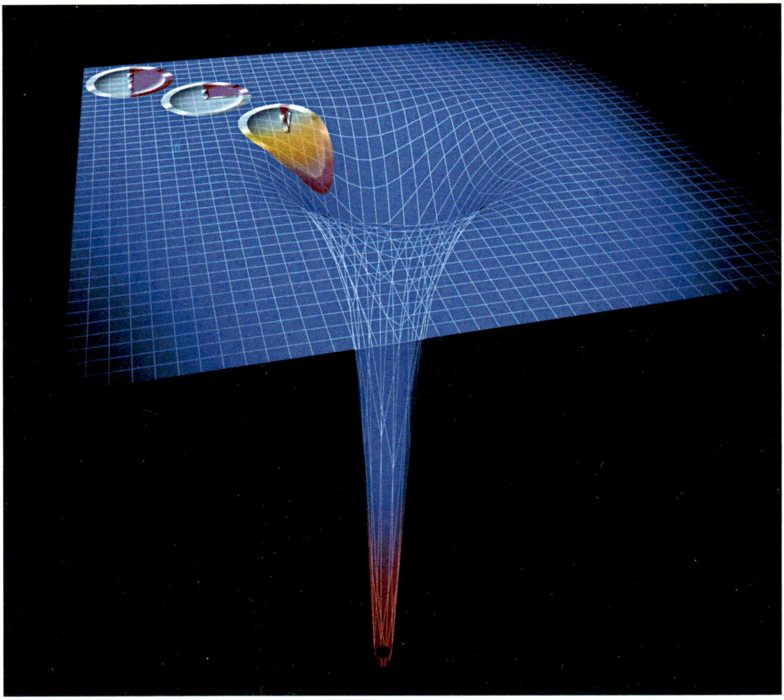

ser Konsequenz der Theorie skeptisch, doch letztendlich fanden sich Jahrzehnte später die experimentellen Beweise für die theoretischen Vorhersagen.

Je näher man einem Schwarzen Loch kommt, umso langsamer scheint dort für einen äußeren Beobachter die Zeit abzulaufen.

Nach der Allgemeinen Relativitätstheorie verlangsamt sich die Zeit durch die Einwirkung der Gravitation. Nach der Speziellen Relativitätstheorie kann sie zudem in sich relativ zueinander bewegenden Bezugssystemen gedehnt werden. Die Gravitation zeigt in diesem Bild von unserer Welt ungeahnte Möglichkeiten. Sie krümmt den Raum und zwingt dadurch die Zeit, in ihrer Einflusssphäre langsamer zu laufen. Genauso wie die Gravitation vom Massenzentrum nach außen hin abnimmt, nimmt die Zeitverlangsamung nach außen hin ab. Um die Erde kann man sich kugelförmige Zeitzonen vorstellen, die sich umeinander legen und in denen die Zeit immer langsamer abläuft, je näher wir zur Erde kommen.

In der Einstein'schen Welt finden sich noch andere Kuriositäten. Immer wieder wird vom »Schwarzen Loch« gesprochen. Ein »Schwarzes Loch« soll eine Materiekonzentration im Weltall sein, die eine so unglaublich hohe Massedichte besitzt, dass sie alles anzieht und verschluckt – selbst das Licht kann der Anziehung des Gebildes nicht entkommen. Deshalb kann man ein Schwarzes Loch auch nicht sehen, sondern nur seine Wirkung auf die in der Umgebung vorhandenen sichtbaren Strukturen im Weltall beobachten.

Wissenschaftler glauben jedoch, einige Schwarze Löcher im Universum auf indirektem Weg registriert zu haben. So soll sich auch ein Schwarzes Loch im Zentrum unserer Milchstraße befinden. In der Theorie – in der Vorstellung über den Aufbau unseres Universums – spielen Schwarze Löcher eine große Rolle. Sie könnten sich bilden, wenn ein Stern nach dem Ausbrennen in sich zusammenstürzt. Wenn die Gravitation so unendlich groß ist, dann muss ein solches Schwarzes Loch den Raum sehr stark krümmen. So stark, dass alles in ihm verschwindet. Es würde ein Gravitationstrichter entstehen. In einer zweidimensionalen Darstellung entspräche das nicht nur einer Eindellung des Raumes, sondern einem Loch ohne Ende – einem Fass ohne Boden. Und auch für den Zeitbegriff bedeutet diese unvorstellbar große Gravitation etwas: Wenn das Licht so stark angezogen wird, dass die Lichtteilchen sich nicht mehr bewegen, dann bleibt für einen ruhenden Beobachter, der aus der Ferne das Schwarze Loch betrachtet, die Zeit dort stehen. Das ist eine Konsequenz der Forderung, dass die Lichtgeschwindigkeit überall denselben Wert haben muss. Wenn die Lichtteilchen stehen bleiben, »wartet« die Zeit, bis sie einen bestimmten Weg zurücklegen. Weil das jedoch nicht geschieht, vergeht keine Zeit. Die Zeit ist unendlich langsam geworden.

Für phantasiebegabte Leser eröffnen sich jetzt ungeahnte Möglichkeiten. Denn wenn man mit einem Raumschiff in die Nähe eines Schwarzen Loches fährt und darauf achtet, nicht von ihm verschluckt zu werden, so läuft hier im Einflussbereich des Gravitationszentrums für die Beobachter auf der Erde die Zeit langsamer ab, man altert nach ihrer Beobachtung langsamer als die Zeitgenossen auf der Erde. Eine Konsequenz, die die

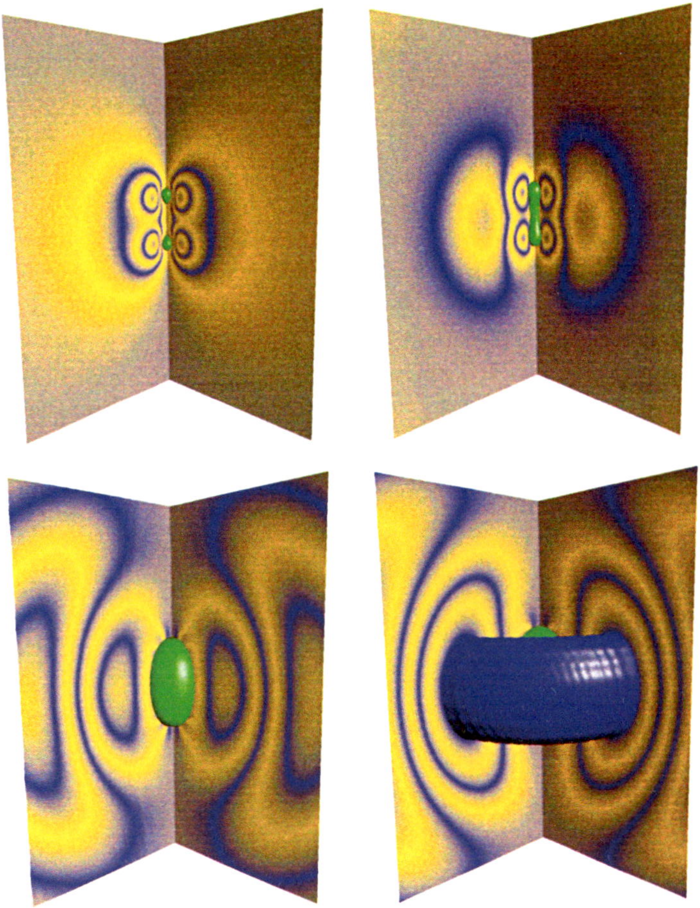

Allgemeine Relativitätstheorie zulässt. Für einen selbst ändert sich im Raumschiff am Zeitverlauf nichts, allein die Erdbewohner altern, vom Raumschiff aus betrachtet, rasend schnell. Der Rückkehrer von einer solchen Weltraumreise hätte also einige Vorteile. Aber auch in der Nähe von nicht ganz so großen Masse-

In einer Computersimulation wird berechnet, wie zwei Schwarze Löcher ineinander übergehen können. Dabei lösen sich Gravitationswellen ab. Die grünen Bereiche stellen die Ereignishorizonte der miteinander verschmelzenden Schwarzen Löcher dar, die blauen zeigen Wellenfronten.

zentren gäbe es messbare Erfolge beim Kampf gegen das Altern. In der Nähe der Sonne zum Beispiel gewinnt man 30 Sekunden pro Jahr an Lebenszeit – aber das kann leider nie experimentell erprobt werden, es ist dort viel zu heiß. Nach der gängigen Vorstellung soll ja das Universum durch einen Urknall entstanden sein und sich ständig – vergleichbar mit einem Luftballon – weiter aufblähen. Man muss sich das Universum – und damit die Raum-Zeit – nun nicht so rund und überschaubar vorstellen, wie es das Luftballon-Modell suggeriert.

Theoretisch ist durch eine günstige Anordnung von zwei Schwarzen Löchern eine Verbindung zwischen zwei Raum-Zeit-Bereichen möglich. Zeitreisen durch einen solchen Tunnel können allerdings nicht durchgeführt werden.

Keiner weiß genau, wie das Universum wirklich aussieht. Die

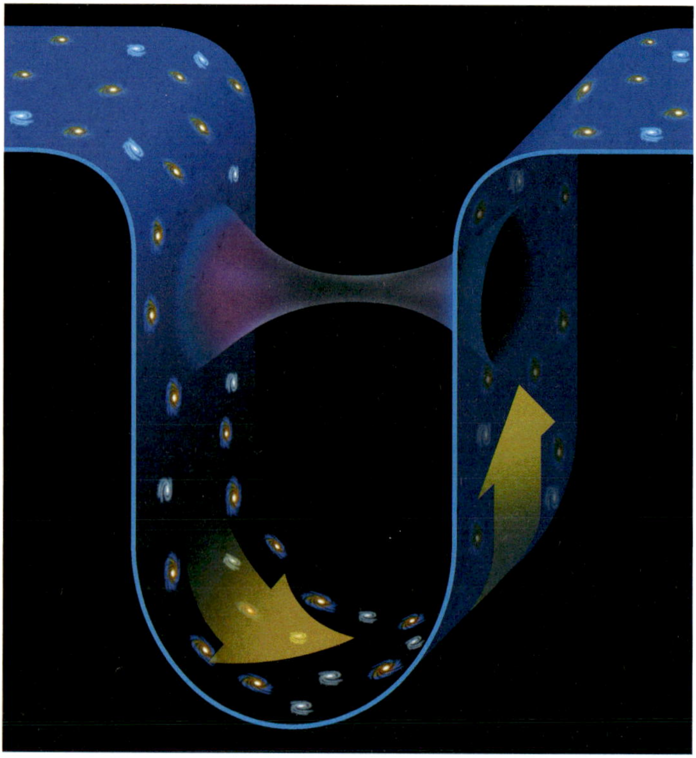

Raum-Zeit kann auf ungewöhnliche Weise gekrümmt oder ineinander verschlungen sein. Massenkonzentrationen wie die Schwarzen Löcher bewerkstelligen das. Jede Topographie ist denkbar. Wenn nun die Raum-Zeit so exotisch aussehen kann, wäre es auch möglich, Abkürzungen für Zeitreisen zu finden. Was man nur haben müsste, wäre ein Tunnel zwischen zwei Raum-Zeit-Bereichen. Schon Einstein konnte in seiner Allgemeinen Relativitätstheorie zeigen, dass es unter extremen Bedingungen solche Verbindungen geben könnte. Notwendig dazu sind Singularitäten – wie Schwarze Löcher –, die die Raum-Zeit entsprechend aufreißen müssten. Und schon das macht klar, dass diese Abkürzungen für reale Reisen nicht zu gebrauchen sind, denn das hieße ja, so etwas wie Schwarze Löcher passieren – eine tödliche Angelegenheit. Zudem existieren die Verbindungen rein rechnerisch nur äußerst kurze Zeit, und das auch nur für sehr kleine Teilchen. Auch von daher ist nicht daran zu denken, etwa mit einem Raumschiff eine solche Abkürzung zu nehmen und dadurch Reisen zu fernen Galaxien in vernünftigen Zeiten zu unternehmen. Aber Spekulationen über solche Zeitreisen kommen immer wieder in Mode. Heute heißen diese Raum-Zeit-Tunnel Wurmlöcher und werden in den Mikrokosmos verlegt. Dort erlaubt die Quantentheorie, über die Existenz solcher Wurmlöcher in Mini-Dimensionen zu spekulieren (siehe Kapitel 19). Die Wurmlöcher sind so klein, dass sie höchstens subatomare Teilchen passieren könnten, und zudem wiederum äußerst kurzlebig. Sie existieren 10^{-43} Sekunden. In der mikroskopisch kleinen Welt der »Quantenfluktuation« kann man zwar darüber phantasieren, ob Teilchen in die Paralleluniversen – wenn sie überhaupt existieren – reisen könnten, nur beobachtbar werden solche Effekte wohl kaum sein.

Die Allgemeine Relativitätstheorie ist jedoch nicht nur für Phantasie-Experimente interessant. In der Raumfahrt werden Satelliten immer wichtiger, die helfen, Aufgaben auf der Erde zu lösen. Neben der Nachrichtenübertragung können Satelliten auch für die Navigation genutzt werden. Der Nachteil dabei: Die Bahn des Satelliten verläuft weit draußen im Weltall, etwa 20 000 Kilometer von der Erde entfernt. Mit der Entfernung von der Erde nimmt jedoch auch die Anziehungskraft ab. Nach der

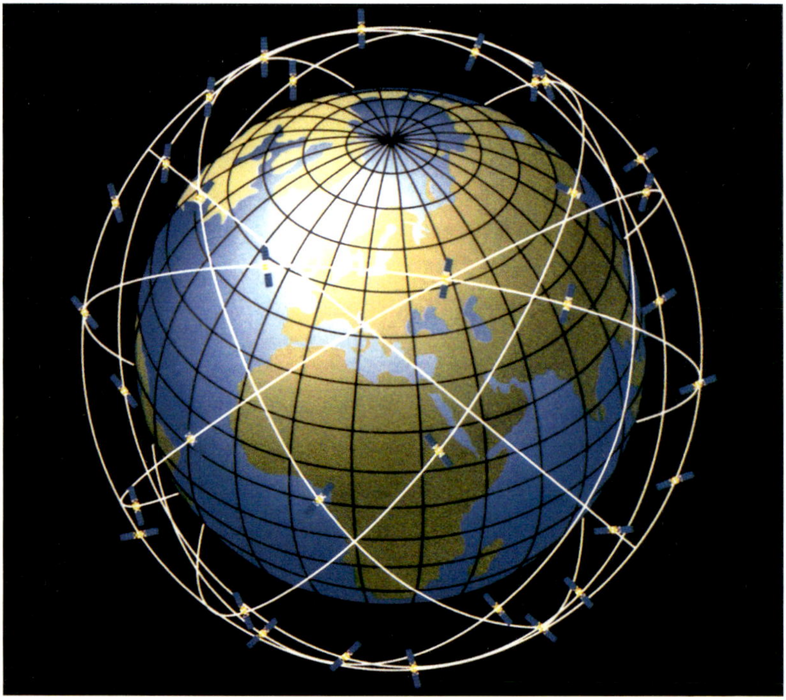

Satelliten laufen mit hoher Geschwindigkeit und großem Abstand um die Erde. Beides verändert für einen Beobachter am Boden den Lauf der satelliteneigenen Uhren. Für die technische Anwendung müssen diese relativistischen Effekte korrigiert werden.

Allgemeinen Relativitätstheorie ist aber mit der Abschwächung der Gravitation eine Veränderung des Zeitablaufs verbunden. Und genau das ist ein Problem für die Navigationsspezialisten in den Raumfahrtzentren. In den Satelliten läuft die Zeit anders ab als auf der Erde. Zwei Effekte, die von der Relativitätstheorie beschrieben werden, stehen dabei in Konkurrenz. Die abnehmende Gravitation beschleunigt den Lauf der Zeit (pro Kilometer über Meereshöhe 10^{-13} Sekunden) und die Geschwindigkeit der Satelliten verlangsamt sie über die Spezielle Relativitätstheorie. Bei etwa 3000 Kilometer Höhe sind diese beiden gegenläufigen Effekte gleich groß. Auf der 20000-km-Bahn überwiegt der beschleunigte Ablauf der Zeit durch die abnehmende Gravitation. Eine Uhr in einem solchen Satelliten zeigt eine Voreilung der Zeit von etwa 38 Mikrosekunden pro Tag! Für die Positionsbestimmung auf der Erde ist die Zeit äußerst wichtig. Funksignale laufen dabei zwischen dem Nutzer und dem Satelliten hin und her. Aus der bekannten Position des Satelliten und der Laufzeit des Signals kann der Nutzer seinen Ort bestimmen. Dabei gibt der Satellit im GPS (Globales Positionierungs-System) ständig seine Position und seine Zeit über elektromagnetische Wellen ab. Der Nutzer vergleicht diese Zeit mit der bordeigenen und errechnet daraus seinen Ort. Der relativistische Gangunterschied der Uhren spielt dabei eine große Rolle. Zwar wird ein Großteil der errechneten Gangabweichung vor dem Start in den Satellitenuhren korrigiert, aber die Feinabweichungen im Weltall müssen von der Bodenstation an die Nutzer ständig weitergegeben werden. Bei vielen Anwendungen sind nun auf Meter genaue Positionsbestimmungen nicht so wichtig, aber es gibt andere Anwendungen, bei denen es auf kleinste Verschiebungen ankommt. So kann man mit Hilfe dieses Systems zum Beispiel die minimalen Verschiebungen der Kontinentalplatten messen und daraus vielleicht eine Möglichkeit der Erdbebenvoraussage entwickeln. Allerdings hängen auch militärische Aktionen von dieser Genauigkeit ab. So werden moderne Raketen mit Hilfe von GPS mit einer Abweichung von weniger als einem Meter ins Ziel gebracht. Das ist nur mit der Berücksichtigung des relativistischen Effekts möglich.

Einsteins Ergebnisse werden heute in vielen Bereichen der Technik angewendet. Die Abhängigkeit der Zeit von der Gravitation ist ein Beispiel dafür, wie die Bilder von der Welt, die uns umgibt, sich verändern, erweitern und uns zu neuen Erkenntnissen führen.

11 Das Licht als Januskopf

Welle oder Teilchen
Die Welt der Quanten
Dualismus im physikalischen Weltbild

In der Geschichte der Naturwissenschaften ist es vor allem das Licht, das immer neue Überraschungen liefert und uns zwingt, unsere Sicht von der Welt zu verändern. War zunächst die Geschwindigkeit des Lichts als begrenzt und unübertreffbar erkannt worden, zeigt in diesem Kapitel das Licht eine andere, verwirrende Eigenschaft, und die hat einen regelrechten Schock für das Weltbild zur Folge: Wenn jemand uns überzeugen will, dass etwas manchmal wie ein Apfel erscheint und dann wiederum wie eine Birne, so würden wir ihn nicht besonders ernst nehmen. Physiker jedoch verlangen von uns, eine solche seltsame Modellvorstellung in der Natur zu akzeptieren: Es geht um das Licht.

Selbstverständlich wollten die Naturwissenschaftler auch dieses Phänomen in ihr Weltbild einordnen, Gesetzmäßigkeiten aufstellen, um so das Verhalten des Lichts zu kontrollieren. Eine Kernfrage dabei ist, wie man sich das Licht vorzustellen hat. Im 17. Jahrhundert war Newton der Meinung, dass Licht aus Teilchen besteht, die durch den Raum strömen. Erst gut 100 Jahre später setzte sich eine andere Vorstellung von der Natur des Lichts durch: das Licht als Welle. Verschiedene Experimente waren nur dadurch zu erklären, dass man das Licht als sich ausbreitende Welle annahm, vergleichbar mit einer Welle im Wasser, die durch einen Stein ausgelöst wurde. Die Vorstellung vom Licht als Welle erlaubt es, bestimmte Experimente, zum Beispiel den Durchgang von Licht durch zwei Spalte und die daraus resultierende Hell-Dunkel-Verteilung, zufriedenstellend zu erklären. Und man konnte mit dieser Vorstellung auch das machen, was ja letztendlich der Vorzug einer Theorie ist: sie in mathematische Gleichungen fassen. Wenn sich zwei Wellen überlagern, so kommt es zu Auslöschungen oder Verstärkungen, je nachdem in welcher Phase die Wellenberge der einen Welle zu den Wellenbergen der anderen laufen. Auf einer Wasseroberfläche ist die Auslöschung und Verstärkung gut zu beobachten – Physiker nennen diese Überlagerung Interferenz.

Die Annahme, dass Licht aus Teilchen besteht, führt bei der Erklärung dieses Experiments nicht weiter. Denn wie sollte ein Teilchen das andere auslöschen? Wenn man sich jedoch das Licht als Welle vorstellt, gelingt es, die dunklen und hellen Bereiche der Beugungsfigur auf dem Projektionsschirm hinter dem Doppelspalt zu erklären. Die Theorie vom Licht ist zudem mit der Annahme, dass wir es mit Wellen zu tun haben, die sich überlagern oder gegenseitig auslöschen, weiter ausbaufähig. So sind neben der Lichtbeugung auch die Far-

Wenn sich Wasserwellen überlagern, dann kommt es zur Auslöschung oder Verstärkung der Wellenberge. Die Erklärung ist rechts zu sehen: Liegen die Wellenberge übereinander, so addieren sich ihre Amplituden, liegt jedoch der Wellenberg der einen Welle genau über dem Wellental der anderen, so löschen sich diese Wellen (bei gleicher Amplitude) gegenseitig aus.

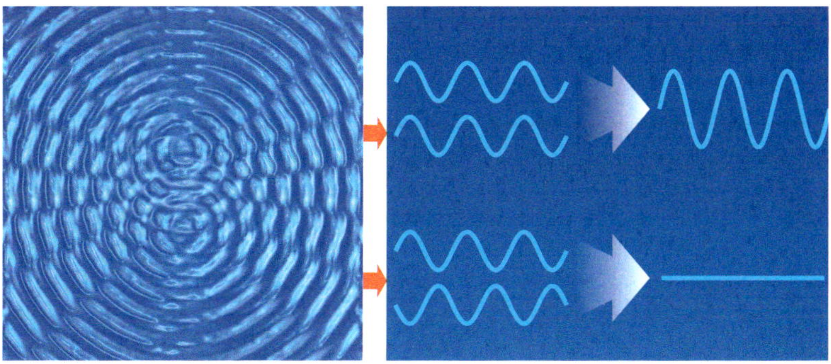

ben an dünnen Schichten, wie sie bei Seifenblasen auftreten, mit der Wellennatur leicht zu »erklären«. Licht als Welle anzusehen führte also zu einer zufriedenstellenden Beschreibung seines Verhaltens.

Die Vorstellung von der Wellennatur des Lichts hatte sich im 19. Jahrhundert durchgesetzt. Der englische Forscher Thomas Young war die treibende Kraft, um dieses Bild vom Licht im Gebäude der Physik zu etablieren; denn seine Experimente konnten damit gut »verstanden« werden. Der entscheidende Punkt für eine Theorie in der Physik aber ist: Sie regiert nur so lange, bis Experimente gefunden werden, deren Ergebnisse mit der angenommenen Modellvorstellung nicht mehr übereinstimmen. Und dieses Schicksal ereilte auch diese Theorie vom Licht.

Die Ursache für ihren Sturz war ein relativ einfaches Experiment, durchgeführt Ende des 19. Jahrhunderts. Mit Licht kann man – unter bestimmten Bedingungen – Elektronen aus einer Metallplatte herauslösen. Dazu wird eine Zinkplatte mit ultraviolettem Licht bestrahlt. Eine entsprechende Messvorrichtung registriert die dabei frei werdenden Elektronen. Stellt man sich zur Erklärung dieses Effekts Licht als Welle vor, so sollten sich eigentlich bei jeder beliebigen Wellenlänge Elektronen aus dem Metall lösen können. Die Idee dabei ist, dass mit der Lichtwelle langsam so viel Energie auf das Elektron und seine Umgebung gestrahlt wird, bis sie schließlich ausreicht, um es herauszulösen. Ein kontinuierlicher Vorgang, der auch unabhängig von der Wellenlänge funktionieren müsste.

Aber das Experiment, der lichtelektrische Effekt, zeigt ganz andere Ergebnisse: Die Elektronen werden nur bei der Bestrahlung mit kurzwelligem Licht herausgeschlagen. Der Versuch gelingt nur ab einer bestimmten Wellenlänge des Lichts. Ist die Welle zu langwellig, rührt sich das Elektron nicht von der Stelle. Selbst wenn man es eine Ewigkeit lang bestrahlt oder die Intensität beliebig erhöht. Es »sammelt« also nicht die Strahlungsenergie, um den Atomverband dann verlassen zu können. Benutzt man die bei diesem Versuch wirksame ultraviolette Lichtstrahlung, so kommt es zu weiteren Überraschungen: Wird die Intensität der ultravioletten Strahlen erniedrigt, so springen die Elektronen nicht etwa mit einer geringeren Energie heraus, sondern man registriert weniger Elektronen, die aber alle dieselbe Energie besitzen!

1888 wurde dieser lichtelektrische Effekt von W. Hallwachs entdeckt, und 1905 bemühte sich Albert Einstein um eine Erklärung, eine Theorie, die den gefundenen experimentellen Daten gerecht werden könnte. Das Ergebnis: Licht muss als ein Strom von Teilchen verstanden werden. Nicht etwa eine Lichtwelle, wie ursprünglich angenommen, strahlt kontinuierlich ihre Energie auf das Elektron, sondern einzelne Energiepakete – Lichtteilchen – treffen wie Gewehrkugeln auf die Metallplatte. Ist die Energie des Lichtteilchens nicht groß genug, so löst sich das Elektron nicht ab. Erst wenn das auftreffende Lichtteilchen eine bestimmte Energie aufweist, reagiert das Elektron.

Ein Bild hilft, dieses experimentelle Ergebnis plausibel zu machen. Dazu stellt man sich das Elektron als Kugel in einem Kasten vor. Auch die Lichtteilchen werden in diesem Bild zu Ku-

Diese Kugeln verdeutlichen die Vorgänge beim lichtelektrischen Effekt: Erst wenn eine genügend schwere Kugel (das Photon) auf die Stahlkugeln (die Elektronen) trifft, springt eine von ihnen auf ein höheres Energieniveau. Der Beschuss mit kleineren Kugeln hat dabei keinen Erfolg. Sie enthalten nicht genügend Energie, um die Stufe zu überwinden.

geln, die die Elektronen bombardieren. Ein Elektron springt nur dann heraus, wenn die Energie der auftreffenden Kugeln – der Lichtteilchen – groß genug ist. Eine andere Sorte von Kugeln – kleinere – schafft es beim Herunterfallen nicht, die Kugeln im Kasten – die Elektronen – herauszuschlagen. Auch wenn deren Intensität, also die Zahl der zu kleinen Kugeln, die ja Lichtteilchen zu geringer Energie repräsentieren, erhöht wird, gelingt das nicht.

Der lichtelektrische Effekt lässt sich mit der Vorstellung vom Licht als einem Strom von Energiepaketen erklären, die nur mit der richtigen Energie aus dem Metall Elektronen herauslösen können. Ist die Energie zu niedrig, so gelingt das Ablösen nicht, selbst wenn man die in der Metallplatte festsitzenden Elektronen endlos lange bestrahlt. Nach diesem experimentellen Ergebnis sollte Licht aus Teilchen bestehen, später nannte man diese Teilchen Photonen. Zu dieser revolutionären Entdeckung kommt noch eine weitere Erkenntnis: In der Natur läuft nicht alles kontinuierlich ab. Die Energie zum Beispiel kann im Bereich der Atome, bei der Wechselwirkung zwischen Licht und Materie, offenbar nur sprunghaft übertragen werden. Die vom Elektron aufgenommene Energie wird nicht kontinuierlich langsam aufgesammelt, sondern in einem Stoßprozess schlagartig als Ganzes übertragen. Die Energie zeigt nicht kontinuierlich sämtliche mögliche Werte, sondern bietet diskrete Beträge – Energieportionen – an.

Unser Weltbild wird damit plötzlich umgestoßen. Statt einer stetigen Aneinanderreihung der Werte der physikalischen Größen, die in einer kontinuierlichen Welt ineinanderfließen, entpuppt sich die Welt als »körnig«, sprunghaft aufgebaut. Energie kann portionsweise auftreten – in Quanten. Damit war der Grundstein zur Quantenphysik gelegt. Ein Wert bei dieser Quantelung ist äußerst wichtig: die Naturkonstante h, das Planck'sche Wirkungsquantum. Sie bestimmt die Größe der Quanten. Die Energie kann nur in Portionen von $h \cdot \nu$ auftreten, wobei ν die Frequenz des Lichts ist. h ist sehr klein:

$$h = 6{,}62 \cdot 10^{-34} \text{ Joule} \cdot \text{sec}$$

Diese Quantelung – oder portionsweise Aufteilung der Natur – fällt bei Vorgängen außerhalb der atomaren Dimensionen nicht auf. Dort kann man weiterhin mit der klassischen Vorstellung arbeiten, dass die Welt, wie wir sie beobachten, als kontinuierlich anzusehen ist. Aber im Mikrokosmos – im Bereich atomarer Dimensionen – ist die Quantelung der physikalischen Größen, ihre Fähigkeit, nur diskrete, mit h verknüpfte Werte anzunehmen, von entscheidender Bedeutung. Das wird im nächsten Kapitel besonders deutlich.

Wenn aber nun das Licht als Teilchen zu verstehen ist, wie steht es mit den anderen Experimenten, die nur mit der Wellenvorstellung vom Licht erklärbar waren, wie zum Beispiel den Beugungsexperimenten? Beim Licht geraten die Physiker in die seltsame Lage, bestimmte Experimente nur erklären zu können, wenn Licht eine Welle ist, bei anderen wiederum gelingt das nur, wenn das Licht als Teilchen, als Photon, angenommen wird. Diese Situation macht auch die Bedeutung von Theorien in der Physik deutlich. Theorien, also Modellvorstellungen, sagen nicht unbedingt aus, dass die Welt so ist, wie sie mit ihnen beschrieben wird. Sie sind vielmehr Hilfsmittel für uns, um Ordnung in die verwirrende Vielfalt der Natur zu bringen. Naturwissenschaftler sind übrigens schon zufrieden, wenn sie mit ihrer speziellen Sicht von der Welt, durch die Brille der Modelle, die sie aufstellen, einige Möglichkeiten haben, in bestimmten Bereichen die Vorgänge in der Natur vorherzusagen und zu kontrollieren. In dieser Modellvorstellung von der Welt muss man nun damit leben, dass sich Licht in bestimmten Experimenten wie eine Welle verhält, in anderen wie ein Teilchen. Diese Doppelnatur des Lichts – dieser Dualismus, wie er auch genannt wird – zeigt die Distanz der Naturwissenschaftler zu dem, was wir als Realität empfinden. Sie machen sich in ihren Modellen nur ein Bild von der Natur, um Abläufe in den Griff zu bekommen, sie vorhersagbar zu machen – und das funktioniert nur in bestimmten Grenzen.

Mit Hilfe der Mathematik gelang es zwar, eine geschlossene Theorie zu schaffen, die beide Annahmen über das Licht vereinigt, die Quantentheorie. Bei bildhaften Erklärungen allerdings bleibt es dabei, dass, je nachdem welches Experiment betrachtet wird, Licht einmal als Welle und dann wieder als Teilchen erscheint.

Hatten die Physiker plötzlich ihre althergebrachte Vorstellung über die Natur des Lichts aufgeben müssen, zeigte sich schon kurz danach auf einem anderen Gebiet eine weitere Überraschung. Denn auch in der Welt der Teilchen wurde nun an den gewohnten Bildern gerüttelt. Relativ früh kam man zu der Vorstellung eines Elektrons als Teilchen – als winziges Kügelchen –, das eine elektrische Ladung trägt. Wenn sich nach den neuen Einsichten Licht einmal als Welle und dann wiederum als Teilchen darstellt, warum soll dieser Dualismus nicht auch bei den Teilchen – den Elektronen – existieren? Hatte man früher zur Erklärung der Experimente mit Elektronen vorausgesetzt, dass sie als Teilchen anzusehen seien, suchten die Wissenschaftler jetzt nach Möglichkeiten, um nachzuweisen, dass sie auch Welleneigenschaften besitzen können.

Der Franzose de Broglie war es, der 1924 erstmals diese Überlegung in die Debatte um das Weltbild warf. Den Physikern war damals diese Vorstellung suspekt. De Broglie formulierte seine Thesen in seiner Doktorarbeit. Albert Einstein wurde um Rat gefragt, und nach langer Diskussion akzeptierte der Prüfungsausschuss schließlich diese Idee. Aber was ist eine Theorie ohne die experimentelle Bestätigung? Die Suche begann, und tatsächlich fanden sich drei Jahre später auch Experimente, die man nur erklären konnte, wenn man den Elektronen Welleneigenschaften zusprach. In einem dieser Experimente schießt man Elektronen auf einen sehr dünnen Quarzfaden. Die Elektronen werden an dem Quarzfaden »gebeugt«. Die Überraschung liegt hier darin, dass als Ergebnis nicht etwa die Elektronen regellos auf dem Aufnahmeschirm zu beobachten sind, sondern Beugungsfiguren entstehen, wie sie auch Lichtwellen nach Passieren eines ähnlichen Hindernisses aufweisen würden. Diese Bewegungsmuster ergeben sich aus der Überlagerung von Wellen, die sich in bestimmten Abständen auslöschen oder verstärken – deshalb die Aufteilung in helle und dunkle Bereiche.

Dieses Bewegungsmuster, das man bei dem Experiment mit den Elektronen erhält, ist in der Struktur vergleichbar mit jenem, das bei der Überlagerung von Wasser – oder Lichtwellen – entsteht. Es ist in unsere Vorstellung von der Welt nur einzuordnen, wenn man bei diesem Experiment den Elektronen die

Wellennatur zuspricht. Daraus ergibt sich dieselbe, kaum fassbare Situation wie beim Licht: Elektronen zeigen bei bestimmten Experimenten ihre Wellennatur, bei anderen ihre Teilcheneigenschaft. Auch hier stoßen wir auf den Dualismus in der Modellvorstellung von der Natur, der unserem »natürlichen« Verständnis entgegenzustehen scheint.

Zudem kann sich auch jedes andere Materieteilchen wie eine Welle verhalten; das zeigten weitere Experimente mit verschiedenen Teilchen. Uns bleibt offenbar nichts anderes übrig, als diese zwei Gesichter – einmal Welle, dann wiederum Teilchen – der Strahlung und der Materie, die unsere Welt ausfüllen, zu akzeptieren. Wir neigen durch das eine oder andere Experiment und der damit verbundenen Theorie vielleicht dazu, dem Licht gefühlsmäßig eher Welleneigenschaften und dem Elektron Teilcheneigenschaften zuzubilligen. In den Naturwissenschaften muss man sich jedoch von den Zufälligkeiten historischer Entwicklungen frei machen.

Die Beugungsexperimente mit Materiewellen hängen selbstverständlich von der Größe der beteiligten Objekte ab. Die Wellenlänge der Elektronen ist äußerst klein. Will man den Elektronenstrahl beugen, so muss das entsprechende Hindernis in der Größe vergleichbar mit seiner Wellenlänge sein, also atomare Dimensionen besitzen. Weitet man dieses zweigesichtige Bild über die Materie aus, so müssen prinzipiell auch Erbsen, die mit einem Blasrohr durch die Luft geschossen werden, Welleneigenschaften besitzen. Bei solch großen Objekten ist es jedoch unmöglich, das entsprechende Experiment zu realisieren, das diese Eigenschaft nachweist, denn die Wellenlänge der Erbsen ist äußerst klein. Der Spalt, an dem die »Erbsenwelle« in einem Beugungsexperiment abgelenkt werden müsste, wäre so winzig, dass ihn der Erbsenstrom überhaupt nicht passieren könnte. Dieses Experiment ist also nicht durchführbar. Bei Elektronen jedoch gelingen die Beugungsexperimente, die den Wellencharakter des Elektronenstrahls nachweisen. Als Beugungsspalte können dabei auch die Lücken zwischen den Atomen in einer dünnen Metallfolie dienen. Man beschießt dann mit einer Elektronenkanone die Folie – die Elektronen werden an den dünnen Durchlässen zwischen den Atomen abgelenkt und ste-

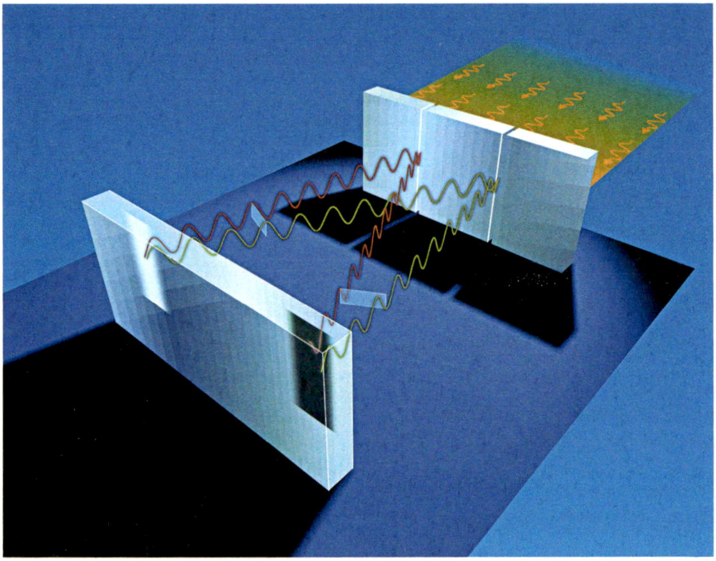

Hier ist ein Schlüsselexperiment der Quantenphysik dargestellt: Treffen Teilchen (Photonen oder Elektronen) auf einen Doppelspalt, so ist das entstehende Streifenmuster auf dem Schirm aus Metall, die Interferenzfigur, nur mit dem Wellenbild zu erklären. Wellen aus dem einen Spalt (rot) überlagern sich mit Wellen aus dem anderen (grün) so, dass es auf dem Schirm im Vordergrund zur Auslöschung (schwarzer Streifen) und im Hintergrund zur Verstärkung (weiß) kommt. Im Augenblick des Auftreffens wiederum muss man das Geschehen in der Metallplatte mit dem Teilchenbild erklären (lichtelektrischer Effekt).

hen dabei wie Wellen miteinander in Wechselwirkung. Das Ergebnis sind Interferenzfiguren, wie sie bei der Überlagerung von Wasserwellen auftreten, die durch ein Beugungsgitter in einer Wanne abgelenkt werden.

Um das Ungewöhnliche dieser Modellvorstellung zu verdeutlichen, sei noch erwähnt, dass die Elektronen nach dem Passieren des atomaren Beugungsgitters wieder registriert werden müssen. Dazu treffen sie auf eine empfindliche Metallschicht, die dabei Licht abstrahlt. Zur Erklärung dieser Wechselwirkung mit Materie wäre wiederum nur das Teilchenbild der Elektronen gültig. Wir stehen also vor der verwirrenden Tatsache, dass sogar in ein und demselben Experiment die Elektronen einmal Welleneigenschaften besitzen, wenn sie sich wie Wellen überlagern, und dann wiederum nur als Teilchen zu verstehen sind, wenn sie auf die Registrierplatte treffen und dadurch Licht abgestrahlt wird. Offenbar hängt die Natur des Lichts auch davon ab, mit welchen Mitteln wir es beobachten. Die Theorie vom Allerkleinsten, die Quantentheorie, scheint damit auch die Rolle des Beobachters einzubeziehen. Das hat Auswirkungen auf unser gesamtes physikalisches Weltbild, wie wir in den folgenden Kapiteln sehen werden.

12 Das Ende der Vorhersage?

Unschärfen bestimmen die Welt
Die Schrödinger-Gleichung als Rettung
Die physikalische Realität – vom Menschen gemacht

Ein Ziel der Physiker ist es, einen Ablauf in der Natur vorhersagen zu können. Sie wollen zum Beispiel den Weg einer Kugel beschreiben, die unter Einwirkung von bekannten Kräften auf einer Bahn von einem Punkt A nach B rollt. Dazu ist die genaue Kenntnis der Anfangsbedingungen der Kugel – ihr Ort A und ihre augenblickliche Geschwindigkeit an diesem Punkt – notwendig; denn das sind ja ihre Startbedingungen. Die Bewegungsgleichungen erlauben es dann, die Position und die Geschwindigkeit der Kugel mathematisch zu verfolgen und zu einem bestimmten Zeitpunkt zu berechnen, damit den Ablauf also vorherzusagen. Bei großen Objekten funktioniert diese Methode unter bestimmten Bedingungen auch recht gut. Man muss nur aufpassen, nicht in sogenannte chaotische Regionen zu geraten, in denen der Weg eines Körpers extrem stark von auch sehr kleinen Abweichungen in seinen Startbedingungen beeinflusst wird. Zum Trost für den Physiker mit seinen Vorhersagemethoden gibt es jedoch viele Bereiche, in denen diese Sensibilität gegenüber den Anfangsbedingungen nicht vorhanden ist (siehe hierzu auch mein Buch ›Chaos im Universum‹).

Mit unseren Augen können wir nur einen kleinen Teil der Welt, in der wir leben, erkennen. Apparate helfen uns jedoch,

Diese Aufnahme des Adlernebels demonstriert prinzipiell die Situation der modernen Physik: Am Anfang der Entwicklung der mathematischen Modelle bis noch vor 70 Jahren erscheint die Welt – hier von den Planeten symbolisiert – wohlgeordnet und einfach berechenbar. Dann, mit der Entwicklung der Quantenphysik, verlor sich vieles im Nebel der Ungewissheit. Unser Bild von der Welt wurde entscheidend verändert.

diese eingeschränkte Sicht zu erweitern. Mit Fernrohren können wir in die Tiefe des Weltalls blicken, und mit Mikroskopen und anderen technischen Hilfsmitteln erschließen wir uns den Mikrokosmos – die Welt der Atome. Sind aber in dieser Welt unsere physikalischen Theorien noch anwendbar? Gelten im atomaren Bereich dieselben Gesetzmäßigkeiten wie in den uns täglich fassbaren Dimensionen und dem gigantischen Universum?

Eine Schwierigkeit wird sehr schnell offenkundig: Betrachtet man die Welt der Atome, so wird die Bestimmung der sogenannten Anfangsbedingungen zu einem ständigen Problem. Wie wichtig diese für die Vorhersage des Weges, den ein Teilchen nimmt, ist, zeigt sich an der grundsätzlichen Methode in der Physik. Kennt man die Gesetzmäßigkeiten der Kräfte, die zum Beispiel auf ein Elektron einwirken, so wird die dazugehörige Bewegungsgleichung aufgestellt. Diese Gleichung beschreibt mathematisch den Weg des Teilchens unter dem Einfluss der wirkenden Kräfte über die ablaufende Zeit hinweg. Ihre Lösung gibt Auskunft darüber, an welchem Ort und mit welcher Geschwindigkeit sich das Elektron zu einem bestimmten Zeitpunkt befinden wird. Will man einen Blick in die Zukunft werfen, also eine Vorhersage machen, so ist die Bestimmung des Anfangszustandes – der Startbedingung – des zu berechnenden Teilchens äußerst wichtig. Das sind sein augenblicklicher Aufenthaltsort [x(t)] und die dazugehörige Geschwindigkeit. Genau genommen interessiert den Physiker anstelle der Geschwindigkeit der Impuls – das ist der Stoß, der bei einem Zusammenprall zum Beispiel übertragen wird (mathematisch gesehen: die Masse m multipliziert mit der Geschwindigkeit v, also $m \cdot v = p$). Und jetzt kommt die Überraschung: Im Mikrokosmos wird die Festlegung der Anfangsbedingungen – die Bestimmung des Ortes und des Impulses eines Teilchens zum gleichen Zeitpunkt – schwierig, ja unmöglich.

Zunächst erscheint das Verfahren dafür einfach – man beobachtet das Teilchen, fixiert den Ort und misst die Geschwindigkeit. Bei großen Körpern wird das ständig so gemacht: Licht trifft auf das zu messende Objekt, dadurch können wir es erkennen und mit Hilfe eines Koordinatensystems lokalisieren. Bei allen Beobachtungen jedoch werden Teilchen – zum Beispiel die des Lichts – losgeschickt, deren Strom sich beim Auftreffen auf das zu beobachtende Objekt verändert. Diese Störung liefert uns dann die Informationen über das Objekt.

Setzen wir einmal voraus, dass man ein Elektron mit Licht beobachten könnte. In der Realität ist das nicht möglich, denn eine Lichtwelle ist im Vergleich zu den Ausmaßen eines Elektrons so groß, dass sich die Lichtwelle durch das Elektron überhaupt nicht stören ließe – wir können also keine Informationen über das Elektron aus dem Licht ablesen. Trifft jedoch in unserem Gedankenexperiment ein mit dem Elektron vergleichbar großes Lichtteilchen auf ein Elektron, so wird es reflektiert und zeigt über ein Messgerät den augenblicklichen Ort des Elektrons an. Doch – anders als im Makrokosmos – wird beim Zusammenstoß infolge der vergleichbaren Größe der beiden Teilchen das Elektron in seiner Bewegung verändert. Es besitzt jetzt eine andere Geschwindigkeit als kurz vor dem Zusammenprall mit

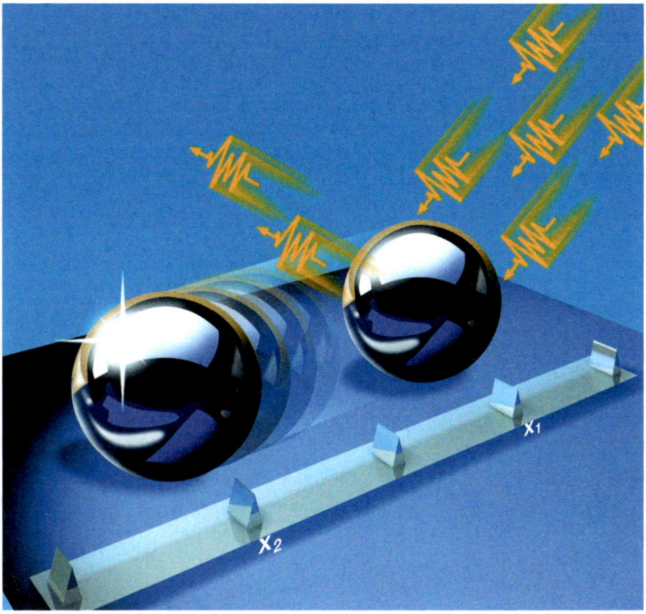

Treffen Lichtteilchen bei einer Messung auf ein Teilchen, so wird sein Aufenthaltsort durch den Zusammenprall verändert. Zur Feststellung der Geschwindigkeit ist eine zweite Ortsmessung erforderlich, die jedoch durch diesen Effekt verfälscht wird. Die exakte Festlegung des Ortes und der Geschwindigkeit eines kleinen Teilchens zum gleichen Zeitpunkt ist also gar nicht möglich.

dem Lichtteilchen. Will man jetzt die ursprüngliche Geschwindigkeit messen, so ist das nicht mehr möglich. Geschwindigkeit bedeutet ja nichts anderes, als dass man den Weg, der während einer Zeit zurückgelegt wird, durch diesen Zeitabschnitt teilt.

Zu Geschwindigkeitsmessungen müssen zwei Ortsmessungen durchgeführt werden, um eine Ortsdifferenz, eine Strecke, zu bestimmen. Aber schon nach der ersten Messung wurde ja, durch den Aufprall, die Bewegung des Elektrons verändert. Die exakte Messung des Ortes und der Geschwindigkeit eines kleinen Teilchens – des Elektrons zum Beispiel – zum gleichen Zeitpunkt ist also gar nicht möglich. Denn schon allein die Festlegung des Ortes hat eine Veränderung der Geschwindigkeit zur Folge. Die Bestimmung der so wichtigen Anfangsbedingungen ist demnach bei kleinen Teilchen prinzipiell ungenau, denn dabei wird der ursprüngliche Zustand zerstört. Bei großen Körpern kann man die Konsequenzen aus dem Zusammenprall mit den Lichtteilchen – den Photonen – vernachlässigen. Sie bewegen sich wegen ihrer großen Masse ungerührt weiter. Alle Experimente im Mikrokosmos zeigen jedoch, dass bei gleichzeitiger Bestimmung des Ortes und des Impulses (damit der Geschwindigkeit) eine Unschärfe bei der Bestimmung des Ortes eines Teilchens und eine Unschärfe bei der Bestimmung des Impulses (oder Geschwindigkeit) auftritt. Als Mikrokosmos bezeichnet man hier alle Vorgänge in den Dimensionen von 10^{-8} bis 10^{-15} Meter. Das ist in etwa der Abstand von Atomen in ei-nem Festkörper. Je genauer man in dieser Welt die eine Größe bestimmt, umso ungenauer wird die andere. Dieser Sachver-halt drückt sich in der sogenannten Unbestimmtheitsrelation $\Delta x \cdot \Delta p \geq h$ aus. Das Symbol Δ zeigt die Differenz, die Abweichung der Messgrößen an. Δx kennzeichnet das Intervall, in dem die Ortskoordinate um den Wert x herum bei häufig wiederholten Messungen unbestimmt bleibt, Δp entsprechend das Intervall für die Unsicherheit der Angabe des Impulses um den Wert p herum, h ist das Planck'sche Wirkungsquantum, das offensichtlich die Größen in der Natur portionsweise einteilt. Die Unbestimmtheitsrelation ist also ein Maß für die Unbestimmtheit der Messung. Stellt man die Gleichung um, so ist leicht zu erkennen, dass Δx – das heißt, die Unbestimmtheit des Ortes x – besonders groß wird, wenn die Impulsmessung besonders exakt ist, also Δp sehr klein. Denn es gilt:

$$\Delta x \geq \frac{h}{\Delta p}$$

und mit sehr kleinem Δp wird Δx sehr groß. Wenn man Zahlen einsetzt, ist das leicht auszuprobieren. Die gleiche Überlegung erfolgt bei der exakten Bestimmung der Impulskoordinate. Daraus folgt, dass je genauer die Ortsmessung durchgeführt wird, umso unsicherer – unschärfer – die Impulsmessung wird. Bei Messung des Ortes mit »unendlicher« Genauigkeit wäre der

Impuls sogar unbestimmbar und umgekehrt. Wichtig ist diese Einsicht für mikroskopisch kleine Systeme. Werden die bei den Abläufen in der Natur beteiligten Körper größer, kann man diese Unbestimmtheitsrelation vernachlässigen, denn die großen Massen zu beobachtender makroskopischer Objekte reagieren praktisch nicht auf den Zusammenprall mit den Lichtteilchen.

Die Quantentheorie, die diese Vorgänge im Mikrokosmos beschreibt, ist so gestaltet, dass sie im Grenzfall in die klassische Mechanik übergeht. Das ist dann der Fall, wenn die beteiligten physikalischen Dimensionen des betrachteten Systems so groß werden, dass Veränderungen in der äußerst kleinen Größenordnung von h im Vergleich zu den Gesamtwerten keine Rolle mehr spielen. Bei makroskopischen Körpern liegen die durch die Unbestimmtheitsrelation bedingten prinzipiellen Unsicherheiten in der Angabe des Ortes und des Impulses weit unter der überhaupt möglichen Messgenauigkeit. Durch die Experimente im Mikrokosmos erkennt man, dass die Gültigkeit der sogenannten klassischen Mechanik – der Theorie von der Bewegung der Körper unter dem Einfluss äußerer Kräfte – abhängig ist von den Ausmaßen der Objekte, die an dem Ablauf beteiligt sind.

Will man im Mikrokosmos die Newton'schen Bewegungsgleichungen anwenden, so gerät man gleich zweifach in Schwierigkeiten: Einmal kann man wegen der Doppelnatur der Teilchen (Elektronen) und Wellen (Licht) nicht mehr die Objekte als physikalische Punkte annehmen, die sich durch den Raum bewegen, und zum anderen lassen sich die Anfangsbedingungen, die für die Berechnung des Weges eines Teilchens wichtig sind, nicht mehr genau bestimmen. Damit lässt sich dieser Weg auch nicht mehr genau vorhersagen – und das ist eine prinzipielle Eigenschaft der Abläufe im Mikrokosmos.

Das ist ein tiefer Schnitt in das Weltbild der Naturwissenschaftler. Ihr Glaube war es ja immer, nur alle Gesetzmäßigkeiten, die die Abläufe in der Natur bestimmen, kennen zu müssen, um dann voraussagen zu können, wie das gesamte Universum funktioniert. Sich die Welt als berechenbares Uhrwerk vorzustellen, das war eine Basis für das naturwissenschaftliche Denken. Im 18. Jahrhundert wurde das vor allem vom

Das Universum ist kein gigantisches Uhrwerk, in dem alles für alle Ewigkeit voraussagbar ist Das Modell von der Welt musste von den Physikern entscheidend verändert werden, und das hatte einschneidende Folgen.

französischen Physiker Laplace verkündet. Nach seiner Vorstellung müsste man nur die Anfangsbedingungen aller im Universum befindlichen Teilchen und deren Wechselwirkung miteinander kennen, um den Lauf der Welt für eine beliebig lange Zeit berechnen, also voraussagen zu können. Das war eine frühe Vision auf dieser Basis, irgendwann einmal eine »Weltformel« finden zu können. Schon damals gab es Kritik an dieser Vorstellung, denn daraus folgte, dass das Schicksal des Universums determiniert ist. Jetzt, mit den oben geschilderten prinzipiellen Schwierigkeiten, die für die Bewegungsgleichungen wichtigen Anfangsbedingungen im atomaren Bereich überhaupt exakt bestimmen zu können, war der Glaube an den Determinismus erschüttert. Einmal von der experimentellen Seite und theoretisch mit der Entwicklung der Quantenphysik in den 1920er Jahren, die diesen Teil unseres Universums, den Mikrokosmos, zu beschreiben versuchte.

In der Praxis konnten die Physiker, solange sie es mit den großen Objekten zu tun hatten, diese in der atomaren Welt entdeckte prinzipielle Unbestimmtheit erst einmal vernachlässigen. Erst weitaus später, in den 1980er Jahren, gab es durch die Chaostheorie auch im Makrokosmos eine Erschütterung im physikalischen Weltbild, die hier Unsicherheiten auf ganz andere Weise in die mathematische Beschreibung der Abläufe durch Bewegungsgleichungen brachte.

Aber zunächst einmal hatten es die Physiker mit dieser für sie ungewohnten Situation der Unschärfe in der atomaren Welt zu tun. Offenbar musste zur Beschreibung dieser Vorgänge eine neue Modellvorstellung, eine neue Theorie, entwickelt werden. Klar war auch, dass ab jetzt die Vorhersagbarkeit von Abläufen im Universum mit anderen Augen betrachtet werden musste.

Wie herrlich und beruhigend zugleich war der Gedanke gewesen, dass alles in unserer Welt etwa so funktionieren würde, wie es der Gleichlauf der Planeten um die Sonne symbolisch darstellte. In den 200 Jahren nach Newton war dieses Bild von der Welt äußerst erfolgreich, und so machte man sich daran, es auch auf die kleineren Dimensionen unseres Kosmos zu übertragen. Als es möglich wurde, experimentell in das Reich der Atome vorzustoßen und dort Modellvorstellungen – Theorien – gefragt waren, übernahm man zunächst die Gesetzmäßigkeiten aus dem Makrokosmos. Im Atom sollten demnach die Elektronen, wie der Mond um die Erde, um den Atomkern kreisen. Dieses Modell nannte man nach seinem Erfinder das Bohr'sche Atommodell. Aber immer stärker verstrickte man sich in Widersprüche. Einer davon war der, dass die Elektronen mit ihrer negativen Ladung vom elektrisch-positiven Kern ja angezogen werden und in ihn hineinstürzen müssten. Ein anderer, dass die Elektronen bei ihrer Bewegung um den Kern eigentlich elektromagnetische Strahlung abgeben müssten, konnte man

Will man im Atom dem Elektron eine Welle zuordnen, so sind nur dann stationäre Zustände möglich, wenn der Kreisumfang ein ganzzahliges Vielfaches der Wellenlänge ist. Damit kommt man zu diskreten Aufenthaltsbereichen der Elektronen – der erste Schritt, um vom Bohr'schen Atommodell zum heute gültigen quantenmechanischen zu gelangen.

doch makroskopisch bei anderen Experimenten beobachten, dass elektrisch geladene Körper bei beschleunigter Bewegung genau das taten. Bei dem damit verbundenen Energieverlust könnten sich die Elektronen nicht lange auf ihrer Bahn halten. Sie müssten in den Kern hineinstürzen. Zudem stieß man im Mikrokosmos auf neuartige Phänomene, die in die klassische Vorstellung von der Welt nicht einzuordnen waren.

So mussten sich die Elektronen nur auf bestimmten diskreten Bahnen um den Atomkern bewegen, sollten die experimen-

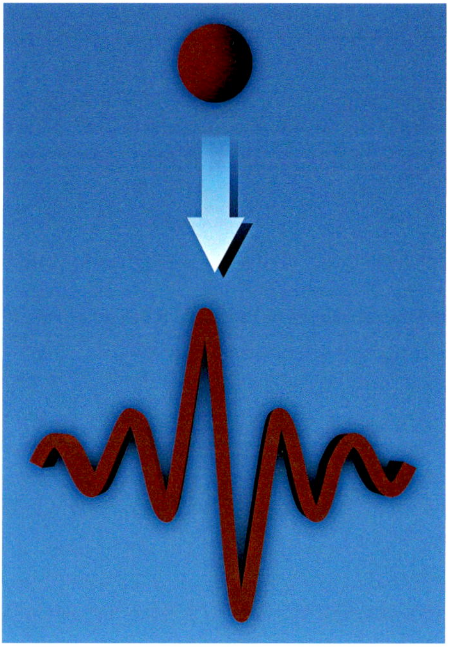

tellen Ergebnisse mit der Modellvorstellung vom Atom übereinstimmen. Wichtig für dieses neue Bild vom Mikrokosmos ist die Größe h: winzig klein, aber dominierend, wenn die Werte der physikalischen Größen vergleichbar klein mit ihr werden. Und das genau ist im atomaren Bereich der Fall, h bestimmt das Ausmaß der Unbestimmtheit, der für den Physiker so wichtigen Daten über Ort und Impuls eines Teilchens, h teilt die Energie in diskrete Portionen ein und steht für den Verlust der Vorstellung, dass sich die Welt um uns kontinuierlich und stetig darstellt.

In der klassischen Physik wurde das Elektron als Teilchen mit einer exakt definierten Ortskoordinate behandelt. In der Quantenmechanik übernimmt eine abstrakte Wellenfunktion die Beschreibung des Elektrons. Erst durch eine mathematische Operation gelingt es, aus dieser Wellenfunktion die Wahrscheinlichkeit anzugeben, mit der das Teilchen an einem bestimmten Ort zu finden ist. Das Elektron wird durch ein Wellenpaket symbolisiert.

Sobald h bei der Betrachtung eines physikalischen Ablaufes nicht mehr als besonders klein vernachlässigt werden kann, verliert die klassische Theorie ihre Gültigkeit und die neue Quantentheorie tritt an ihre Stelle.

Der große Unterschied dabei ist, dass man in der klassischen Mechanik davon ausgehen kann, dass der Ort und die Geschwindigkeit zu jedem Zeitpunkt exakt bestimmbar sind. Daraus lässt sich dann die Bahn eines Teilchens berechnen. In der Quantenmechanik jedoch werden die Unschärfen zwischen den Orts- und Impulskoordinaten wichtig. Das hängt damit zusammen, dass die Welleneigenschaft der Materie in den winzigen Dimensionen des Mikrokosmos eine große Rolle spielt. In der klassischen Mechanik werden die physikalischen Größen wie Ort, Zeit oder Geschwindigkeit durch die Newton'schen Bewegungsgleichungen verknüpft. Ihre Lösungen x(t) geben dann zu einem bestimmten Zeitpunkt Auskunft über den Aufenthaltsort und die Geschwindigkeit eines Teilchens. Welche Funktionen sollen aber in der Quantenmechanik ein Teilchen beschreiben, und wie sehen die Bewegungsgleichungen aus, die ja das wichtigste Instrumentarium bei der Vorhersagetechnik der Physiker sind? In Anlehnung an die experimentellen Befunde im Mikrokosmos, die ja auch die Welleneigenschaften von Teilchen (Dualismus) offenbarten, übernimmt in der Quantenmechanik eine abstrakte Wellenfunktion die Rolle der exakt definierten Ortskoordinaten der klassischen Mechanik.

Die Einführung dieser Wellenfunktion hatte etwas damit zu tun, dass die verschiedenen diskreten Bahnen im Atom offenbar gut durch das Vielfache unterschiedlicher Wellenlängen repräsentiert wurden. Und mit einem mathematischen Trick konnten aus dieser Wellenfunktion auch Teilcheneigenschaften abgeleitet werden. Diese Wellenfunktion muss – wie der Ort in der klassischen Mechanik – einer zeitlichen Abhängigkeit unterliegen, die von einer »Bewegungsgleichung« kontrolliert wird. Gelöst wurde dieses Problem, indem anstelle der Newton'schen Bewegungsgleichung in der Quantenmechanik die sogenannte »Schrödinger-Gleichung« tritt. In ihr werden die örtlichen und zeitlichen Abhängigkeiten verknüpft. Die willkürlich eingeführte abstrakte Wellenfunktion allein hat jedoch noch keine direk-

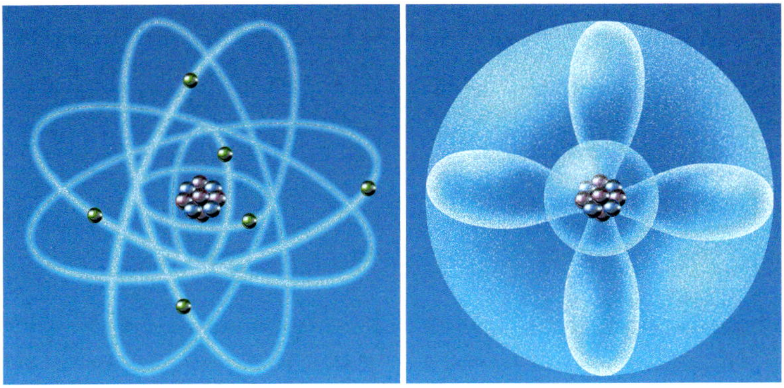

te physikalische Bedeutung. Erst durch eine weitere mathematische Operation gelingt es, aus dieser Wellenfunktion eine Eigenschaft für das mit der Schrödinger-Gleichung berechnete Teilchen herauszulesen: die Wahrscheinlichkeit, mit der das Teilchen an einem Ort zu finden ist.

Im Bohr'schen Atommodell kreisen Elektronen – wie in einem Planetensystem – um den Atomkern. Die Widersprüche, die mit diesem Modell verbunden sind, konnten mit der Quantenmechanik gelöst werden. Danach gibt es eine bestimmte Wahrscheinlichkeit, mit der die Elektronen im Bereich um den Atomkern anzutreffen sind. Die Dichte der »Elektronenwolken« gibt diese Aufenthaltswahrscheinlichkeit an.

Eine wichtige Erkenntnis ist, dass man in der Quantenmechanik Abläufe und Ereignisse nur mit einer bestimmten Wahrscheinlichkeit voraussagen kann. Man beschreibt anders als in der klassischen Mechanik nicht etwa ein Einzelteilchen, sondern eine Gesamtheit von Teilchen. Für ein Elektron bedeutet das: Durch die quantenmechanische Berechnung mit Hilfe der Schrödinger-Gleichung kann man nur mit einer bestimmten Wahrscheinlichkeit angeben, in welchem Bereich das, was wir Elektron nennen, zu finden ist. Das Elektron – oder vielmehr die Wahrscheinlichkeit, das Elektron anzutreffen – ist um den Atomkern »verschmiert«. Aus der abstrakten Wellenfunktion kann man mit einer weiteren mathematischen Prozedur diese Aufenthaltswahrscheinlichkeit für das Elektron bestimmen. Erst damit kommt man zu einer mess-

Mit der Messung des Aufenthaltsortes der Elektronen wird aus der »verschmierten« Wolke der Aufenthaltswahrscheinlichkeit ein konkretes Teilchen, das an einem exakt zu bestimmenden Ort zu finden ist. Die Wellenfunktion »bricht« mit dieser Messung zusammen und es wird dadurch die vertraute physikalische Realität geschaffen.

baren physikalischen Größe. Aus der exakten Bahn eines Körpers in der klassischen Mechanik, der sich Punkt für Punkt bewegt, wird im quantenmechanischen Mikrokosmos ein statistischer Wert, der erst mit der Messung des Aufenthaltsortes im Experiment, zum Beispiel mit einem Elektron, korrespondiert. In der mathematischen Beschreibung kann man nur die Wahrscheinlichkeiten für den Aufenthalt eines Elektrons angeben – eine wolkenartige Verteilung des Elektrons im Atom also.

Erst wenn eine Messung gemacht wird, findet man das vollständige Elektron an einem bestimmten Ort. Eine weitere Messung zeigt es wiederum an einem anderen Ort. Die möglichen Aufenthaltsorte des Elektrons werden in der mathematischen Beschreibung zu der »Wolke« der Aufenthaltswahrscheinlichkeit. Mit der Messung bekommt das Elektron aus dieser »verschmierten« Wolke einen exakten Ort zugeschrieben, es wird dadurch lokalisiert. Man kann sich die Messung so vorstellen, als ob durch einen Nadelstich eine Luftballonhaut plötzlich zerreißt und darunter ein Elektron erscheint. Physiker nennen das den Zusammenbruch der Wellenfunktion, weil wir damit wieder auf die klassische Betrachtung eines Teilchens zurückkommen. Aber das geschieht mit der der Quantentheorie eigenen Unbestimmtheit, wenn Ort und Impuls gleichzeitig bestimmt werden sollen. Wenn der Ort sehr exakt festgelegt wird, hat das Auswirkungen auf den Impuls des elementaren Teilchens – er wird dabei sehr »unscharf«. Ebenso gilt die Umkehrung.

Und nach dem quantenmechanischen Bild von der Welt können – anders als in der klassischen Vorstellung – die physikalischen Größen in einem System nicht sämtliche Werte annehmen, die denkbar wären. Es zeigt sich ein sprunghaftes – ein quantenhaftes – Verhalten in den physikalischen Systemen. Diese ungewohnte Vorstellung stimmt mit den experimentellen Beobachtungen überein. So können die Elektronen nur in bestimmten Bereichen um den Atomkern mit einer bestimmten Aufenthaltswahrscheinlichkeit angetroffen werden. Bestimmte Energiezustände sind für sie offensichtlich verboten – es gibt nur ein diskretes Wertespektrum, in dem sie hin und her springen können. Damit hat auch das ehrwürdige Bohr'sche Atommodell ausgedient, in dem ja recht willkürlich diese Eigenart der Natur eingeführt wurde. Aus der geschlossenen Theorie der Quantenmechanik dagegen folgt dieser Aspekt der Welt automatisch.

Wenn quantenmechanisch nur von Wahrscheinlichkeiten gesprochen wird, mit denen man ein Teilchen in einem Gebiet finden kann, so klingt es ganz plausibel, wenn behauptet wird, dass mit der Einführung einer Wellenfunktion anstelle des wohldefinierten Ortes x der klassischen Mechanik alles unbestimmt abläuft. Aber dabei wird vergessen, dass durch die Schrödinger-Gleichung, ähnlich wie durch die klassische Newton'sche Bewegungsgleichung, der Ablauf einer Bewegung in Abhängigkeit von der Zeit vollkommen vorausbestimmt ist. Allein anstelle der exakten Ortskoordinaten, die in der klassischen Mechanik ein genau abgegrenztes Teilchen beschreiben, treten in der Quantenmechanik Wahrscheinlichkeitsangaben für den Aufenthalt dieses Teilchens. Diese Wahrscheinlichkeiten selbst aber, die über den Aufenthalt eines Wellenpaketes – das zum Beispiel ein Elektron symbolisiert – Auskunft geben, zeigen durch ihre Verknüpfung in der Schrödinger-Gleichung wiederum einen eindeutigen Verlauf. Ihre Veränderung kann damit genau vorausgesagt werden. Die Wellenpakete also sind in ihrer

Bewegung auch in der Quantenmechanik wieder im Voraus berechenbar. Allerdings unterliegen die Orts- und Impulskoordinaten der Unbestimmtheitsrelation. Und die Teilchen werden in der Bewegungsgleichung wegen des Dualismus mit Wellenfunktionen beschrieben – und das lässt viele Dinge in der Welt der Atome anders erscheinen als im Makrokosmos, wie sich im nächsten Kapitel zeigen wird.

13 Der Verlust der Vorstellbarkeit

Teleportation

Energie aus dem Nichts

Überraschungen im Quantenvakuum

Die Quantentheorie hält tiefgreifende Veränderungen in den Vorstellungen über das Universum bereit. So geht die klassische Vorstellung davon aus, dass die physikalische Welt unabhängig davon existiert, ob wir sie beobachten oder nicht. Planeten ziehen auch ohne Betrachtung durch uns ihre Bahn. In der Quantentheorie aber kommt man zu einer unglaublichen Erkenntnis: Elementaren Objekten, wie Photonen, Elektronen usw., kann man, bevor sie beobachtet worden sind, keine physikalische Realität zuordnen! Man hat keine Vorstellung von dieser Welt, ehe diese nicht durch eine konkrete Messung festgelegt wird. Diese Erkenntnis, die ja bedeutet, dass erst durch den Einfluss des Messprozesses die physikalische Welt eindeutig vorstellbare Eigenschaften annimmt, lässt sich am Dualismus von Welle und Teilchen demonstrieren: Ein Doppelspaltexperiment hilft, diese neue Sicht des Universums plausibel zu machen. Es ist heute technisch möglich, nur ein Photon auf einen Doppelspalt zu schicken. Misst man nun hinter der Platte mit dem Doppelspalt am Registriergerät dieses Photon, so kommt heraus, dass es entweder den einen oder den anderen Spalt passiert hat. Hier wird man dem Licht sofort die Teilcheneigenschaft zuordnen. Hält man allerdings einen Schirm hinter den Doppelspalt, so wird – bei häufiger Wiederholung des Experiments – eine Beugungsfigur entstehen. Das Photon wird allein durch die Veränderung der Beobachtungsweise plötzlich zur Welle, die in jedem Fall durch beide Spalte gleichzeitig kommen muss, um die Beugungsfigur entstehen zu lassen.

Diesen Wechsel in der Beobachtungsweise kann man beliebig häufig und auch zeitlich verzögert vornehmen. Selbst wenn das Licht schon auf dem Weg ist, kann noch schnell die Messapparatur gewechselt werden, und damit ändert sich für uns die Erscheinungsform des Lichts. Ob Welle oder Teilchen wird durch den Messprozess bestimmt! Durch unsere Beobachtung erst wird entschieden, welche Verhaltensweisen elementare Phänomene an den Tag legen! In der Quantenphysik herrschen andere Regeln als in der bisherigen Physik. Vor allem sind der Beobachter und das von ihm beobachtete Objekt nicht mehr unabhängig voneinander. Eine ungeheuerliche Erkenntnis! Und noch eine ungewöhnliche Perspektive der Welt eröffnet sich mit der quantenphysikalischen Betrachtung. Nach der klassischen Vorstellung kann man die Welt ohne Weiteres in Teilbereiche aufteilen. Wenn an einer Stelle etwas passiert, so werden die damit verbundenen Veränderungen, wie Felder, Energie, Impuls oder allgemeine Signale, höchstens mit Lichtgeschwindigkeit weitergegeben und beeinflussen dann entsprechend in einem anderen Teilbereich die dort herrschenden Bedingungen. So läuft zum Beispiel die mit einer schnellen Bewegung eines Elektrons verbundene Veränderung des elektromagnetischen Feldes mit Lichtgeschwindigkeit durch den Raum und beeinflusst nach einer bestimmten Zeit an einer anderen Stelle die physikalischen Gegebenheiten.

Die Quantentheorie liefert jedoch einen anderen, überraschenden Aspekt des Universums: seine Nichttrennbarkeit. Es gibt Experimente mit Photonenpaaren, die zeigen, dass nach ihrer Entstehung zwischen den beiden Teilchen des Paares gegenseitige Abhängigkeiten bestehen bleiben können, selbst wenn diese beiden Teilchen sich weit voneinander entfernen. Solche Paare können durch Anregung eines Kristalls erzeugt und die Photonen gleichzeitig in entgegengesetzte Richtungen abgestrahlt werden. Legt man nun durch eine Messung die physikalische Eigenschaft des einen Photons fest, so hat dies sofort auch Auswirkungen auf das zweite Photon, obwohl es

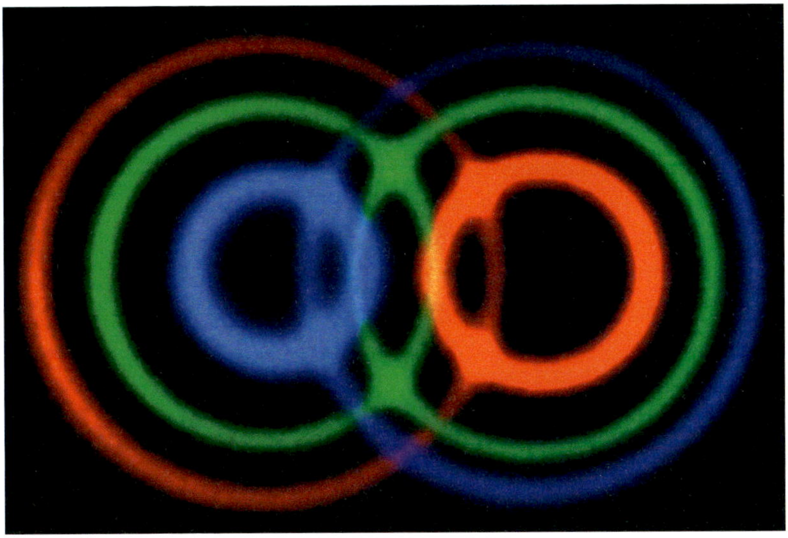

Mit speziellen Lasern lassen sich Kristalle so anregen, dass sie einzelne Photonen abstrahlen. Die bunten Ringe zeigen ein Photonenpaar, das in den Schnittpunkten erstaunliche Eigenschaften besitzt. Wird hier an dem einen Photon etwas verändert, so reagiert darauf das zweite Photon, und zwar augenblicklich, ohne Rücksicht auf die Einschränkung durch die Lichtgeschwindigkeit Dieses Experiment mit den so verkoppelten Photonen ist eine große Herausforderung für die Modellvorstellung der Physiker.

doch nach der gemeinsamen Entstehung aufgrund des großen räumlichen Abstandes vom ersten ganz unabhängig geworden sein sollte. Nach der klassischen Vorstellung ist das unerklärlich. Bei einem dieser Experimente wird ein Lichtquant – ein Photon – in einem Kristall durch Anregung erzeugt und in zwei Teilphotonen zerlegt. Die Photonen werden – wie in der Quantenmechanik üblich – mit einer Wellenfunktion beschrieben. Mit ihrer Hilfe kann man ja statistische Aussagen über die Eigenschaften der Photonen machen.

Um eine solche Eigenschaft, zum Beispiel die Energie, messen zu können, werden zwei Detektoren installiert und in den jeweiligen Weg der Photonen mit dem gemeinsamen Ursprung gestellt. Der Detektor 1 registriert das Photon 1, der andere – auf der Gegenseite – das Photon 2. Das geschieht mit Hilfe von Spektralfiltern. Diese kann man so einstellen, dass nur Photonen mit bestimmter Energie durchgelassen werden. Die Energien der beiden Photonen, die ja als »Bruchstücke« eines Mutterphotons, also eines Anregungszustandes in einem Kristall, abgestrahlt werden, bestimmen sich nach den Erhaltungssätzen in der Physik, allerdings wird das in der Quantenmechanik durch Wahrscheinlichkeiten ausgedrückt. Und jetzt kommt die Überraschung: Macht man das Spektralfilter am Detektor 1 nur für einen Energiewert durchlässig, so hat das Auswirkungen auf das Photon 2. Je nach Festlegung der Durchlässigkeit am Filter des Detektors 1 ändert sich der gemessene Energiewert am Detektor 2. Und das, obwohl die Photonen in entgegengesetzte Richtung auseinanderfliegen und der Detektor 2 auf der anderen Seite des Kristalls steht. Die Wellenfunktion des Photons 2 wurde also durch die Messung am weit entfernten Photon 1 beeinflusst. Diese Wirkung erfolgt augenblicklich, so als ob die Photonen eine Einheit bilden und ständig in Verbindung stehen. In einem Gedankenexperiment kann man sich die Situation so vorstellen:

In einem geschlossenen Kasten befinden sich violette Kugeln, die miteinander in Wechselwirkung stehen und jederzeit ihre Farbe von Rot nach Blau – oder umgekehrt – wechseln können. Zwei Farbfilter können den Weg der herausrollenden

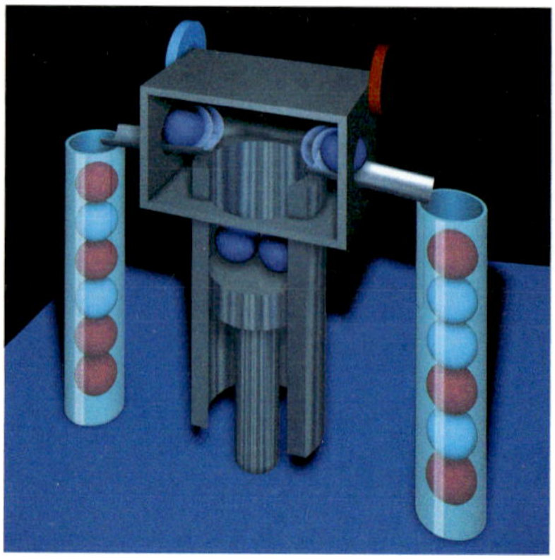

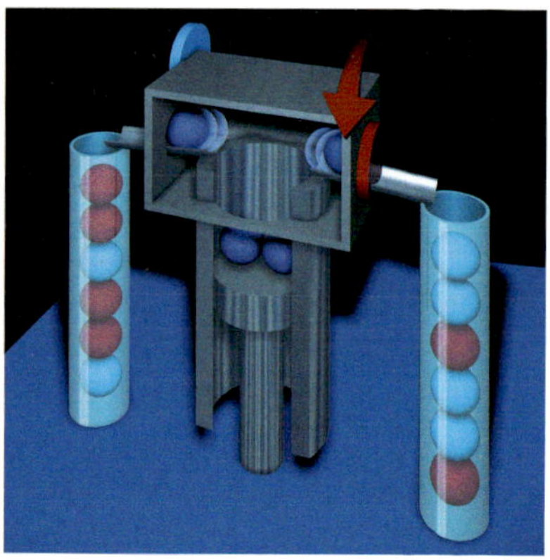

Kugeln versperren. Bleiben die Filter unbenutzt, so kommen rechts und links statistisch verteilt rote und blaue Kugeln heraus, und das im Verhältnis 50 : 50 (oben links). Legt man aber jetzt mit dem Rotfilter die Eigenschaft der links herauskommenden, ursprünglich violetten Kugeln, auf Rot fest, so zeigt der rechte Detektor für die andere Kugel des Kugelpaares automatisch Blau an. Es gilt wiederum die Umkehrung: Wird das rechte Blaufilter vorgeschaltet, wechselt links die Farbe der violetten Kugel sofort zu Rot (oben rechts). Voraussetzung ist auch in diesem Gedankenexperiment, dass die Kugelpaare (irgendwie) gemeinsam entstehen.

Diese Experimente kann man in der Realität mit der Messung unterschiedlicher Eigenschaften der Teilchen machen. So wurden die Spinrichtung oder die Polarisation auf diese Weise beeinflusst. Dieses Phänomen wird nach seinen Entdeckern EPR-Phänomen (Einstein-Podolsky-Rosen) genannt, die 1935 zunächst ein Gedankenexperiment entwickelten. Später wurde diese überraschende Situation auch experimentell bestätigt. Dieses Experiment kann man noch weitertreiben. Wird der Detektor 1 wiederum auf eine bestimmte Energie eingestellt, dann erwartet man, nach den vorherigen Erfahrungen, jetzt auch die augenblickliche Festlegung des Photons 2 auf einen bestimmten Energiewert. Blockiert man aber kurz vor dem Eintreffen des Photons 1 auf dem Detektor 1 den Weg des Photons, so hat das auch sofort wieder Auswirkungen auf das Photon 2: Es zeigt an seinem Detektor einen anderen Energiewert als den durch die Festlegung erwarteten.

Das Erstaunliche ist, dass die Beobachtung, die Messung eines Teilchens, Auswirkungen auf ein zweites, scheinbar unabhängiges Teilchen hat. Bei einer solchen augenblicklichen Informationsübertragung von dem einen Teilchen auf das andere würde ja die Lichtgeschwindigkeit c überschritten werden und mit der Relativitätstheorie in Konflikt geraten. Aber die Teilchen werden gemeinsam erzeugt und stehen von Anfang an in Verbindung. Es gibt Erklärungen, die davon ausgehen, dass die Messung erst dann als abgeschlossen zu gelten hat, wenn sie an beiden Detektoren gemacht wurde. Damit wird versucht, aus dieser Schwierigkeit herauszufinden. Es bleibt, dass es

Experimente gibt, die zeigen, dass in manchen Situationen im atomaren Bereich Wellenfunktionen auf geheimnisvolle Weise miteinander verknüpft sind. Man nennt das die »Verschränktheit« der Wellenfunktion. Offenbar ist es im Mikrokosmos so, dass, wenn Teilbereiche einmal miteinander in Verbindung standen, Veränderungen an einem Teilbereich augenblicklich Veränderungen in dem anderen Bereich auslösen können. Und zwar, ohne dass irgendwelche Signale zwischen den Teilbereichen ausgetauscht werden müssten.

Diese Experimente regen selbstverständlich die Phantasie an, denn diesen Effekt könnte man zur »Teleportation« ausnutzen. In Sciencefiction-Romanen werden über »Teleportation« Personen über große Entfernungen übertragen. Dabei will man zunächst die Position und den physikalischen Zustand eines jeden Teilchens im Körper registrieren und ihn dann an eine andere Stelle des Universums »beamen«. Das wird wohl weiterhin im Reich der Phantasie bleiben. Allein schon die Vielfalt der Teilchen und die Unbestimmtheit ihres Zustandes lässt die Hoffnung schwinden, sie an anderer Stelle zu einem Körper zusammenzusetzen. Die Gefahr ist hier wiederum, dass Ergebnisse aus dem Mikrokosmos allzu schnell auf den Makrokosmos übertragen werden. In der Quantenwelt allerdings gibt es Experimente, die eine Art Teleportation ermöglichen.

Bei dem EPR-Experiment hat man durch die Messung des einen Photons dieses gezwungen, seinen Zustand mitzuteilen. Als Folge nahm das andere sofort einen bestimmten Zustand ein. Dieses Verhalten kann man sehr gut in Computern gebrauchen und so zu sehr schnellen Computern einer neuen Generation kommen, zu den Quantencomputern. Im Computer will man ja blitzschnell Informationen transportieren. Stellt man sich vor, dass mit der Messung des einen Photons auch eine codierte Information verbunden ist, so würde diese ja komplementär augenblicklich auf das zweite Photon übertragen werden. Allerdings gibt es bis jetzt nur einzelne Versuche dazu. So konnte man durch sie den quantenmechanischen Zustand eines Atomkerns auf einen anderen überführen, und es war auch möglich, den Zustand eines Lichtfeldes über eine Datenleitung zu übertragen. Dabei werden wieder »Teilphotonen« aus einem

Photon erzeugt. Dieser gemeinsame Ursprung ist für die »Verschränktheit« eine Voraussetzung. Dann überlagert man das Photon mit einem Lichtfeld und misst seine resultierende Stärke. Das verändert das zweite Photon, das auf dem Wege zum Empfänger ist, auf entsprechende Weise. Die Information des Lichtfeldes wurde so instantan übertragen. Ein Quantencomputer könnte nun so aussehen, dass in einer lonenfalle einzelne Ionen in einer Reihe festgehalten werden. Den Ja-Nein-Zustand würde ein einzelnes dieser Ionen repräsentieren. Ja könnte zum Beispiel das von außen gezielt angeregte Ion darstellen und Nein der unangeregte Zustand. Würde man nun diesen Zustand mit dem einem Photon eines gemeinsam erzeugten Paares bei einem Ion verändern, so könnte das andere Photon augenblicklich die entsprechende Änderung auf ein anderes Ion des Quantencomputers übertragen. Es stände damit ein sehr schneller Computer zur Verfügung.

Es gibt noch andere Vorstellungen, wie ein Quantencomputer diese »Verschränktheit« der Wellenfunktionen ausnutzen könnte, aber für die Realisierung hat man noch keine technische Lösung gefunden. Die Verschränktheit der Wellenfunktion kann man allerdings heute schon in Codierungsprogrammen anwenden, die zur Verschlüsselung geheimer Botschaften genutzt werden.

Natürlich gibt es Spekulationen darüber, solche phantastischen Dinge auch auf den Makrokosmos zu übertragen. Dagegen stehen aber die beschränkte Gültigkeit der Quantentheorie (sie wurde für den Mikrokosmos entwickelt) und vor allem die Unschärferelationen, die bei vielatomigen Systemen arge Verwirrung stiften würden, weil die Anfangsbedingungen nicht genau bekannt sind und deshalb das Zusammensetzen – vorausgesetzt, es würde überhaupt funktionieren – unmöglich machen würden. Zudem gelang im Mikrokosmos die Teleportation nur, weil die beiden Photonen durch die gemeinsame Entstehung von vornherein miteinander »verschränkt« waren.

Auch gibt es das Argument, dass beim »Urknall«, aus dem ja das Universum entstanden sein soll (siehe Kapitel 14), alle Teilchen einmal miteinander korreliert gewesen sein sollen und eben dadurch alles in unserem Universum auf diese quanten-

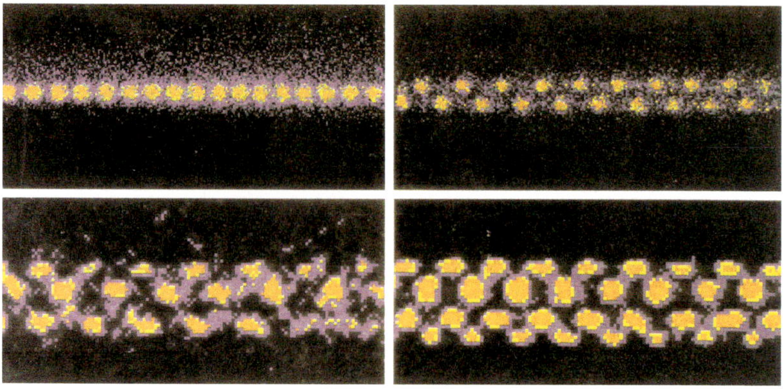

Das sind die ersten Versuche, die zu einer Realisierung eines Quantencomputers führen könnten. In einer speziell ausgelegten Ionenfalle sind hier einzelne Magnesium-Ionen in Ketten aufgereiht und werden von Wechselfeldern in dieser Position gehalten. Die einzelnen Ionen werden mit Laserlicht zum Leuchten angeregt. In einem Quantencomputer wären das die Speicherplätze, die bei »verschränkten« Quantenbedingungen augenblicklich untereinander Informationen austauschen könnten.

mechanische Weise miteinander zusammenhängt. Nichts wäre dann separierbar. Das kann – wie gesehen – in der Quantenwelt unter bestimmten Umständen so sein, sonst ist diese Vision jedoch nicht beobachtbar.

Die Quantentheorie wurde für die Dimensionen der atomaren Welt entwickelt, und es zeigte sich, dass bei dieser neuen Sicht des Universums nicht nur bei Ort und Impuls eine Unschärferelation existiert, sondern auch zwischen anderen physikalischen Größen, wie zum Beispiel der Energie und der Zeit. Und das hat weitere überraschende Auswirkungen. Die Relation zwischen beiden Größen heißt hier: $\Delta E \cdot \Delta t \geq h$. Damit werden die Dauer und Energie, die bei einem Vorgang in der Quantenwelt eine Rolle spielen, in eine Abhängigkeit zueinander gebracht. Bestimmt man die Zeit – die Dauer eines Vorgangs – sehr genau, wird die Messung der dabei beteiligten Energien ungenau und umgekehrt. Experimentell kann diese Abhängigkeit bei der Aussendung von Licht auf atomarer Ebene beobachtet werden.

Ein Atom kann energetisch angeregt werden, dabei wird ein Elektron auf eine höhere Bahn gehoben. Ist dieser Anregungszustand nur kurzlebig (Δt also klein), so wird die Spektrallinie des ausgesandten Lichts – die entsteht, wenn das Elektron auf seine ursprüngliche Bahn zurückfällt – breit, unscharf sein, und deshalb ist bei kleinem Δt das ΔE, der Bereich für die Unbestimmtheit der Energie, groß. Denn:

$$\Delta E \geq \frac{h}{\Delta t}$$

Diese Spektrallinie setzt sich aus vielen identischen, angeregten Atomen zusammen, die aber – wegen der Unschärferelation – beim Zurückfallen der Elektronen alle Licht mit leicht unterschiedlichen Frequenzen (also Energie) aussenden. Je kürzer der angeregte Zustand ist, umso verschwommener ist diese Spektrallinie, weil sich eben die Energie der abgestrahlten Lichtquanten sehr unscharf feststellen lässt.

Eindrucksvoller ist jedoch eine andere Folge aus der Unschärferelation: In der klassischen Vorstellung ist der Energieerhaltungssatz jederzeit überprüfbar. Wie sich auch die Energie in unterschiedliche Erscheinungsformen umwandelt, immer ist die Summe der beteiligten Energien gleich. Vor allem kann Energie nicht aus dem Nichts entstehen. In den kleinen Dimensionen der Quantenphysik ist dieser Energieerhaltungssatz – wegen der Unschärferelation – für extrem kurze Zeiten nicht mehr überprüfbar. Denn die Messung der dabei beteiligten Energien verschwimmt, wenn die Zeitintervalle sehr klein werden. So könnte in der Quantenwelt durchaus Energie »aus dem Nichts« entstehen und so lange existieren, wie es die Unschärferelation vorgibt. Diese Energien sind allerdings entsprechend klein. Dieses Entstehen von Energie kann man sich so vorstellen, dass in einem genau bestimmten, sehr kleinen Zeitabschnitt Δt wiederum ΔE sehr unbestimmt wird. Es können also durchaus Energien in einer bestimmten Bandbreite auftreten. Im Mikrokosmos kann diese Situation zu Überraschungen führen. Werden zum Beispiel Elektronen von einem Potentialwall – einer Energiebarriere – zurückgehalten, so ist es dennoch möglich, dass sie dieses Hindernis durchqueren – es

Quantenmechanisch betrachtet kann sich z. B. ein Elektron auch außerhalb des Potentialwalls aufhalten. Für seine Aufenthaltswahrscheinlichkeit existieren auch jenseits dieser Schranke Werte größer als Null. Es kann also diese »Wand« durchtunneln.

»durchtunneln«. Die Elektronen besitzen von sich aus nicht die Energie, um die Energiebarriere überwinden zu können. Nach der Unschärferelation ist es ihnen jedoch möglich, bei sehr kleinem Δt – also kurzfristig – Energie aufzunehmen und jenseits der Barriere zu erscheinen. Sie sind dort mit einer bestimmten Aufenthaltswahrscheinlichkeit anzutreffen. Nach der klassischen Vorstellung ist dieses Verhalten nicht erklärbar, und das »Tunneln« würde hier bedeuten, dass ein Teilchen in einem Gefäß die kompakte Wand einfach durchdringen kann und nach außen wandert, ohne sie oder sich dabei zu zerstören – eine unglaubliche Vorstellung.

Plausibel wird diese »Durchdringung« mit der quantenmechanischen Wellennatur des Teilchens. Aus der Schrödinger-Gleichung kann für den Aufenthalt des Elektrons eine Wahrscheinlichkeit angegeben werden, die auch jenseits des Energiewalles einen bestimmten Wert besitzt. Durch eine Messung lassen sich dann ein oder mehrere Elektronen auch außerhalb des »Energietopfes« finden. Der Tunneleffekt ist experimentell gesichert und hat viele Anwendungen in der Mikroelektronik. So wurde ein neuartiges Mikroskop entwickelt, das »Rastertunnelmikroskop«. Damit ist es möglich, einzelne Atome zu sehen. Für die Elektronen errechnet sich aus der Schrödinger-Gleichung eine bestimmte Wahrscheinlichkeit dafür, dass sich Elektronen auch außerhalb einer Materieoberfläche befinden und aus dem Material »heraus-getunnelt« sind. Ihre Aufenthaltswahrscheinlichkeit verringert sich mit zunehmendem Abstand von der Oberfläche. Tastet man nun mit einer Minielektrode die Oberfläche ab, so fließt ein Strom, der abhängig von der Zahl der Tunnelelektronen ist. Bei ungleichmäßiger

Mit einem Rastertunnelmikroskop werden hier einzelne Siliziumatome sichtbar. Wird mit einer Minielektrode die Silizium-Oberfläche abgetastet, so erfasst sie je nach Abstand mehr oder weniger »Tunnelelektronen«. Damit ist die Struktur dieser Oberfläche in millionenfacher Vergrößerung darstellbar.

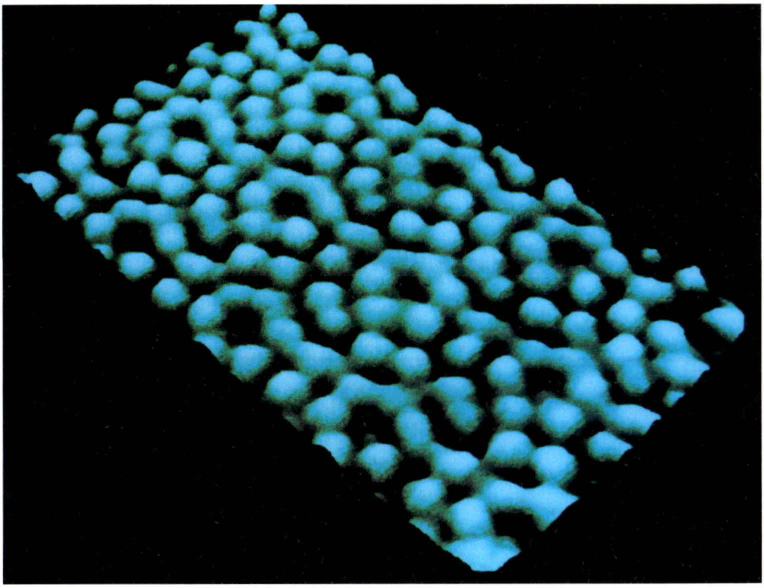

Oberfläche, wenn also Atome »herausschauen«, wird die Elektrode durch den veränderten Abstand mehr oder weniger Tunnelelektronen erfassen. Damit kann die Struktur der Oberfläche dargestellt werden. Für diese Arbeit erhielten 1986 der deutsche Physiker Gerd Binning und der Schweizer Physiker Heinrich Rohrer den Nobelpreis.

Heute spielt der Tunneleffekt bei zahlreichen Experimenten im Mikrokosmos eine große Rolle. Die Quantentheorie kann das Phänomen des Tunneleffekts erklären, sie löst den Widerspruch, den klassische Vorstellungen zu diesem Experiment haben, auf.

Die Vorgänge im Mikrokosmos sind in den letzten 60 Jahren für uns alle wichtig geworden. Die Welt der Elektronik mit den Abläufen in Halbleitern, Transistoren, Dioden usw. ist nur durch die Quantentheorie zu beschreiben. Die Kernphysik ist das Gebiet dieser neuen Theorie – kurz der gesamte Mikrokosmos, der heute vor allem in seinen technischen Auswirkungen für unser Leben bestimmend ist. Für eine Theorie gilt ja, dass sie nicht nur schon vorhandene oder gemachte Experimente richtig beschreiben, sondern auch Möglichkeiten für neue Experimente zeigen und deren Ergebnis voraussagen soll. Das ist eine wichtige Triebfeder für die Forschung, denn die Theorien zeigen im Vorfeld, welche Abläufe bei einem Experiment zu erwarten sind und was für die Technik interessant sein könnte. Die Quantentheorie hat sich bis jetzt bei der Beschreibung der Vorgänge im Mikrokosmos und in der Vorhersage von Zusammenhängen hervorragend bewährt. Und letztendlich entscheidet ja das Experiment, der Vorgang in der Natur, darüber, ob eine Theorie von den Physikern noch als gültig angesehen wird oder nicht. Ein einziges Experiment, das der Theorie – der Modellvorstellung von der Welt, wie wir sie sehen – zuwiderläuft, würde zur Revision oder gar zum Fall dieses Bildes von der Welt füh-

Nach den Vorstellungen der Quantenphysiker ist ein Vakuum nicht leer, sondern brodelt von virtuellen Teilchen, die ständig entstehen und wieder zerstrahlen. Direkt lässt sich dieser Zustand nicht messen. Diese Quantenfluktuationen können wegen der Unschärferelationen auftreten.

ren. Die Quantentheorie zeigt im Auf und Ab der physikalischen Theorien die eher unerwünschte Eigenschaft, dass sie zwar eine glänzende mathematische Beschreibung der Vorgänge im Mikrokosmos liefert, sie jedoch unsere Vorstellungskraft übersteigt. So kann es nach der Quantentheorie auch in einem leeren Raum, in einem Vakuum, zur Bildung von Energie und Materie kommen. Wie beim Tunneleffekt ist dabei die Unschärferelation $\Delta E \cdot \Delta t \geq h$ wichtig. Damit wird ja beschrieben, dass es Energieportionen erlaubt ist, für Zeiträume unbestimmt zu sein. Über eine »Quantenfluktuation« ist es so möglich, dass plötzlich im leeren Raum Energiepakete auftreten. Aus der obigen Relation folgt $\Delta t \geq h/\Delta E$, und damit wird klar, dass je energiereicher diese Erscheinung ist, umso kürzer die Dauer ihres Auftretens ist. Damit wäre ein Ansatzpunkt gefunden, wie aus dem Nichts – über die »Quantenfluktuation« – plötzlich auch Materie auftreten könnte, denn Energie und Materie sind ja äquivalent. Die Vorstellung dabei ist, dass der leere Raum ein brodelndes Meer aus kurzzeitig entstehenden und wieder verschwindenden Energiepaketen ist – man nennt sie »virtuelle« Teilchen, weil man sie direkt (wegen ihrer Kurzlebigkeit) nicht messen kann, sie verschwinden in der Unschärferelation. Alle

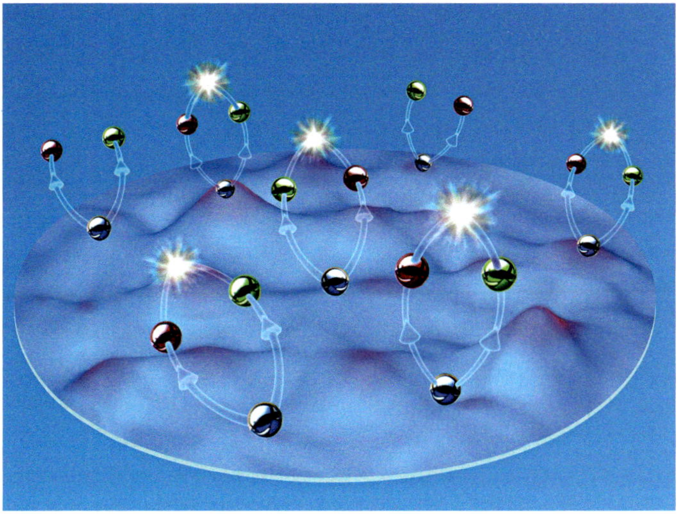

Elementarteilchen sind nach dieser Vorstellung im Vakuum bereits »virtuell« vorhanden. Wenn punktuell hohe Energiedichten erzeugt werden, dann sollen die realen Teilchen durch Paarerzeugung entstehen können. Bei diesem wundersamen Vorgang spielen Materie und Antimaterie eine Rolle. Treffen sie aufeinander, so »zerstrahlen« sie augenblicklich (siehe Kapitel 7).

Das Vakuum bedeutet in der Quantentheorie, dass zwar der Raum leer – also ohne reale Teilchen – ist, aber dennoch mit »virtuellen Teilchen« angefüllt ist. Aus diesem brodelnden Untergrund können – gemäß der Energie-Zeit-Unschärfe – kurzfristig Teilchen, Antiteilchen-Paare (z.B. Elektron – Positron) auftreten und wieder vergehen. Und auch beim Urknall (siehe Kapitel 14) sollen diese Quantenfluktuationen eine Rolle gespielt haben. Mit ihnen soll erklärt werden, wie das Universum aus dem Nichts entstanden ist (siehe auch Kapitel 19). Quantenmechanisch betrachtet kann ein Raum gar nicht leer sein. Das folgt aus der Energie-Zeit-Unschärfe. Die Energiequanten und die zeitliche Veränderung können nach ihr nicht gleichzeitig den exakten Wert – in diesem Fall null – annehmen. Deshalb kommen auch die Atome bei tiefsten Temperaturen, am absoluten Nullpunkt, nicht zur Ruhe.

So unglaublich auch die Schilderung des Quanten-Vakuums klingt, man kann sie experimentell bestätigen. Gemessen wird eine »Vakuumkraft«, die von den »virtuellen Teilchen« des quantenmechanischen Grundzustands ausgeht. Der holländische Physiker Hendrik Casimir hatte diesen Effekt 1948 vorausgesagt, zehn Jahre später wurde er experimentell bestätigt.

Bei den virtuellen Teilchen sind prinzipiell alle Schwingungen möglich. Bringt man jedoch in eine Vakuumkammer, die auf die Nähe des absoluten Nullpunkts von minus 273 Grad Celsius abgekühlt wurde, zwei Metallplättchen, so schränkt man dieses Frequenzspektrum der virtuellen Teilchen zwischen den parallel angeordneten Metallplättchen ein. Die Plättchen sind elektrisch nicht geladen, und die virtuellen Teilchen, die ja Wellencharakter aufweisen, können nur mit ganz bestimmten »Wellenlängen« zwischen den Plättchen existieren. Es sind nur die dabei, deren Schwingungsknoten auf den Platten enden.

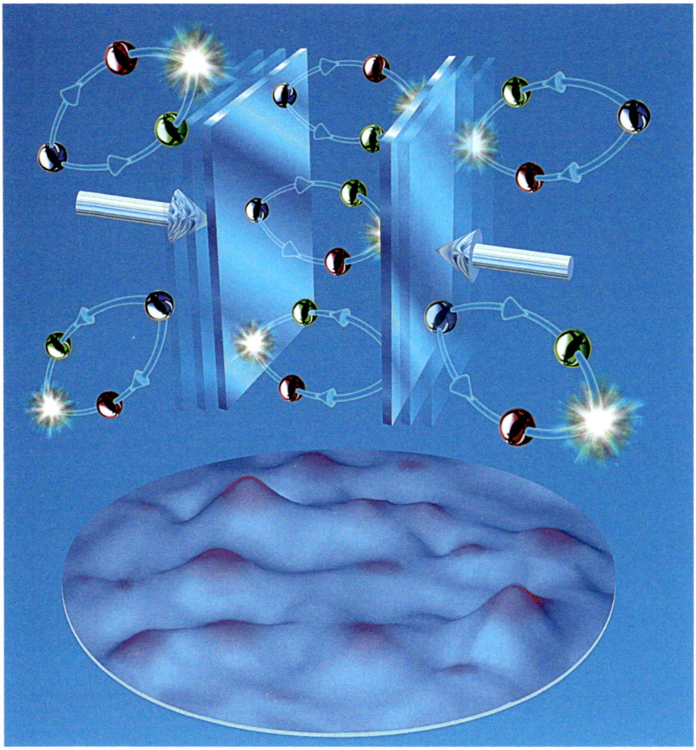

Zwischen den Platten »brodeln« durch diese Selektion weniger virtuelle Teilchen als außerhalb. Dort gibt es diesen »Resonanzzwang« nicht, und deshalb »drücken« weitaus mehr Teilchen von außen an die Platten als von innen. Diese Vakuumkraft ist äußerst klein, etwa 10^{-9} Newton, und wird »Casimir-Effekt« genannt. Aber wiederum ist es hier gelungen, eine theoretische Voraussage – so exotisch sie auch war – experimentell zu bestätigen. Das stärkt selbstverständlich

Zwei Metallplättchen zeigen die Wirkung der virtuellen Teilchen im Vakuum. Bei einem bestimmten Abstand sind zwischen ihnen nur ausgewählte Entstehungs- und Vernichtungsprozesse möglich. Außerhalb gibt es deshalb weitaus mehr von ihnen. Durch ihren Druck werden die Plättchen leicht zusammengedrückt. Aus dieser »Vakuumkraft« lässt sich indirekt auf die Existenz von virtuellen Teilchen schließen.

die Position der Quantentheorie in unserem Bild vom Universum.

Die Quantentheorie ist übrigens ein Beispiel dafür, wie versucht wurde, einen schon in der Mathematik zur Verfügung stehenden Formalismus über die Vorgänge der Natur zu stülpen und damit zu beschreiben. Bei der Aufstellung der Quantentheorie wurde der »Hilbert-Raum« verwendet, den David Hilbert aus rein mathematischen Gründen entwickelt hat. Aus diesem Formalismus lassen sich nur recht aufwendig die physikalischen Größen, die mit den Abläufen in der Natur und in den Experimenten korrespondieren, herausdestillieren. Es gelingt aber damit, für uns unverständliche Prozesse wie zum Beispiel den Tunneleffekt richtig zu beschreiben und vorauszusagen. Die Quantentheorie steht für ein mathematisch bestimmtes Bild von der Welt, das nur unter Schwierigkeiten eine anschauliche Deutung zulässt. Der Nachteil besteht in ihren geringen Verbindungen zu unserem »natürlichen« Verständnis von der Welt, das recht behäbig und wegen unserer begrenzten Vorstellungskraft ja nur sehr eingeschränkt ist. Mit der Quantentheorie wurde die Grenze überschritten, die auf der einen Seite die Welt aus fassbaren Kugeln, Bahnen, Orten bestehen lässt und auf der anderen Seite abstrakte Mathematik als Modell von der Welt anbietet.

Die Quantentheorie wurde so konstruiert, dass sie im Grenzfall in die klassische Mechanik übergeht. Somit ist die Verknüpfung zwischen Mikro- und Makrokosmos gewährleistet. Selbstverständlich wurde bei der Entwicklung dieser mathematisch dominierten Quantentheorie darauf geachtet, dass die physikalischen Messgrößen in der Natur ihren Sinn behalten. Denn ohne diesen Bezug wäre das mathematische Gerüst für die Beurteilung der Vorgänge in der Natur wertlos.

Die Entstehung des Universums 14

Was zu den Atomen führte

Das Schicksal der Sterne

Die Entwicklung der Planeten

Das naturwissenschaftliche Gebäude, das über die Jahrhunderte errichtet wurde, soll ja nicht nur die Möglichkeit geben, Abläufe in unserer nächsten Umgebung überschaubarer zu machen und sie berechnen zu können. Mit den Vorstellungen über das Universum kann auch versucht werden, dessen Ursprung zu beschreiben.

Schon seit jeher haben sich die Wissenschaftler damit beschäftigt, wie unsere Welt, unser Universum, entstanden ist. Die heute unter Naturwissenschaftlern vorherrschende Meinung ist, dass alles mit dem »Urknall« begann. Man hat die Vorstellung, dass das Universum und mit ihm auch der Raum und die Zeit vor etwa 13,8 Milliarden Jahren in einer unvorstellbar gewaltigen Explosion entstanden sind.

Am Anfang gab es eine alle unsere Erfahrungen übersteigende, extrem hohe Konzentration an Energie, in explosionsartiger Ausdehnung begriffen. In diesem Urknall formierten sich auch Raum und Zeit. Mit der Ausdehnung kühlte sich das Universum ab. Die Bedingungen an Druck, Temperatur, Dichte und Energie waren zum Startpunkt so extrem, dass wir sie auf der Erde nicht reproduzieren können. Wir kennen auch die physikalischen Gesetze nicht, mit denen wir den Urknall beschreiben können. Die Aussage, dass erst mit dem Urknall das entstanden ist, was wir Raum und Zeit nennen, übersteigt unser Vorstellungsvermögen. In der allerengsten Nachbarschaft des Urknalls versagen die Bilder, die sich die Naturwissenschaftler von der

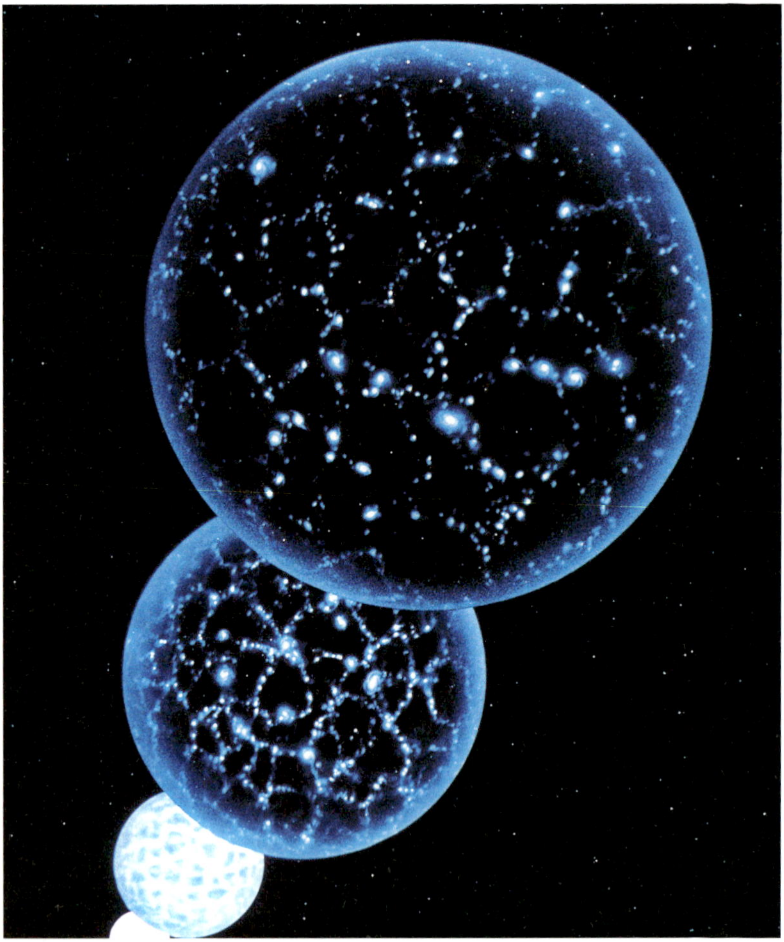

Vom Urknall bis heute dehnt sich das Universum wie ein Luftballon aus, der ständig aufgeblasen wird. Mit dem Urknall entstanden auch Raum und Zeit. Sie werden in dieser reduzierten Darstellung durch die Luftballonhaut dargestellt.

Welt machen. Kurze Zeit nach dem Urknall wagt man es jedoch, die bekannten physikalischen Gesetze – die sich bei weitaus geringeren Energien, Temperaturen und Dichten in unserer heutigen Welt immer wieder bestätigen – auch auf die damaligen Verhältnisse anzuwenden – sie zu extrapolieren. Die Vorstellung über die Entstehung unseres Universums kurz nach dem Urknall ist deshalb zwar in sich schlüssig, aber doch mit der Spekulation behaftet, dass unter diesen extremen Bedingungen »die Physik« genauso funktioniert wie in den von uns erfahrbaren und auch zum großen Teil experimentell überprüfbaren Dimensionen.

In dem physikalischen Bild von der Welt gilt als gesichert, dass Energie der Masse äquivalent ist, das heißt, es ist möglich, Materieteilchen in reine Energie, also Strahlung, umzuwandeln und umgekehrt. Diese Äquivalenz ist wichtig für die gesamte Entstehungsgeschichte unseres Universums. Eine andere grundlegende Voraussetzung ist, dass neben den Materieteilchen auch die entsprechenden Antimaterieteilchen existieren. Heute ist in der auch die Erdatmosphäre treffenden kosmischen Strahlung ständig die Begegnung zwischen Materie und Antimaterie zu beobachten. So ist das Antimaterieteilchen zum Elektron das Positron – es besitzt die gleiche Masse wie das Elektron, allein seine elektrische Ladung ist entgegengesetzt, und zwar positiv. Begegnen sich diese beiden Teilchen, so »zerstrahlen« sie zu zwei energiereichen Lichtquanten, zu Photonen. Die Materieteilchen werden so in reine Energie – in Strahlung – umgewandelt.

Auch die Umkehrung ist leicht zu beobachten. Aus energiereichen Photonen können im elektrischen Feld eines Atomkerns Materieteilchen entstehen, zum Beispiel Elektronen und Positronen. Die Entwicklung des Universums war von diesem ständigen Wechsel in der Erscheinungsform von Energie und Materie geprägt, der schließlich in relativ stabile Bedingungen für die Materie mündete. Denn sonst würde die materielle Welt, wie wir sie vorfinden und aus deren Elementen wir auch bestehen, nicht existieren.

Weil sich mit dem Urknall überhaupt Raum und Zeit bildeten, lässt sich von da an erst die Zeit definieren und messen. Wissenschaftler einigten sich darauf, die Weltuhr bei 10^{-43} Sekunden, der sogenannten Planck-Zeit, starten zu lassen. Diese Festsetzung ist nicht ganz willkürlich, sondern hat etwas mit dem Planck'schen Wirkungsquantum h zu tun. Mit dieser alles bestimmenden Einheit in der Quantenwelt lassen sich sehr fundamentale Längen- und Zeiteinheiten errechnen. Demnach sind unter einer Länge von 10^{-33} Zentimeter, der Planck-Länge, und einer Zeit von 10^{-43} Sekunden (Planck-Zeit) Beschreibungen mit unseren physikalischen Gesetzen sinnlos. Die Energie, die man in diesem Bereich in der Nähe des Urknalls erhält, sind 10^{19} Gigaelektronenvolt (GeV). Von diesem Zeitpunkt an begann der zunächst einheitlich aufgebaute Energieball, Unterschiede aufzuweisen, Teilchen unterschiedlicher Art entstanden und verschwanden wieder, und aus nur einer Kraft, so die Vorstellung, entwickelten sich durch Aufspaltung die uns heute bekannten vier Kräfte (Gravitation, elektromagnetische Kraft, starke und schwache Kernkraft). In der 10^{-43}sten Sekunde herrschte eine Temperatur von 10^{32} Grad. In diesem heißen Urzustand finden sich Strahlung und Materieteilchen. Materie und Antimaterie existieren in gleicher Menge, »zerstrahlen« ständig und bauen sich durch Aufeinandertreffen von energiereichen Photonen wieder auf. In der 10^{-34}sten bis zur 10^{-32}sten Sekunde kam es zu einer »Inflation« des Weltalls. In dieser Zeit erhielt das Universum in seiner Ausdehnungsgeschwindigkeit einen zusätzlichen »Kick«. Ein Gebiet mit der Ausdehnung von 10^{-28} Zentimetern – das ist sehr viel kleiner als ein Proton – pumpte sich in dieser kurzen Zeit zu den Ausmaßen von 10 Zenti-

Die Annahme einer Inflation hilft auch, den offenbar gleichförmigen Aufbau des Universums zu erklären. Heute ist das Universum so ausgedehnt, dass die höchste Signalgeschwindigkeit, die wir kennen, die Lichtgeschwindigkeit, nicht ausreicht, um die einzelnen Bereiche physikalisch miteinander in Kontakt kommen zu lassen. Das ist durch die gelben Kreise oben dargestellt. Warum sollte dann aber das Universum so gleichartig aufgebaut sein? Die Erklärung liegt in der Anfangsphase des Universums. Hier lag alles so dicht beieinander, dass ein Austausch von physikalischen Wirkungen möglich war (unterste Blase). Erst mit der kosmischen Inflation wurden die Bereiche schlagartig auseinandergerissen und voneinander getrennt. Danach – bei weniger schneller Ausdehnung – haben sie eine bessere Chance, wieder in Kontakt zu kommen (gelbe Kreise oben).

metern auf. Danach verlief die Expansion langsamer – in etwa proportional zur Zeit, sodass heute das beobachtbare Universum eine Ausdehnung von 10^{28} Zentimetern besitzt.

Die Annahme der Inflation wird von Wissenschaftlern deshalb gemacht, um ihre Theorie, ihren Rückblick auf die Entstehungsgeschichte des Universums, in sich schlüssig zu halten. Durch die Einführung der »kosmischen Inflation« überwindet man zum Beispiel die für das Universum sehr sensible Phase, in der es blitzschnell wieder in sich zusammenstürzen könnte.

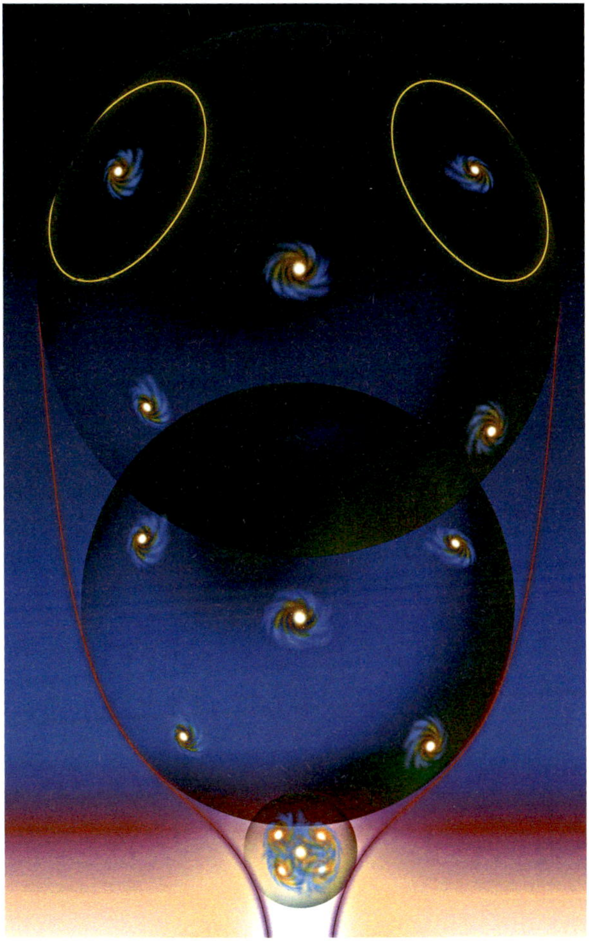

Außerdem »glätten« sich dadurch weitgehend Unregelmäßigkeiten in Dichte, Temperatur u.a. Die Inflation dient so auch als Erklärung für den offenbar so gleichförmigen Aufbau des Universums. Heute ist es so weit aufgebläht, dass sich das Licht zweier Galaxien nicht unbedingt gegenseitig erreichen kann. Weil aber nichts schneller als das Licht sein kann, gilt das auch für die vielfältigen physikalischen Wirkungen, die von den die Galaxien umgebenden Räumen ausgehen. So könnten sich die Galaxien isoliert vollkommen unterschiedlich entwickelt haben. Aber diese Galaxien sehen für uns gleichartig aus.

Das ist zunächst überraschend, und das soll die Annahme einer Inflation im Universum plausibel machen. Danach waren die Galaxien in der Anfangsphase eng miteinander in Kontakt. 10^{-34} Sekunden nach dem Urknall betrug der Durchmesser des Universums etwa 10^{-28} Zentimeter. Das Licht – und damit auch ein physikalisches Signal – konnte sich in den 10^{-34} Sekunden der Existenz des Weltalls um 10^{-24} Zentimeter ausbreiten – das errechnet sich aus der Lichtgeschwindigkeit. Damit war der damalige Weltdurchmesser leicht zu durchqueren. Alle Bereiche des damaligen Universums bildeten also ein kausal zusammenhängendes Gebiet und standen in inniger Wechselwirkung miteinander. Die Inflation blähte dann in Bruchteilen von Sekunden diesen Bereich auf etwa 10 Zentimeter auf. Alle Längen wurden durch die Inflation mit Überlichtgeschwindigkeit vergrößert, und erst dadurch wurden einzelne Bereiche voneinander getrennt. Erst jetzt reichte die Lichtgeschwindigkeit nicht mehr aus, um physikalische Signale in jede Region auszutauschen. Diese Ausdehnungsphase verstößt übrigens nicht gegen den Grundsatz, dass kein Signal schneller als das Licht sein kann, denn hier war es ja die Raum-Zeit selbst, die sich so schnell ausdehnte.

Diese damals durch die Inflation unabhängig gewordenen Bereiche bekommen durch die Verlangsamung der Expansion durch die schnelle Ausbreitung des Lichts wieder die Chance, irgendwann einmal miteinander in Kontakt zu treten. Und die Inflation wird noch für eine Spekulation über die Entstehung des Universums aus dem »Nichts« gebraucht (siehe Kapitel 19).

In der 10^{-34}sten Sekunde geschah auch etwas für unsere Existenz sehr Wichtiges: Es kam zu einem äußerst geringen Überschuss von Materie- zu Antimaterieteilchen. Wie unglaublich gering diese Asymmetrie war, zeigen die Zahlen: Auf eine Milliarde Materieteilchen gab es gerade eines mehr, das nicht seinen Gegenpartner in den Antimaterieteilchen zur Verfügung hatte. Das heißt, weil ja Materie und Antimaterie ständig wieder zu Licht, zu Photonen, zerstrahlten, kam ein Materieteilchen auf eine Milliarde Photonen. Dieses geradezu lächerliche Ungleichgewicht in der äußerst frühen Phase unseres Universums ist die Grundlage für unsere materielle Welt. Die Repräsentanten der Materie sind die Quarks, aus denen sich später die Protonen und Neutronen, die Kernbausteine der Atome, zusammensetzen werden.

Mit der weiter fortschreitenden Zeit und der Expansion des Universums kühlt das Urgemisch immer weiter ab. Derselbe Energiegehalt musste sich ja auf einen immer größer werdenden Raum verteilen. Bei 10^{-34} Sekunden sind es aber immerhin noch 10^{27} Grad. Mit der Abkühlung ändern sich auch die Bedingungen für das Gleichgewicht zwischen Strahlung und den unterschiedlichen Teilchen. Bei 10^{-34} Sekunden beginnen sich die Quarks als Teilchen zu stabilisieren. Die hohe Strahlungsenergie lässt jedoch immer wieder jede Aneinanderlagerung der Quarks zur Bildung der Kernbausteine auseinanderbrechen. Das Universum dehnt sich weiter aus. Die Temperatur sinkt auf 10^{15} Grad, und in der 10^{-10}sten Sekunde, also dem 10milliardsten Teil einer Sekunde nach dem Urknall, können jetzt die Protonen und Neutronen entstehen. Je drei Quarks lagern sich zu diesen Teilchen zusammen, die später den Atomkern aufbauen werden. Das ist zwar für unsere Existenz der wichtigste Prozess, aber daneben entstehen und zerfallen ständig andere Teilchen: Elektronen und ihre Antiteilchen, die Positronen, Gluonen, Photonen, W- und Z-Teilchen – kurz der gesamte Teilchenzoo, den man aus der Hochenergie-Physik kennt. Übrigens ist das auch ungefähr der Energiebereich, den man auf der Erde mit Teilchenbeschleunigern nachahmen kann. Dabei werden ja Teilchen mit Hilfe elektromagnetischer Felder beschleunigt und treffen aufeinander. Aus dem entstehenden Energieblitz, einem

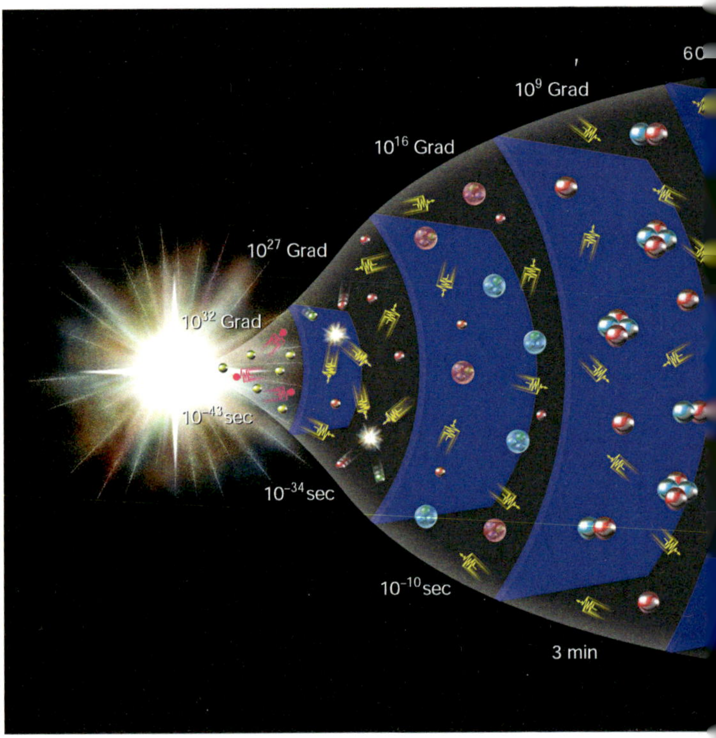

So stellt man sich heute in den Naturwissenschaften die Entstehung des Universums vor: Raum und Zeit begannen mit einem Urknall. Nach einer kurzen Inflation breitete sich das Universum kontinuierlich aus. Am Anfang gab es nur eine Sorte von Teilchen und eine Art von Kraft. Mit der Ausdehnung kühlte sich das Universum ab und es entstanden die heute aus der Physik bekannten Teilchenarten und vier Kräfte. Wichtig für unsere Existenz ist die 10^{-34}ste Sekunde. Hier zerstrahlten zwar noch Quarks und Antiquarks, es blieben jedoch einige Quarks übrig. Sie lagerten sich ab der 10^{-10}ten Sekunde zu Protonen und Neutronen zusammen. Nach einer Sekunde kommt ein Überschuss an Elektronen hinzu, und nach drei Minuten finden sich die Protonen und Neutronen zu Wasserstoff-, Helium- und Lithiumkernen zusammen. Nach 300 000 Jahren geschieht wieder etwas für unsere Existenz Dramatisches: Das Universum ist auf

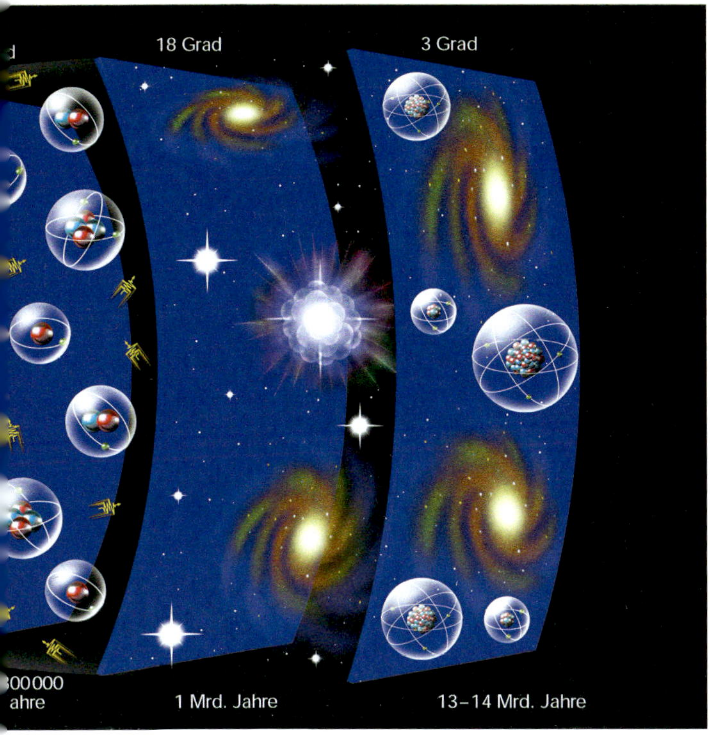

etwa 6000 Grad abgekühlt. Die Energie der Photonen reicht nicht mehr aus, um die Atome zu zerstören. Elektronen legen sich um die Atomkerne – Materie und Strahlung haben sich »entkoppelt« –, das Universum wird transparent. Nach 1 Milliarde Jahren kommt es zu Materie-Anhäufungen; Sterne und Galaxien bilden sich. Im Inneren von Sternen entstehen jetzt die Kerne schwerer Atome wie Eisen und Kohlenstoff. Sterne kollabieren, und in Supernovae-Explosionen entstehen andere schwerere Elemente, die in das Weltall geschleudert werden. Nach weiteren Milliarden Jahren und stärkerer Abkühlung bilden sich Moleküle – die Grundlage für die Entstehung des Lebens. Unser Sonnensystem und damit auch die Erde sind aus der Asche einer Supernova-Explosion entstanden. Heute gibt es einige Anzeichen dafür, dass sich das Universum wieder beschleunigt ausdehnt.

Mini-Urknall auf der Erde, bilden sich dann, gemäß der Äquivalenz von Materie und Energie, die verschiedenen Teilchen, die auch in der Nähe des Urknalls existieren.

Mit der Expansion des Universums nimmt die Energiedichte, und damit die Temperatur, ab. Sie reicht jetzt nicht mehr aus, um aus den Photonen neue Quarks entstehen zu lassen, sodass sich weiterhin die Quarks und Antiquarks gegenseitig vernichten können und die Photonen übrigbleiben. Das Universum wird immer noch von reiner Energie in Form von Strahlung dominiert. Durch die schon erwähnte winzige Asymmetrie zwischen Materie und Antimaterie kommt es zu einer Stabilisierung der Materie. Nach etwa einer Sekunde ist die Temperatur auf 10^{10} Grad gesunken. Die damit verbundene Energiedichte reicht jetzt nicht mehr aus, um Elektronen und ihre Antiteilchen, die Positronen, aus Photonen zu erzeugen. Die Elektronen und Positronen »zerstrahlen« und übrig bleibt ein leichter Überschuss an Elektronen.

Nach nur einer Sekunde finden sich also im Universum die Bausteine, aus denen sich später unsere Atome zusammensetzen werden. Alles Wichtige passierte also sehr schnell. Nach drei Minuten ist die Temperatur auf 10^9 Grad gefallen, und die Protonen und Neutronen können jetzt nicht mehr von den auf sie treffenden energiereichen Photonen auseinandergerissen werden. Sie bilden die ersten Atomkerne. Es sind dies neben dem Kern des Wasserstoffs, der ja nur aus einem Proton besteht, die Kerne des schweren Wasserstoffs, die sich aus einem Proton und einem Neutron zusammensetzten, und Helium- und Lithiumkerne. Es zeigt sich, dass das Universum aus etwa drei Vierteln Wasserstoff und circa einem Viertel Helium besteht. Das sind die Hauptelemente, aus denen sich das Weltall aufbaut. Die anderen Elemente, die wir aus dem Periodensystem kennen, bilden einen verschwindenden Rest und entstehen zudem auch weitaus später, wie sich noch zeigen wird.

Die Grundlagen für die Welt, wie sie sich uns heute darstellt, waren also schon nach drei Minuten geschaffen. Das Universum kühlt sich auf 6000 Grad ab, und bei dieser Temperatur und 300 000 Jahre nach dem Urknall passiert wieder etwas Entscheidendes für unsere Existenz: Die Atomkerne fangen die dazugehörigen Elektronen ein, und so bilden sich jetzt vollständige Wasserstoff-, Helium- und Lithium-Atome. Außerdem können jetzt die Photonen, die Strahlung, ungehindert das Weltall durchwandern. Vorher wurden sie an den frei beweglichen Elektronen gestreut, jetzt plötzlich wird das Universum durchsichtig. Die Energie der Photonen reicht auch nicht mehr dazu aus, um die Atome zu zerstören. Wenn Photonen ihre Energie verlieren, so hat das ja Auswirkungen auf ihre Wellenlänge. Energiereiche Photonen besitzen eine kurze Wellenlänge, energieärmere eine längere. Bei einer Temperatur von 10^7 Grad repräsentieren die meisten Photonen ultraviolette Strahlung. 300 000 Jahre nach dem Urknall betrug die Temperatur 6000 Grad, und das ist die Temperatur der Oberfläche unserer Sonne. Bei so »niedrigen« Temperaturen ist es sinnvoll zu sagen, welche Grade bei der Messung gemeint sind. Es handelt sich um Kelvin, die vom absoluten Nullpunkt (–273°C) zählen. Mit der weiteren Abkühlung nahm auch die Energie der »Urphotonen« immer weiter ab, das heißt, die Wellenlänge des »Urlichts« wurde immer länger. Nach einer Milliarde Jahren betrug die Temperatur 18 Kelvin und weitere etwa 13,8 Milliarden Jahre später ist sie auf etwa 2,7 Kelvin gesunken und bildet die beobachtete Hintergrundstrahlung im Universum.

Wenn wir den Weg der Materie im Universum weiterverfolgen, so konzentriert sie sich innerhalb einer Milliarde Jahren in einzelnen Regionen. Die Wasserstoff- und Heliumkerne bilden Wolken, in denen sich die Dichte durch die Gravitationskraft ständig erhöht. Ab einer bestimmten Massenkonzentration beginnt die Kernfusion. Dabei verschmelzen Atomkerne, die Bindungsenergie wird frei, es entstehen Sterne, die wie unsere Sonne leuchten. Die Sterne bilden schließlich Spiralnebel um Galaxien.

Neigt sich der Brennstoffvorrat der Sterne dem Ende zu, so kommt es zu einem Gravitationskollaps, zu Supernovae-Explosionen, und damit wiederum zu einem ganz wichtigen Schritt: Durch Kernverschmelzungen in den hohen Materiedichten einer solchen Sternexplosion bilden sich die uns heute bekannten schweren Elemente des Periodensystems, wie Silizium, Sauerstoff, Eisen und der für unser Leben so wichtige Kohlenstoff. Nach solchen Supernovae-Explosionen, die in den Galaxien ablaufen, fanden sich diese Atome, und die wiederum schlossen sich zu der Vielfalt der Moleküle zusammen.

Unser Sonnensystem bildet sich aus Materie, die bereits eine Supernova-Explosion durchlaufen hatte. Der solare Urknall enthielt schon die schweren Elemente, produziert in einer vorhergehenden Sterngeneration. Die Gravitationskraft verdichtete den Nebel zum Zentralstern, der Sonne, und zu einer Scheibe, aus der die Planeten entstanden. Nur bei der Sonne reichte die Masse dazu aus, um in ihr die Energie freisetzende Kernfusion ablaufen zu lassen. Sie wurde zum strahlenden Stern unseres Planetensystems. Und auch das Leben in unserem Sonnensystem ist deshalb letztendlich aus dem Staub einer Sternexplosion entstanden.

Zweifel am Urknall? 15

Strukturen im Universum
Offenes Universum
Dunkle Materie

Die Geschichte über die Entstehung unseres Universums stellt sich in den Schilderungen der Wissenschaftler recht überzeugend dar – aber wie kommt man überhaupt zu solchen Vorstellungen und welche Anhaltspunkte gibt es dafür, dass alles wirklich so abgelaufen ist?

Das wichtigste Argument ist sicher die Beobachtung von Edwin Hubble, die er 1929 zu der Vorstellung eines expandierenden Universums zusammenfasste. Hubble beobachtete, dass sich – mit einigen Ausnahmen – alle Galaxien mit hoher Geschwindigkeit voneinander entfernen. Darin entdeckte er zudem eine Systematik: Je weiter entfernt die Galaxien sind, umso schneller bewegen sie sich von uns weg. Ausgenutzt wird bei solchen Beobachtungen wieder der Dopplereffekt.

Das von einem sich bewegenden Objekt abgestrahlte Licht ändert ja seine Wellenlänge und damit seine Farbe je nach Geschwindigkeit und Richtung der Bewegung. Kommt es auf uns zu, so wird die Lichtwelle gestaucht, es erscheint mehr blaugrün. Entfernt sich die Lichtquelle, so wird die Wellenlänge gestreckt, und das Licht sieht mehr rot aus. Dieser Dopplereffekt hängt von der Geschwindigkeit ab. Je höher die Geschwindigkeit ist, mit der sich eine Galaxie von uns entfernt, umso stärker zeigt sich die Rotverschiebung. Streben – wie beobachtet – alle Galaxien von uns weg, so ist die Rotverschiebung umso größer, je schneller das geschieht. Zur Messung wird das von einer Galaxie ausgesandte Licht in einzelne Wellenlängen,

Sterne in unserer Milchstraße. Die Galaxien im Universum entfernen sich aufgrund des Urknalls ständig weiter voneinander. Wie schnell das erfolgt, darüber sind sich die Wissenschaftler nicht ganz einig.

in ein Spektrum, zerlegt. Aus anderen Untersuchungen ist die ungefähre Zusammensetzung eines Sterns bekannt, zum Beispiel ist Wasserstoff in ihm enthalten. Die Spektrallinien des Wasserstoffs sind bei einer von uns wegfliegenden Galaxie, je nach deren Geschwindigkeit, ins Rote verschoben. Ebenso gilt das für die anderen in der Galaxie enthaltenen Elemente. Aus der Verschiebung des Spektrallinien-Musters kann über den Dopplereffekt die Fluchtgeschwindigkeit der Galaxie berechnet werden.

Die Entfernung der Galaxien lässt sich über andere astronomische Methoden abschätzen. Dabei sind bestimmte Sterne – zum Beispiel die Cepheiden – wichtig, deren Leuchtkraft bekannt ist. Weil die Lichtintensität mit der Entfernung abnimmt, kann man durch Messung des Anteils, der noch auf der Erde ankommt, auf den Abstand dieser Sterne schließen. Aus diesen beiden Beobachtungen konnte Hubble den prinzipiellen Zusam-

Das von Galaxien abgestrahlte Licht ist wegen der Fluchtgeschwindigkeit in den langwelligen roten Bereich verschoben. Die Astronomen vergleichen das aufgenommene Lichtspektrum mit einem Referenzspektrum und können so über den Dopplereffekt die Geschwindigkeit bestimmen. Das Referenzspektrum basiert auf den bekannten Substanzen, aus denen die Sterne aufgebaut sind.

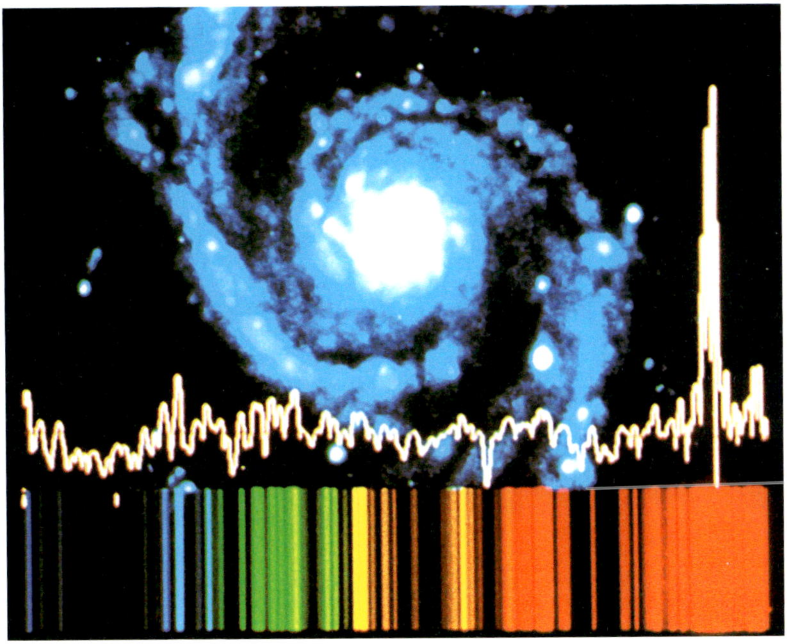

menhang zwischen der Fluchtgeschwindigkeit der Galaxien und ihrer Entfernung herauslesen. Wenn die Galaxien auseinanderstreben – und zwar unter Beibehaltung ihrer Form –, dann muss sich auch das Universum – wie nach einer riesigen Explosion – ausdehnen. Für die damalige Zeit (1929) war das eine revolutionäre Erkenntnis, ging man doch bislang von einem statischen, festgefügten Universum aus. Aus den Entfernungen und den Fluchtgeschwindigkeiten der Galaxien kann man auch den Zeitpunkt des Beginns ihrer Explosion – des Urknalls – berechnen. Die Fluchtgeschwindigkeit ist proportional zum Abstand dieser Galaxien. Wie stark die Fluchtgeschwindigkeit mit dem Abstand anwächst, wird von der Hubble-Konstanten bestimmt. Die Hubble-Konstante ist somit ein Maß für das Ausdehnungsverhalten des Universums. Weil es immer wieder neue,

In der Galaxie NGC 4639 gab es 1990 eine Explosion einer Supernova vom Typ Ia. Damit wurde diese Galaxie wichtig für die Entfernungsbestimmung im Universum.

korrigierende Messungen über Abstände und Geschwindigkeiten gibt, konnte man sich noch nicht auf eine für alle Zeiten gültige Hubble-Konstante einigen. Sie ist um den Faktor 2 unbestimmt. Deshalb schwankt auch die Datierung des Urknalls – und damit auch des Alters – unseres Universums. Glaubte man vor einigen Jahren an eine Zeit zwischen 15 und 20 Milliarden Jahren, neigt die Mehrheit der Wissenschaftler heute eher den 13,8 Milliarden Jahren zu. Immer wieder gibt es Aufregungen um die Hubble-Konstante, weil neue Techniken zur Beobachtung der Entfernungen und Geschwindigkeiten der Galaxien eingesetzt werden. Dabei können auch Ungereimtheiten auftreten. So wurde von einem Team die Fluchtgeschwindigkeit einer Galaxie neu bestimmt, die jedoch die Festlegung des Alters des Universums auf nur 10 Milliarden erlaubte – jünger also als das der Sterne! Allerdings konnte man zeigen, dass die vermessene Galaxie eine starke Eigenbewegung durch die Anziehung benachbarter Galaxien aufwies und damit eine Verfälschung der Fluchtgeschwindigkeit.

Die Vermessung von Supernovae-Explosionen scheint neuerdings zu zeigen, dass sich das Universum zurzeit beschleunigt ausdehnt. Die Leuchtkraft einer Supernova kann unter bestimmten Umständen auch als Maß für ihre Entfernung hergenommen werden. Einige Messungen mit dem Hubble-Teleskop kann man so interpretieren, dass Supernovae des Typs Ia weitaus schwächer leuchten, als es ihrer Entfernung entsprechen sollte. Eine Erklärung dafür wäre dann die schon erwähnte plötzlich beschleunigte Ausdehnung des Raumes – des Universums. Jedoch stimmen nicht alle Wissenschaftler dieser Version zu. Die Diskussion über die Expansion des Universums wird wohl nicht abreißen, weil immer neue Techniken entwickelt werden, um die dabei wichtigen Größen bestimmen zu können. Heute geht man von 13,8 Milliarden Jahren für das Alter des Universums aus, und etwa eine Milliarde Jahre nach dem Urknall sollen sich – so glaubt man – die Galaxien gebildet haben.

Ein sehr vereinfachtes Bild über die Expansion des Universums können wir uns mit einem sich ständig aufblasenden Luftballon machen. Die Galaxien kleben dabei als feste Scheiben

Das sich ständig ausdehnende Universum ist so weitläufig, dass die Lichtgeschwindigkeit nicht ausreicht, um uns Informationen aus allen Bereichen des Universums zukommen zu lassen. Zudem leuchten die meisten Sterne so schwach, dass wir mit den besten technischen Hilfsmitteln nur etwa 60 Prozent des theoretisch möglichen Horizontes beobachten können.

auf der Oberfläche und streben dadurch unter Beibehaltung ihrer Struktur immer weiter auseinander. Bei diesem Bild muss beachtet werden, dass ja mit dem Urknall auch Raum und Zeit entstanden. Der Luftballon bläst sich also nicht in einem schon vorhandenen Umgebungsraum auf. Dieses Bild ist nur eine Hilfsvorstellung, die in zwei Dimensionen gültig ist. Allein die Ballonfläche repräsentiert dabei das Universum. Das Zentrum des Luftbal-

Das ist die bisher älteste Galaxie, die Menschen beobachten konnten. Vor 13,8 Milliarden Jahren wurde dieses Licht auf die Reise geschickt und vom Hubble-Weltraumteleskop registriert – zeitlich dicht am Urknall.

lons im Umgebungsraum hat dabei keine Bedeutung und kann auch nicht als Startpunkt für den Urknall vorgestellt werden. Allein die Luftballonhaut ist in dieser eingeschränkten Vorstellung das Universum.

Die Beobachtung des Universums von der Erde aus gestaltet sich als äußerst schwierig. Zum einen sehen wir, wegen der Endlichkeit der Lichtgeschwindigkeit, je tiefer wir ins Universum blicken, auch umso weiter in die Vergangenheit zurück. Das Licht braucht einfach seine Zeit, um zu uns zu gelangen. Zudem überschauen wir auch nicht das gesamte Universum. Ein von der Endlichkeit der Lichtgeschwindigkeit herrührender Horizont beschränkt unsere Sicht ins Universum. An anderer Stelle gibt es Bereiche, die sich unserer Beobachtung entziehen. Die Darstellung auf dem Luftballon macht das deutlich.

Mit der Ausdehnung des Universums jedoch erweiterte sich auch dieser Horizont, von dem aus das Licht uns erreichen kann. In einer frühen Phase war dieser Bereich relativ klein. Mit der Expansion des Weltalls wuchs diese Zone, und zwar schneller als die Ausdehnung des Universums. Das ist plausibel, wenn man sich die Expansion des Universums als sich aufblasenden Luftballon vorstellt. Der Durchmesser vergrößert sich linear, während der Horizont auf der Oberfläche mit dem Quadrat des Radius wächst.

Über die Jahrmilliarden kann uns also Licht aus immer entfernteren Regionen erreichen. Unser Beobachtungshorizont wird ständig größer. Aber die meisten Sterne leuchten so schwach, dass wir sie nur in etwa 5 Prozent des theoretisch möglichen Beobachtungsbereichs gut sehen können. Allein die technisch besten Instrumente erlauben es uns, in etwa 60 Prozent dieses theoretisch möglichen Horizontes noch sehr helle Quasare zu beobachten. Die aktuellen Bilder, die wir mit speziellen Teleskopen zusammensetzen können, indem wir einzelne Photonen eines Himmelsobjektes über einige Nächte regelrecht »sammeln«, sind etwa 13,8 Milliarden Jahre alt.

Noch eine Stütze der Urknalltheorie soll hier geschildert werden. Als die Atomkerne Elektronen einfingen und die Atome entstanden, konnte ja plötzlich das Licht, die Photonen, ungehindert das Weltall durchlaufen. Mit der Ausdehnung zog sich das Universum immer weiter auseinander und mit ihm die Lichtstrahlung. Das Universum »kühlte« ab. Von der ursprünglich energiereichen harten Strahlung wurde die Hintergrundstrahlung in den energiearmen langwelligen Mikrowellenbereich verschoben. Die Photonen verloren immer mehr an Energie und entsprechen heute einer Strahlung, deren Temperatur mit rund 3 Grad über dem absoluten Nullpunkt angegeben wird. Wenn das Bild von der Expansion des Universums stimmt, müsste diese Strahlung zu messen sein. Ein Zufall kam dabei zu Hilfe. 1964 versuchten Wissenschaftler eines Elektronikkonzerns in den USA, die Mikrowellentechnik für die Fernsehübertragung zu nutzen. Mit einer speziellen Antenne sollten die Störfaktoren für die Mikrowellen aufgespürt werden. Bei den Messungen wurde auch entdeckt, dass offenbar eine Störstrahlung aus allen Bereichen des Weltalls die Erde überflutet. Nach der Überprüfung der Messungen waren sich die Astrophysiker einig, dass dies die lang gesuchte Hintergrundstrahlung aus den Anfängen unseres Universums sein müsste. Die Antenne hatte die geschwächten Lichtteilchen aus der Vergangenheit registriert und auch die damit verbundenen, vorher berechneten 3 Grad über dem absoluten Nullpunkt prinzipiell bestätigt.

Aber das Geheimnis war damit nicht vollständig aufgeklärt. Keine Signalgeschwindigkeit kann ja nach der Relativitätstheorie schneller als das Licht sein – und die reicht bei der Größe des Universums nicht aus, um die einzelnen Bereiche des Universums zu verbinden. So ist es durchaus denkbar, dass sie sich unterschiedlich entwickelt haben. Aber die Frage, ob im Universum kurz vor oder nach der theoretisch angenommenen Entkoppelung, dem Zeitpunkt, von dem an die Lichtteilchen ungestört das Weltall durchquerten, noch

Die Eigenbewegungen der Erde, unserer Galaxie und von COBE zeigen sich in den Messungen: Der Teil des Himmels – aus der Sicht von COBE –, der sich auf ihn zubewegt, ist blau verschoben, der sich wegbewegende Teil unterliegt einer Rotverschiebung.

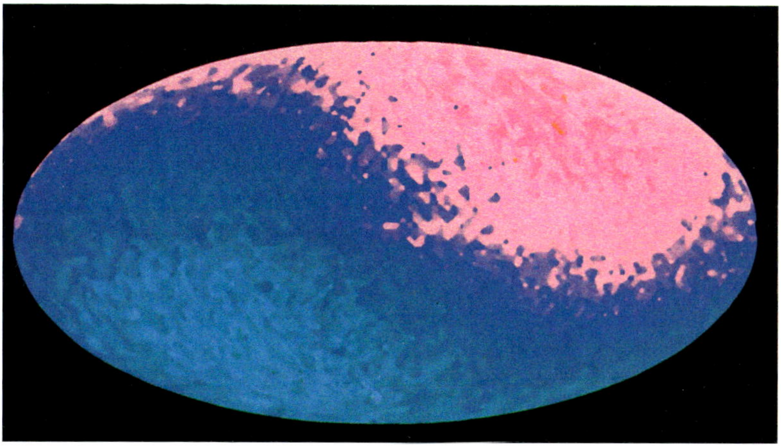

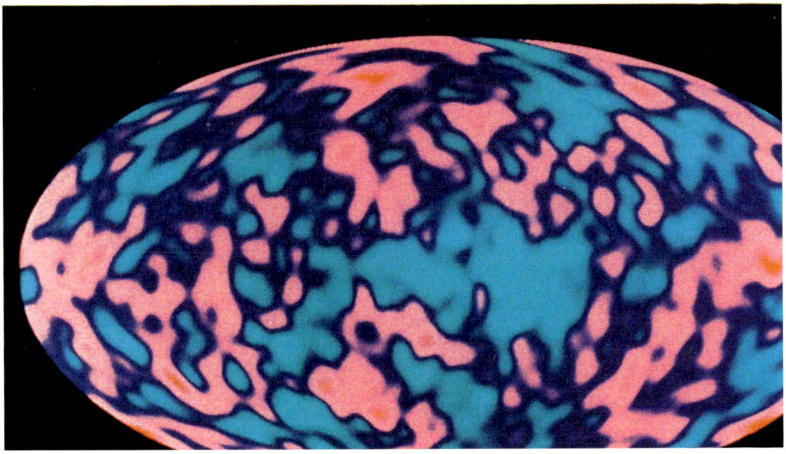

Werden die Daten von COBE von Fehlerquellen – wie z. B. den Eigenbewegungen – befreit, so ergibt sich diese nicht homogene Temperaturverteilung der kosmischen Hintergrundstrahlung. Diese Inhomogenitäten in der Strahlung lassen es als wahrscheinlich erscheinen, dass es solche Schwankungen auch bei der Materieverteilung gab. Das würde die heutige Beobachtung der ungleichmäßigen Verteilung der leuchtenden Materie erklären.

etwas Dramatisches passiert ist, also zum Beispiel noch viel Energie in die Strahlung gepumpt wurde, konnte von der Erde aus nicht gelöst werden, denn der Hauptanteil der Hintergrundstrahlung wird von der Atmosphäre verschluckt. Für diese Untersuchungen war die Weltraumtechnik notwendig.

Mit einer Delta-Rakete wurde im November 1989 der Satellit COBE auf seine Umlaufbahn gebracht. Er sollte die kosmische Hintergrundstrahlung außerhalb der Erdatmosphäre vermessen. An Bord des 5 Meter hohen und 2 Tonnen schweren Satelliten befanden sich Messgeräte, die den Himmel nach der Reststrahlung aus den Anfängen unseres Universums absuchten. Diese Messgeräte wurden von den störenden Einflüssen der Sonne abgeschirmt. COBE umkreiste die Erde in 900 Kilometer Höhe auf einer polaren Bahn. Die Erde – und mit ihr der Satellit – bewegt sich auf dem Weg um die Sonne. Auch unsere gesamte Galaxie liegt nicht ruhig im Universum. Diese Bewegungen beeinflussen über den Dopplereffekt die Messungen der Hintergrundstrahlung. Weil jedoch diese Eigenbewegungen mit ihren Geschwindigkeiten bekannt und berechenbar sind, kann dieser störende Effekt bei Messung der kosmischen Reststrahlung leicht korrigiert werden. Da, wo sich die Messgeräte auf die Strahlung zubewegen, ist sie leicht ins Blaue verschoben, bei der Wegbewegung ins Rote. Das ist auf den Bildern gut zu erkennen. Auf ihrem Weg um die Erde setzen die Instrumente des Satelliten die Messpunkte wie ein Mosaik zusammen.

Die Frage war, ob sich die Hintergrundstrahlung gleichmäßig am Himmel verteilt zeigt oder ob es Schwankungen gibt. Das sensationelle Ergebnis der Messung ist, dass offenbar die Hintergrundstrahlung leichte Unregelmäßigkeiten aufweist. Diese Inhomogenitäten in der Strahlung unterstützen die Vermutung, dass es auch bei der Materieverteilung zu Schwankungen gekommen sein könnte. Das ist hilfreich für die Wissenschaftler, denn es bleibt ja immer noch ungelöst, warum es im Universum überhaupt zu Materieanhäufungen und damit zur Bildung von Galaxien und Sternen kam und warum zudem die Galaxien so unregelmäßig verteilt sind. Die Unregelmäßigkeiten in der Hintergrundstrahlung stützen einige Erklärungsversuche (siehe Kapitel 19). So wird davon ausgegangen, dass es zu Beginn – im brodelnden »Quantenvakuum« – viele Unregelmäßigkeiten gab. Die Inflation des Universums hat dies geglättet, Reste dieser Inhomogenitäten bleiben jedoch auch im Großen erhalten. Wenn man in den Nachthimmel schaut, so erhält man zunächst den Eindruck, dass die leuchtende Materie ziemlich gleich verteilt ist.

Super-Teleskope zeigen jedoch ein anderes Bild und mit Hilfe großer Rechenanlagen gelingt es, die Beobachtungen zusammenzufassen. Ein Ergebnis zeigt die Grafik auf der nächsten Seite. Jeder Lichtpunkt repräsentiert eine Galaxie. Die Galaxien sind in dünnen Schichten konzentriert, die große kugelförmige leere Räume umschließen, und diese leeren Räume sind erstaunlich. In dieser Darstellung befindet sich unsere Galaxie im Scheitelpunkt. Die Kantenlänge beträgt etwa 500 Millionen

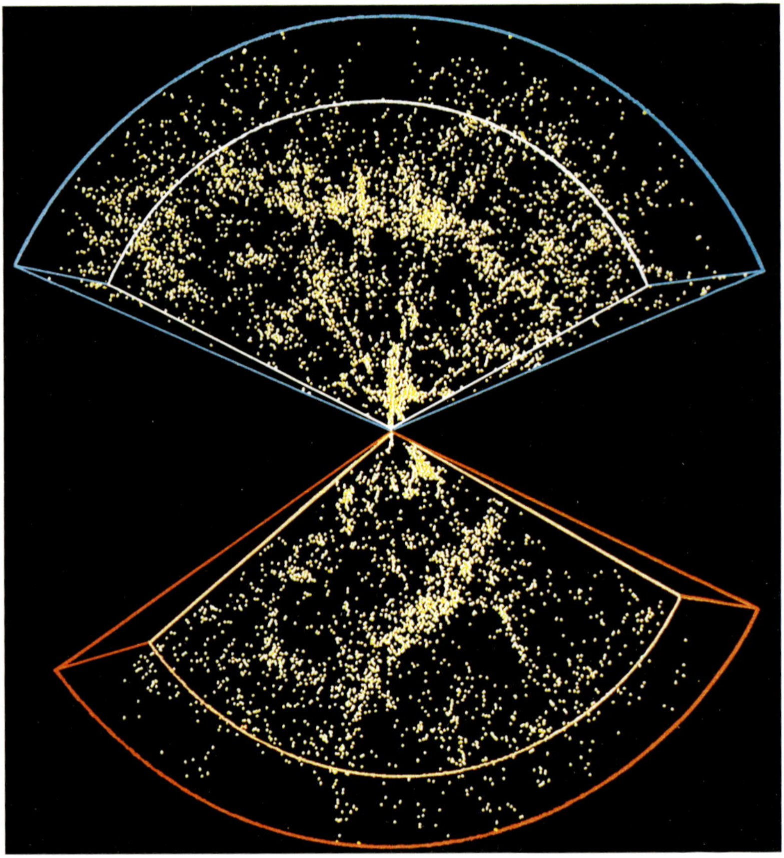

Verteilung der sichtbaren Materie in einem Himmelssegment. Zu erkennen sind großräumige Strukturen, die sich über Milliarden von Jahren immer stärker ausbilden. Offenbar zeigen sich in der Verteilung der sichtbaren Materie Blasen und Hohlräume – Anlass für viele Spekulationen.

Lichtjahre. Die Strukturen in der Verteilung der Galaxien kann ihre Ursache in Schwankungen schon im Frühstadium der Entstehung des Universums haben.

Wie es zu den Strukturen kam, versucht man mit Hilfe von Computermodellen zu simulieren. Schon relativ früh lassen sich hiermit kleine Unregelmäßigkeiten in der Verteilung der Galaxien darstellen. Nach 6 Milliarden Jahren beginnen sich die Galaxien zu sammeln. Im Laufe der Zeit bilden sich immer stärker die kosmischen Strukturen heraus, und in 180 Milliarden Jahren, von heute an gerechnet, werden Superhaufen von Galaxien riesige Inseln bilden. Die Größe eines solchen kosmischen Leerraumes kann 150 Millionen Lichtjahre im Durchmesser betragen, auch unsere eigene Galaxie ist Teil einer derartigen Struktur. Die Enträtselung des Ursprungs unseres Universums liest sich wie der Bericht über eine detektivische Arbeit. Viele Fragen bleiben ungelöst. So verbindet man die Strukturbildung auch mit der sogenannten »dunklen Materie«. Sie soll durch ihre Gravitationswirkung die Anhäufungen, die ja für uns nur über die Licht abstrahlenden Sterne sichtbar werden, überhaupt erst möglich machen. Ein Hinweis auf die Existenz dieser »dunklen Materie«, die übrigens 90 Prozent der gesamten im Universum vorhandenen Materie ausmachen soll, ist die Rotation der Spiralnebel, der Galaxien, um ihren Mittelpunkt.

Zunächst ging man davon aus, dass fast die gesamte Materie in einer Galaxie auch leuchtet, also Licht abstrahlt. Bei der Rotation müssten aus physikalischen Gesetzmäßigkeiten die äußeren Bereiche des Spiralnebels zurückbleiben und nach innen immer schneller werden. Aber die Messungen an einigen Galaxien zeigen ein anderes Ergebnis. Die äußeren Bereiche drehen sich genauso schnell wie die inneren. Für viele ist das ein Hinweis auf zusätzliche dunkle, also nicht leuchtende Materie in den Galaxien. In einem kugelförmigen Leuchtnebel konzentriert, soll sie durch ihre Schwerkraftwirkung dieses ungewöhnliche Rotationsverhalten verursachen.

Eine interessante Frage in diesem Zusammenhang ist, wie die Zukunft des Universums aussieht: Wird es sich immer weiter ausdehnen, wie es seit dem Urknall zu beobachten ist? Die Antwort ist entscheidend von der im Universum vorhandenen Masse abhängig.

Wenn die in ihm enthaltene Materie nicht ausreicht, um durch die damit verbundene Massenanziehungskräfte, durch die Gravitation, der Expansion entgegenzuwirken, so wird sich das Universum für alle Ewigkeit ausdehnen. Man spricht dann vom offenen Universum. Denkbar ist auch der Fall, dass die

Ein Hinweis auf die dunkle Materie könnte das Rotationsverhalten von spiralenförmigen Galaxien sein. Die äußeren Bereiche müssten eigentlich zurückbleiben und die Drehung nach innen immer schneller werden. Die äußeren Arme rotieren jedoch genauso schnell wie die innere Region. Treibt hier die dunkle Materie dieses System an? Abgebildet ist die Galaxie NGC 1365.

Masse im Universum gerade die Größe hat, dass sie mit der damit verbundenen Gravitation, der Selbstanziehung der Massen, der Expansion die Waage halten kann. Die Ausdehnung wird deshalb immer langsamer, kommt aber nie ganz zum Stillstand. Die Wissenschaftler bezeichnen das als flaches Universum. Ist die Materie im Universum besonders zahlreich vertreten, so wird ihre Gravitationswirkung die fortlaufende Ausdehnung des Universums irgendwann einmal stoppen und das Universum wird wieder in sich zusammenfallen. Dieses geschlossene Universum zieht sich dann wieder auf einen Punkt zurück und vielleicht, so die Spekulation, kann dann alles wieder mit einem Urknall von vorne beginnen: das Weltall als sich periodisch aufblähende Raum-Zeit in Abständen von Milliarden von Jahren.

Welche der drei Möglichkeiten schließlich Realität wird, weiß man nicht, denn es bleibt bis heute unbekannt, wie viel Materie im Weltall vorhanden ist. Nur die leuchtende Materie kann man ja beobachten. Viel größer – etwa 90 Prozent der im Weltall überhaupt vorhandenen Materie – soll der Anteil der – für uns nicht sichtbaren – »dunklen Materie« sein. Aus indirekten Beobachtungen, zum Beispiel dem Rotationsverhalten der Spiralnebel, schätzt man allerdings heute, dass selbst mit der dunklen Materie nur etwa 10 Prozent der Masse erreicht werden, die für ein flaches Universum notwendig sind. Viele glauben heute also eher an ein offenes Universum. Und die neuen Supernovae-Vermessungen lassen sogar darauf schließen, dass ein noch ungeklärter Effekt das Universum beschleunigt auseinandertreibt. Dabei soll eine unbekannte »dunkle Energie« eine Rolle spielen. Rätsel über Rätsel also.

Selbst wenn es heute noch heftige Diskussionen über die Details bei der Entstehung des Universums unter den Wissenschaftlern gibt, die Theorie über den Urknall – die Expansion des Universums und damit der Raum-Zeit – wird grundsätzlich nicht angezweifelt.

16 Auf der Suche nach der Weltformel

Die Sehnsucht nach dem Einfachen

Gravitationswellen und die Quantenphysik

Botenteilchen im neuen Weltbild

Wenn sich bei den Wissenschaftlern eine solche feste Vorstellung über die Entstehung und den Aufbau unseres Universums etabliert hat, so ist das Anliegen fast selbstverständlich, auch eine allumfassend gültige Theorie über das Universum aufzustellen. Diese Theorie wird T.O.E. (Theory Of Everything) genannt; etwas salopp auch die »Weltformel«. Im Laufe der Geschichte der Naturwissenschaften kam man immer wieder zu Einzeltheorien, die nur in Teilbereichen der Natur gültig sind. So beschreibt Newtons »klassische Mechanik« relativ gut die Abläufe, bei denen relativ große Massen und Geschwindigkeiten, die wesentlich kleiner als die Lichtgeschwindigkeit sind, eine Rolle spielen. Die Quantentheorie gilt für Vorgänge im Mikrokosmos, Einsteins Relativitätstheorie ist hingegen für das Geschehen im Großen und bei hohen Geschwindigkeiten zuständig. Sie alle zu einer großen einheitlichen Theorie zusammenzufassen, aus der man dann die Einzelbereiche ableiten kann, ist die Vision der Wissenschaftler: das Universum als Einheit – auch im naturwissenschaftlichen Gedankengebäude –, mathematisch beschreibbar durch eine Weltformel. Nur: Wie kommt man zu diesem mathematischen Wunderwerk?

Grundsätzlich beschäftigt man sich in der Physik mit Teilchen, die durch unterschiedliche Kräfte beeinflusst werden.

Heute sind vier Kräfte bekannt, die offenbar das Universum bestimmen: Einmal ist es die elektromagnetische Kraft. Sie dominiert die Wechselwirkungen zwischen den elektrisch geladenen Teilchen, den Atomen und Molekülen. Außerdem ist sie für das Licht und andere elektromagnetische Vorgänge verantwortlich. Dann hat man es mit der Gravitation zu tun, die die Massenanziehung der Körper untereinander beschreibt und auch die Materie der Planeten und Sterne zusammenhält. Zudem mussten die Physiker eine Kraft einführen, die als »schwache Kernkraft« bezeichnet wird und das Wechselspiel der Teilchen im atomaren Bereich beeinflusst. Sie spielt beim sogenannten Beta-Zerfall, bei der Umwandlung eines Neutrons in ein Proton im Atomkern, eine Rolle. Die Physiker kamen nicht umhin, auch noch eine »starke Kernkraft« in ihre Modelle aufzunehmen, die für die Stabilität der Atomkerne wichtig ist. Die Protonen, die ja im Kern aufgrund ihrer gleichartigen elektrischen Ladung auseinandergetrieben würden, werden von ihr zusammengehalten.

Aus dieser Schilderung erkennt man, dass die Aufspaltung der Natur in die vier Kräftebereiche für Naturwissenschaftler nicht unbedingt zufriedenstellend ist. Sie träumen von einer allumfassenden Beschreibung des Universums, in der alle Kräfte miteinander verknüpft sind und sich die unterschiedlichen Teilchen und Kräfte aus nur einer übergreifenden Theorie ableiten lassen. Allein eine Weltformel – so der Traum – soll alle Erscheinungen im Universum möglichst einfach und elegant beschreiben.

Die Idee für eine solche Vision ist eng mit der Geschichte von der Entstehung des Weltalls verknüpft. Nach der gängigen Vorstellung startete vor etwa 13,8 Milliarden Jahren unser Universum mit einem großen Knall, dem »Big Bang«. Mit diesem Ereignis entstanden auch der Raum und die Zeit. Zu Beginn war alle Materie unvorstellbar dicht, auf 10^{-33}

Das Universum zeigt sich in einer verwirrenden Vielfalt. Naturwissenschaftler suchen nach einfachen Gesetzmäßigkeiten, um alles etwas überschaubarer zu machen. Eine einzige Theorie aufzustellen, die die Welt umfassend beschreibt, ist der Traum der Physiker.

Zentimeter, zusammengepresst. Eine Ahnung von den Bedingungen bekommt man, wenn versucht wird, sich die Masse der Erde auf die Größe des Atomkerns von Wasserstoff verdichtet vorzustellen. In solch einem Zustand sollen auch alle Teilbereiche der Wechselwirkungen wie Gravitation, Elektromagnetismus, schwache und starke Kernkraft verschmolzen gewesen sein. Diese universelle Urkraft hielt alles zusammen, und es gab in diesem Stadium auch nur eine Sorte gleichwertiger Teilchen. Hier – so glauben viele Physiker – war der Zustand verwirklicht, der es erlaubt, alle Erscheinungen mit einer allumfassenden Theorie zu beschreiben. Erst mit der darauffolgenden Ausdehnung des Universums bildeten sich die physikalischen Teilbereiche aus, die heute durch die vier Kräfte beschrieben und durch die unterschiedlichen Teilchen repräsentiert werden. Wäre diese universelle Theorie gefunden, so ließen sich alle Erscheinungen, die mit der Gravitation, dem Elektromagnetismus und den Kernkräften verbunden sind, aus ihr ableiten.

Einstein hat sich viele Jahre um die Aufstellung einer solchen allumfassenden Theorie bemüht – ohne Erfolg. Zudem waren in

seinem Konzept die damals unbekannte starke und die schwache Wechselwirkung nicht enthalten, sodass seine Suche nach der Weltformel auch von daher – weil unvollständig – zum Scheitern verurteilt war. Erst in den 1960er Jahren standen die mathematischen Voraussetzungen für die Entwicklung einer Vereinigungstheorie zur Verfügung – und die Jagd der Physiker nach diesem großen einheitlichen Bild von der Welt begann. Der Optimismus einer Gruppe von Wissenschaftlern, diese Weltformel zu finden, wird durch einige Teilerfolge auf diesem Weg bestärkt. Noch vor 150 Jahren mussten die Physiker mit fünf voneinander unabhängigen Kräften die Vorgänge des Universums beschreiben.

Die elektrische und die magnetische Wechselwirkung wurden bis zum Jahr 1861 als voneinander unabhängige Erscheinungen angesehen. Dem englischen Physiker James Clerk Maxwell gelang es, diese beiden Kräfte zu der elektromagnetischen zusammenzufassen und für diese Theorie das entsprechende mathematische Gerüst zu schaffen. Aus seinen Gleichungen folgte, dass es Wellen in den elektrischen und magnetischen Feldern gibt, die sich mit Lichtgeschwindigkeit fortpflanzen. Die Idee, dass das Licht aus einer elektromagnetischen Welle besteht, war geboren. Mit der Vereinigung der beiden Kräfte war es jetzt möglich, die eine (elektrische) und die andere (magnetische) Kraft aus der übergreifenden Theorie abzuleiten. Ein elektrisches Feld entsteht in der neuen physikalischen Vorstellung durch ein magnetisches und umgekehrt.

Übrig bleiben aber immer noch vier Kräfte, die zu einer ein-

Mit der Ausdehnung und der damit verbundenen Abkühlung des Weltalls nach dem Urknall kam es zu der Aufspaltung in die vier Kräfte. Will man diese Kräfte vereinigen, müssen die entsprechend hohen Energien erreicht werden. Zum direkten Nachweis der elektroschwachen Wechselwirkung sind 100 GeV notwendig. Für die G.U.T., die Vereinigungstheorie über drei Kräfte, benötigt man 10^{15} GeV, eine Energie, die ein Beschleuniger auf der Erde nie erreichen wird; und die experimentellen Bedingungen, wie sie die U.T. – also die Vereinigung aller vier Kräfte – beschreibt, erfordern Energien in der Nachbarschaft des Urknalls.

zigen vereinigt werden sollen. Und wir haben es mit einer Vielzahl von unterschiedlichen Teilchen zu tun, die von diesen Kräften kontrolliert werden. Wie kommt man zu dieser einen Kraft und der einen Sorte von Teilchen?

Will man einen Blick zurück in die Entstehungsgeschichte des Weltalls werfen und experimentell etwas über die damaligen Bedingungen erfahren, so muss man eigentlich nur die riesigen Energien erzeugen, die in der Nachbarschaft des Urknalls herrschten. Um das zu erreichen, werden heute Teilchenbeschleuniger benutzt. Als das Universum auf etwa 10^{-33} Zentimeter zusammengedrängt war, soll es ja nur eine Kraft und eine Art von gleichwertigen Elementarteilchen gegeben haben. Erst in der Zeit nach dem »Big Bang« bildeten sich die verschiedenen Teilchensorten – und schließlich entstand die Materie so, wie sie sich uns heute darstellt. Wichtig sind vor allem Atome, aus denen ja das Fassbare in unserer Welt – die »normale« Materie – zusammengesetzt ist. Ohne diesen stabilen Zusammenschluss von Teilchen würde das Universum ganz anders aussehen. Durch die Einstein'sche Formel $E = mc^2$ wissen wir, dass Energie und Masse identisch sind. Energie kann Materieteilchen erzeugen und Materieteilchen können in reine Energie zerstrahlen. In diesem ewigen Hin und Her haben sich einige stabile Teilchen ausgebildet. Dazu gehören die Elektronen und Protonen.

Dieser Prozess begann etwa eine Sekunde nach dem Urknall und war nach einigen Minuten in der Entstehungsgeschichte des Weltalls abgeschlossen. Elektronen und Protonen wiederum setzen, gemeinsam mit den Neutronen, die Atome zusammen. Wir wissen seit einigen Jahrzehnten, dass sich allein aus diesen drei Teilchen die vielfältigen Atome mit ihrem unterschiedlichen Verhalten ableiten lassen. Das Periodensystem, das die Elemente nach der Zahl ihrer Kernbausteine ordnet und aus dem dann die zahllosen chemischen und physikalischen Eigenschaften abgelesen werden können, gibt uns ein Gefühl, was man mit der Vereinigungstheorie eigentlich will: aus wenigen Teilchen – möglichst einer Sorte – alle Eigenschaften des Universums ableiten können. Sie will aus dieser einen Teilchensorte und einer universellen Kraft die unzähligen Phänomene der Natur erklären können. Experimentell versucht man, diese Teilchen und die

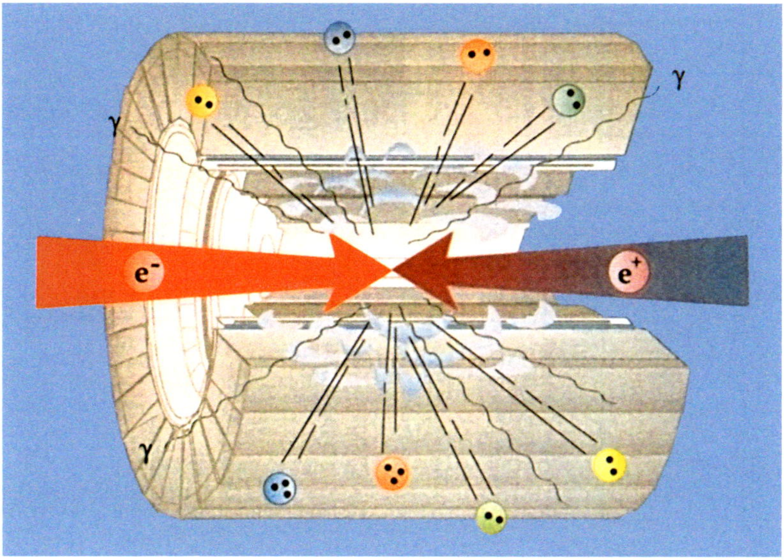

Urkraft durch einen auf der Erde erzeugten Mini-Urknall zu entdecken. In einem Beschleuniger schießt man zu diesem Zweck Teilchen auf andere Teilchen, zum Beispiel Protonen auf Antiprotonen.

In einem Beschleuniger werden Teilchen auf hohe Geschwindigkeiten gebracht, und dann lässt man sie aufeinanderprallen. Dabei zerstrahlen sie in einer Art Mini-Urknall in reine Energie, aus der sich dann neue Teilchen materialisieren. Mit solchen Experimenten versucht man, die möglichen Teilchensorten im Universum aufzuspüren.

Beschleunigt werden diese elektrisch geladenen Teilchen durch von außen angelegte elektromagnetische Felder. Treffen die Teilchen aufeinander, so kommt es zu einer Mini-Explosion. Materie zerstrahlt zu Energie, wir haben den gewünschten Mini-Urknall. Aus diesen hohen Energien können neue Materieteilchen entstehen, oder Energie wird abgestrahlt. Im Beschleuniger ist dabei die experimentelle Bestätigung der von Einstein aufgestellten Äquivalenz zwischen Materie und Energie zu beobachten.

Im Laufe der Jahrzehnte hat man in den Beschleunigern so immer stärkere Energieblitze erzeugen können und eine Flut

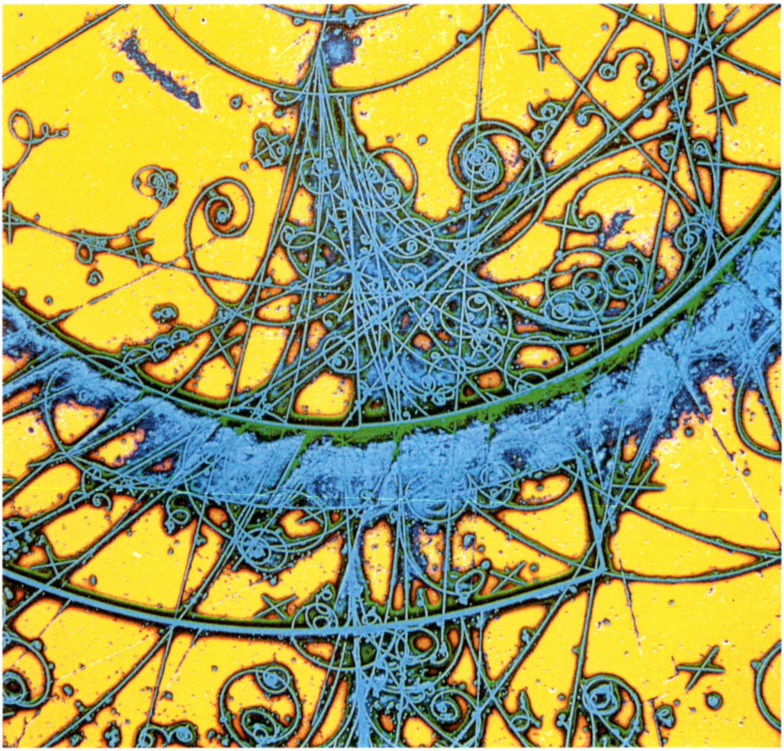

Beim Zusammenprall von Teilchen in einem Beschleuniger entsteht eine Kaskade aus Elementarteilchen, deren Bahnen sichtbar gemacht werden können. Ein Versuch, um Theorien auf dem Wege zur Weltformel experimentell zu bestätigen.

von immer neuen Teilchen aus diesem Mini-Urknall erhalten. Die kleinsten Bausteine waren nicht festzulegen, man bekam es mit einem immer größer werdenden »Teilchenzoo« zu tun. Überdies fand sich von den Urteilchen, die während der Zeit des Urknalls vorhanden gewesen sein sollen, keine Spur. Anfang der sechziger Jahre des 20. Jahrhunderts versuchte der amerikanische Physiker Murray Gell-Mann den »Teilchenzoo« entscheidend zu reduzieren. Er sagte in seiner Theorie voraus, dass sich die etwa 200 bekannten Teilchen aus Quarks zusammensetzen sollen. Darunter befinden sich Protonen und Neutronen, die drei Quarks enthalten, Mesonen werden aus zwei Quarks gebildet usw. Nach dieser Vorstellung besteht die Materie aus nur wenigen Grundbausteinen: den Elektronen, Neutrinos und den Quarks.

Dieses Konzept konnte experimentell nur unter Schwierig-

Die Atome bestehen aus einem Atomkern, der von Elektronen umkreist wird. Im Atomkern befinden sich Protonen und Neutronen. Seit 40 Jahren weiß man, dass diese Kernbausteine aus je drei Quarks aufgebaut sind. Ob sich die Quarks auch noch zerlegen lassen, ist bis heute ungewiss.

keiten im Beschleuniger bestätigt werden; denn ein Quark konnte man nicht direkt beobachten. Dazu sind sie untereinander zu fest gebunden. Für ihre mögliche Existenz gibt es aber indirekte Anzeichen. Heute geht man von 12 realen Basisteilchen aus (dazu die entsprechenden Antiteilchen), die in der näheren Umgebung des Urknalls existieren. Damit ist man in dieser Modellvorstellung noch weit entfernt von der Vision, es nur mit einer Sorte von Teilchen zu tun zu haben. Experimentell wird man dies mit den Beschleunigern sowieso nicht direkt bestätigen können, denn noch höhere Energien als die 10^{15} Grad, die in der 10^{-10}ten Sekunde nach dem Urknall vorhanden waren, lassen sich mit den Beschleunigern kaum noch erreichen. Man muss andere – theoretische und indirekte – Wege dafür finden, wie später noch beschrieben wird.

In den letzten Jahrzehnten zeigen Experimente in Teilchenbeschleunigern zumindest, dass bei größer werdenden Energien offenbar die unterschiedlichen Kräfte sich in ihrer Stärke annähern – ein Trend, der die Hoffnungen auf die Existenz einer einzigen »vereinigten« Kraft unterstützt. Wie bei den Teilchen gehen die Kosmologen auch bei den Kräften davon aus, dass sie Sekundenbruchteile (10^{-43} Sekunden) nach dem Urknall in den extrem hohen Energiedichten von nur einer »Urkraft« dargestellt wurden. Die Ausdehnung und damit die Abkühlung des Energieballs führte dann zu der Aufspaltung in die uns heute bekannten vier Kräfte. Zuerst spaltete sich die Gravitation ab, dann die starke Kernkraft, und es folgten mit der steigenden Expansion schließlich die schwache Kernkraft und die elektromagnetische. Mit der Expansion des Universums kühlt es ja ab, und so wird auch eine Energieskala festgelegt, die zeigt, welche Energien man erreichen muss, um die Kräfte wiedervereinigt zu sehen.

In irdischen Teilchenbeschleunigern ist das nur begrenzt (etwa 100–1000 Gigaelektronen-Volt, GeV, von den 10^{19} GeV kurz nach dem Urknall) zu erreichen. 1983 wurde ein entscheidender Schritt in den Theorien über die Vereinigung der unterschiedlichen Kräfte getan. Schon seit etwa 1970 existierte ein theoretisches Gerüst, das die elektromagnetische Kraft mit der schwachen Wechselwirkung verknüpfte. Auch experimentell fanden sich einige indirekte Bestätigungen für diese »Standard-Theorie«. Als wichtige Folgerung wurde die Existenz von neuen Teilchen vorausgesagt, W- und Z-Teilchen, die bei der Wechselwirkung der auftretenden Felder untereinander eine wesentliche Rolle spielen. Und die musste man finden, sollte sich diese Standard-Theorie etablieren. Denn in der Physik verlangt eine Theorie nach einer gesicherten experimentellen Bestätigung, ehe sie allgemein akzeptiert wird.

Zur Erklärung muss gesagt werden, dass sich in den Theorien der Physiker Kraftwirkungen und Felder auch als Austausch von Teilchen beschreiben lassen. Newton (1687) hatte ja den Begriff der Kräfte in der Welt der Physik etabliert. Kräfte wirken auf Teilchen und beeinflussen ihren Weg. So zieht die Schwerkraft, die Gravitation, wenn ein Apfel nach unten fällt, oder die elektrische Kraft stößt zwei Elektronen auseinander. Man stellte sich Kraftlinien vor, die zwischen den Teilchen wirken sollten. 1861, durch die Untersuchung des Elektromagnetismus, führte Maxwell den Feldbegriff ein. Er beschrieb mit seinen mathematischen Gleichungen das elektromagnetische Feld, das auf die elektrisch geladenen Teilchen wirkte. Man konnte es sich so vorstellen, dass an jedem Punkt im Raum die Wirkung dieses Feldes in Abhängigkeit von den vorhandenen elektrischen Ladungen für die Teilchen spürbar war. Jedes geladene Teilchen war nach dieser Vorstellung von einem elekromagnetischen Feld umgeben. Verschoben sich die elektrischen Ladungen, so veränderte sich auch dieses Feld. Eine sich bewegende elektrische Ladung bedeutete eine Störung in diesem Feld, die sich wellenförmig mit Lichtgeschwindigkeit fortpflanzte und auf die anderen elektrischen Teilchen wirkte. Übrigens wurde daraus die Idee geboren, dass Licht auch eine elektromagnetische Welle ist.

Mit der Entwicklung der Quantentheorie zeigte sich, dass solche Wellen auch als Quanten, in diesem Fall Photonen, gesehen werden müssen. Der Physiker Paul Dirac übernahm es 1931, das elektromagnetische Feld zu »quantisieren«. Er entwarf die »Quantenfeldtheorie«. Damit erscheint die Wechselwirkung zwischen Elektronen zum Beispiel in einem neuen Bild: Die Elektronen sind von »virtuellen« Photonen umgeben. Das sind

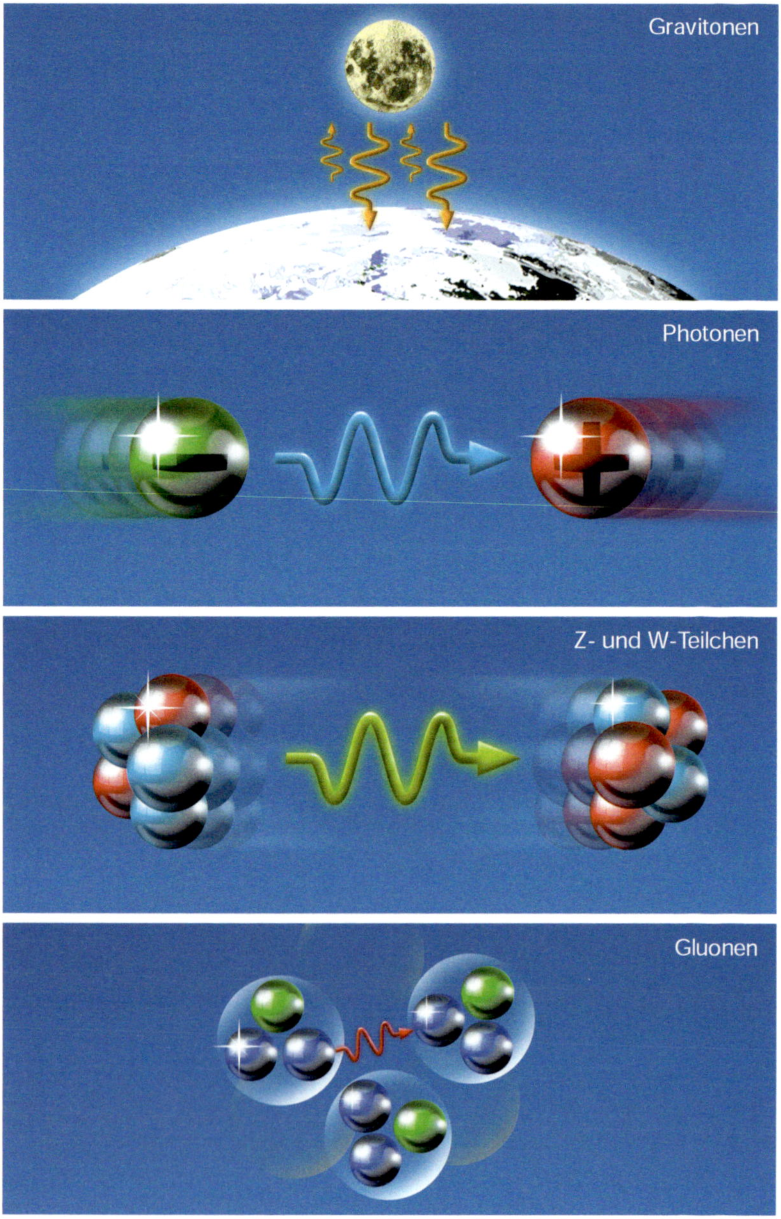
Gravitonen
Photonen
Z- und W-Teilchen
Gluonen

andere Photonensorten als die des Lichts. Wegen ihrer Kurzlebigkeit können sie mit keinem Detektor direkt registriert werden, deshalb nennt man sie auch virtuell. Ihre Wirkung lässt sich nur indirekt nachweisen. Die Kräfte zwischen zwei Elektronen lassen sich als Austausch dieser virtuellen Photonen darstellen. Bei der Entstehung dieser virtuellen Teilchen spielt wieder die Energie-Zeit-Unschärfe aus der Quantentheorie die entscheidende Rolle (siehe Kapitel 13). Die Energie für die Existenz eines virtuellen Teilchens kann es sich innerhalb des durch die Unschärferelation vorgegebenen Zeitabschnitts »borgen«. Dieser Zeitabschnitt ist so kurz, dass die virtuellen Teilchen nicht zu registrieren sind. Die virtuellen Photonen, die ein Elektron umgeben, borgen sich ihre Energie kurzfristig vom Elektron und werden dann wieder von ihm verschluckt. Nähern sich zwei Elektronen einander, so können virtuelle Photonen des einen Elektrons von anderen verschluckt werden. Dieser Austausch virtueller Photonen beschreibt in dieser Modellvorstellung die Kraftwirkung zwischen den Elektronen.

Die Wirkung von Kräften kann auch durch den Austausch von »Boten-Teilchen« beschrieben werden. So werden Gravitonen bei allen Vorgängen wirksam, die etwas mit der Gravitationskraft zu tun haben, Photonen übernehmen diese Rolle im elektromagnetischen Bereich, W- und Z-Teilchen repräsentieren die schwache Kernkraft und Gluonen die starke Kernkraft.

Wenn bei der elektromagnetischen Wechselwirkung durch die Einführung der Quantentheorie »Botenteilchen« die Aufgabe übernehmen, Kraftwirkungen zu übertragen, warum sollte das dann auch nicht bei den drei restlichen Kräften der Fall sein? Auch bei der Gravitation kann man sich vorstellen, dass – wie beim elektromagnetischen Feld – Gravitationswellen Störungen im Gravitationsfeld weitertragen und die Raum-Zeit dementsprechend schwingen lassen. Denn wird eine elektrische Ladung heftig hin- und herbewegt, so strahlt sie elektromagnetische Wellen ab – Radiowellen entstehen so. Kollabiert oder explodiert eine große Masse im Universum, wie zum Beispiel bei einer Supernova-Explosion, so sollten sich davon Gravitationswellen ablösen und in der Raum-Zeit als Störung

Kollaboriert oder explodiert eine große Masse im Universum, so sollen sich nach Einsteins Theorie Gravitationswellen ablösen und in der Raum-Zeit als Störung weiterlaufen, was bis heute allerdings noch nicht realisierbar war.

weiterlaufen. Wissenschaftler versuchen seit langer Zeit, solche Verzerrungen in der Raum-Zeit zu registrieren, bisher jedoch vergebens. Dennoch geht man davon aus, dass solche Gravitationswellen prinzipiell existieren, sind sie doch eine Folgerung aus der Allgemeinen Relativitätstheorie.

Und man geht noch weiter: Die Gravitationswellen – obwohl noch nicht einmal entdeckt – werden quantisiert. Als Botenteilchen für die Gravitationskraft postuliert man so das Graviton. Die Wirkung der starken Kernkraft, die die Protonen und Neutronen im Atomkern sowie die Quarks in deren Innerem zusammenhält, wird auf den Austausch sogenannter Gluonen zurückgeführt. Und auch die verbleibende schwache Kernkraft kann in dieses virtuelle Teilchenbild überführt werden. Nur liegen hier die Dinge noch etwas anders, die dabei beteiligten Botenteilchen, die W- und Z-Teilchen, besitzen eine Masse. Das liegt daran, dass bei den Kernkräften – anders als bei den virtuellen Photonen – die Botenteilchen nur auf äußerst kurze Entfernungen wirken dürfen, denn die Kernkraft hat nun einmal eine nur sehr kurze Reichweite. Geregelt wird dieses Verhalten über die Masse. Nach Einstein sind ja Masse und Energie äquivalent. Die Entstehung von Masse benötigt viel Energie, und die muss sich ein virtuelles Teilchen von seinem Gastgeber »ausleihen«. Nach der Energie-Zeit Unschärfe

$$\Delta E \geq \frac{h}{\Delta t}$$

verkürzt sich durch den hohen Leihbetrag an Energie die Lebensdauer des virtuellen Botenteilchens enorm. Und das ist ja auch für die Theorie gewollt, denn die Kernkräfte sind extrem kurzreichweitig, die Botenteilchen dürfen sich nicht weit vom Gastgeber entfernen können, sie sind äußerst instabil. Auf diese Weise werden alle bekannten Kräfte durch Teilchen repräsentiert. Das Fazit ist, dass man bei der Suche nach der allumfassenden Theorie jetzt bei den Kräften eine Sorte von Botenteilchen finden muss, aus der sich all die anderen ableiten lassen.

Wie das prinzipiell gemacht wird, zeigt das folgende Beispiel: Bei der Theorie über die Zusammenführung der elektromagnetischen Kraft mit der schwachen Kernkraft wird die Existenz der W- und Z-Teilchen, die für den Kräfteaustausch der schwachen Wechselwirkung verantwortlich sind, vorausgesagt. Und diese Teilchen gilt es aufzuspüren, wenn man diese partielle Vereinigungstheorie überprüfen will. Die Geschichte über die Suche nach den W- und Z-Teilchen zeigt, welche Schwierigkeiten auf dem Wege zur endgültigen Weltformel – wenn sie überhaupt existiert – zu überwinden sind. Die Theorie, die die elektromagnetische Wechselwirkung und die schwache Kernkraft vereinigt, sagte die Masse der neuen, noch zu findenden Teilchen voraus. Für das W-Teilchen waren es 80 Protonenmassen und für das Z-Teilchen 90 Protonenmassen. Damit war klar, welche Reichweite diese Teilchen haben und wo man sie suchen muss; denn die Masse eines Teilchens ist ja – wie wir oben ge-

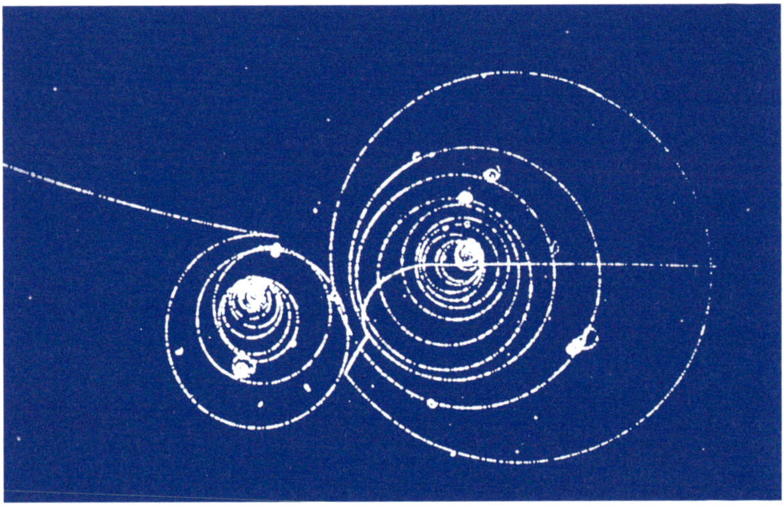

Hier sind die Spuren der Teilchen zu sehen, die beim Zerfall eines K-Mesons auftreten. K-Mesonen (oder Kaonen) entstehen beim Zusammenprall von Teilchen im Beschleuniger. Sie sind sehr kurzlebig und spielen bei Symmetriebetrachtungen des Universums eine wichtige Rolle.

sehen haben – eng mit seiner Reichweite verknüpft. Je schwerer ein Teilchen ist, umso kürzer ist die Strecke, die es zurücklegen kann, ehe es zerfällt. Der Theorie war auch zu entnehmen, dass die W- und Z-Teilchen unglaublich schnell zerfallen würden (Lebensdauer 10^{-12} Sekunden). Damit hatte man keine Chance, sie in einem Experiment direkt zu registrieren.

Zu den interessanten Zerfallsprodukten der W-Teilchen gehören andere Teilchen, zum Beispiel sogenannte Hadronen und Myonen. Man musste also nach Spuren dieser Teilchen su-chen – und zwar mit den genau definierten Energien und Wahrscheinlichkeiten für diesen speziellen Zerfall. Würde das gelingen und könnten die verfälschenden Spuren anderer Zerfälle ausgeschlossen werden, so wäre damit der Rückschluss auf die Existenz der W- und Z-Teilchen möglich. Für dieses Experiment mussten zunächst die entsprechenden Detektoren konstruiert werden, die überhaupt die Zerfallsprodukte der W-und Z-Teilchen registrieren konnten. Und es gab eine fundamentale Schwierigkeit: Wie sollten die W- und Z-Teilchen überhaupt erzeugt werden? Sie existieren in einer Phase des Urknalls bei einer bestimmten Energie.

Will man die vorhergesagten W- und Z-Teilchen experimentell bestätigen, so müssen beim Beschuss im Beschleuniger Ziele gesucht werden, bei denen die schwache Wechselwirkung eine Rolle spielt. Im Experiment kann man dazu zum Beispiel Protonen beschleunigen und auf Atomkerne schießen, um aus diesem Energieblitz die W- und Z-Teilchen entstehen zu lassen. Aber kein Beschleuniger der Welt kann die Protonen auf die erforderlichen Energien bringen, die zur Entstehung der W- und Z-Teilchen führen könnten. Immerhin haben wir es mit Energien zu tun, wie sie kurz nach dem Urknall auftraten! Aber letztendlich kam einem Physiker die rettende Idee: Im Beschleuniger werden elektrisch geladene Teilchen durch elektromagnetische Felder auf Kreisbahnen beschleunigt. Im europäischen Forschungszentrum CERN in Genf nun sollten bei der Suche nach W- und Z-Teilchen Protonen und Antiprotonen aufeinandertreffen. Dabei werden die Protonen in die eine Richtung der Kreisbahn beschleunigt und die Antiprotonen dazu genau gegenläufig. Im geeigneten Zeitpunkt prallen die beiden Teilchen aufeinander und diese Energie reicht aus, um W- und Z-Teilchen in genügender Anzahl zu produzieren.

Der Trick war, dass die Protonen nicht auf ein ruhendes Teilchen prallten, sondern die Energien des Zusammenstoßes durch die Beschleunigung des Antiprotons in die Gegenrichtung verdoppelt und damit die erforderliche Energie von 100 Gigaelektronenvolt (GeV) erreicht wurde. Dieses Mal konnte die Energieskala der Natur auf der Erde noch überlistet werden. Das klingt alles viel einfacher, als es in Wirklichkeit war. Denn zunächst musste man die Antiprotonen erzeugen. Dann war es wichtig, sie auf der Umlaufbahn im Beschleuniger zu halten und zu einem Strahl zu bündeln. Spezialdetektoren mussten entwickelt werden, um die Elektronen, Hadronen und Myonen registrieren zu können, die beim Zerfall von W- und Z-Teilchen entstehen.

Elektronen und Hadronen erzeugen in bestimmten Kunststoffen eine Spur aus sehr schwachem UV-Licht, die Myonen induzieren mit ihrer elektrischen Ladung in Drähten eine elektrische Spannung. Wenn ein W-Teilchen zerfällt, dann zeigen sich eine sehr gerade Elektronen- und eine Myonenspur einer bestimmten Energie. Diese Spuren müssen aus verschiedenen anderen Spuren herausgelesen werden; eine schwierige Aufgabe.

Dann – am 21. März 1983 – konnte das stolze Ergebnis jahrelanger Arbeit verschiedener Teams bekannt gegeben werden: Unter einer Million Zusammenstößen war es bei fünf möglich, die Existenz eines W-Teilchens nachzuweisen. Jeweils stimmte die Masse mit der Voraussage in der Theorie überein. Das W-Teilchen trug zudem – wie vorausgesagt – eine elektrische Ladung, und das Experiment konnte auch in anderen Teilaspekten die Theorie bestätigen, die die elektromagnetische Kraft mit der schwachen Wechselwirkung verband. Für dieses Experiment wurde ein Jahr später der Nobelpreis für Physik verliehen.

Die neue Theorie war damit in einer Vorhersage bestätigt. Der Vorteil auf dem Weg zur Weltformel war, dass man aus dieser universelleren Theorie die elektromagnetischen Felder und die schwache Wechselwirkung ableiten konnte. Ein Riss in dem viergeteilten Weltbild von den Kräften war so geschlossen. Aber wie sieht es mit den anderen Teilkräften aus? Können sie mit einer gemeinsamen Theorie ineinander überführt werden?

Bei all diesen Experimenten müssen gigantische Energien eingesetzt werden. Beim Nachweis der W-Teilchen waren es etwa 100 GeV. Erst dann kam es zur Bildung dieser Teilchen. Will man auch noch die starke Wechselwirkung in die gemeinsame Theorie integrieren, so bedarf es bei den Experimenten, die für eine solche direkte Bestätigung dieser Theorie notwendig sind, noch weitaus höherer Energien – etwa 10^{15} GeV! Und das ist heute klar – die können wir auf der Erde niemals erreichen. Plausibel wird das, wenn man sich erinnert, dass die Vereinigung aller Kräfte in der engen zeitlichen Umgebung des Urknalls, des »Big Bang«, angenommen wird. Und in diesem Umfeld waren unvorstellbar mächtige Energien am Werk, die man ja heute in einem Experiment reproduzieren müsste, wollte man die damals existierenden Bedingungen überprüfen. Hier findet sich bei den Beschleunigern eine unüberwindbare technisch-physikalische Grenze, auf direkte Weise eine der weiterführenden Vereinigungstheorien bestätigen zu können. Macht es deshalb überhaupt noch Sinn, nach neuen Theorien, nach der allumfassenden Weltformel zu suchen?

An Theorien, die die verschiedenen Kräfte zusammenfassen, mangelt es nicht. Allein der experimentelle Nachweis, dass sich die Realität des Universums wirklich so darstellt, gestaltet sich schwierig. Heute ist man in der Physik an einem Punkt angelangt, an dem fast eine Inflation der sogenannten G.U.T. (Grand Unified Theory), der »Großen Vereinigungstheorie«, herrscht, die die starke, schwache und elektromagnetische Wechselwirkung miteinander verknüpft. Die Experimentatoren jedoch liegen mit den Möglichkeiten einer Bestätigung dieser Theorie weit zurück. Noch hoffnungsloser sieht es aus, wenn auch die Gravitation – als vierte Kraft – mit einbezogen wird. Dann müsste man noch weitaus höhere Energien erzeugen, und das hieße, den Urknall im Labor zu wiederholen. Es scheint, dass der klassische Weg, in dessen Verlauf eine enge Verbindung zwischen Theorie und den die Realität bestätigenden Experimenten bestand, immer schwerer zu verwirklichen ist. Die Theorien entfernen sich immer weiter von den Möglichkeiten der Experimentatoren, die ja die Bedingungen in der Natur überprüfen müssen. Und das stellt das Prinzip in Frage, nach dem eine Theorie dann fällt, wenn ein Experiment gefunden wird, das gegen sie spricht. Aber es gibt noch andere Möglichkeiten, solche Theorien auf ihre Güte hin abzuschätzen, und das wird im nächsten Kapitel geschildert.

17 Was man bis heute erreicht hat

Der Wert der Standardmodelle

Das Warten auf den Protonenzerfall

Die Bedeutung der Symmetrie

Die vielen Theorien, die letztendlich zur Weltformel führen sollen, schrecken die Wissenschaftler nicht ab. Sie sortieren sie und versuchen eine Bestandsaufnahme. Akzeptiert ist das sogenannte »Standard-Modell«, in dem die schwache Kernkraft mit der elektromagnetischen vereinigt ist. Es repräsentiert das gegenwärtige Weltbild der Physiker. Die Standard-Theorie ist experimentell relativ gut abgesichert und sie wird von der Mehrzahl der Physiker auch anerkannt. Der weitere Schritt zur Weltformel ist die Einbeziehung der starken Kernkraft in die Standard-Theorie. Und neben der elektromagnetischen, der starken und schwachen Kernkraft gibt es ja auch noch die Gravitation. Diese Kraft allerdings wird zunächst in keinem Modell berücksichtigt. Sie ist – so die Argumentation – bei den kleine Massen, die normalerweise in der atomaren Welt eine Rolle spielen, verschwindend klein. Die Physiker lassen sie deshalb bei der mathematischen Beschreibung der Mikrowelt einfach weg. Das erleichtert zudem ihre Aufgabe, denn die Gravitation bringt bei der Aufstellung einer »Vereinigungstheorie« große Schwierigkeiten mit sich, wie wir später noch sehen werden. Man arbeitet also nur an der sogenannten G.U.T. (Grand Unified Theory), die nur drei Kräfte vereinigen soll, die elektromagnetische, die starke und schwache Wechselwirkung. Wie beim Standard-Modell ist, wegen der hohen Energien in der

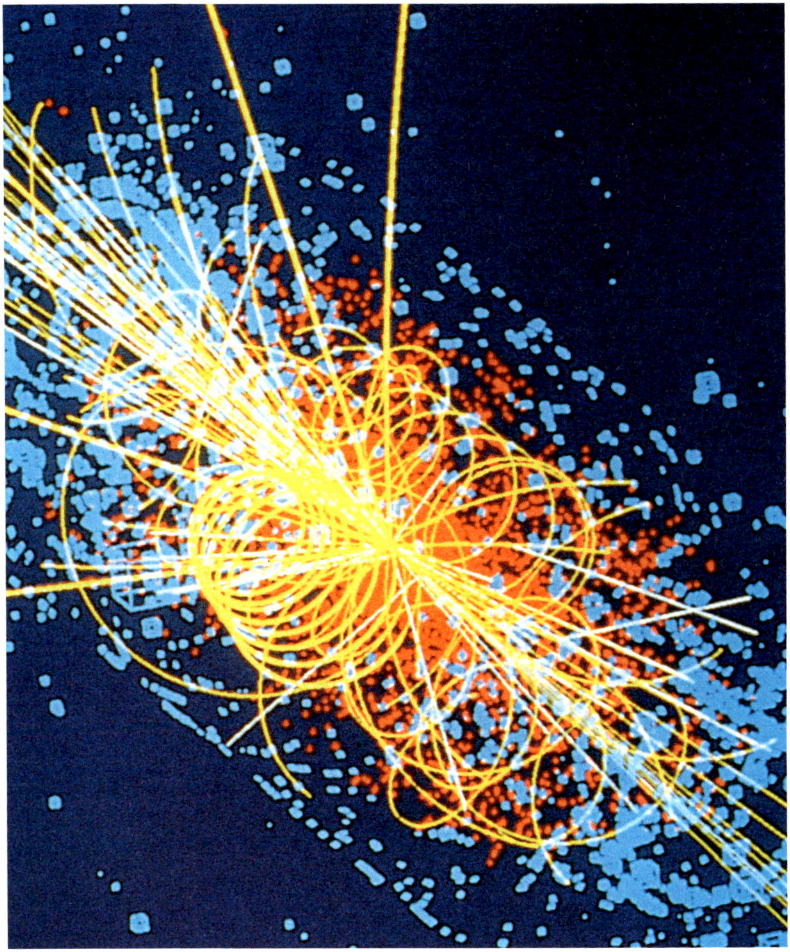

Nähe des Urknalls, das größte Problem die experimentelle Bestätigung einer solchen Theorie. Allerdings gibt es einige Überlegungen, um diese prinzipielle Schwierigkeit zu mildern. Experimentelle Mosaiksteinchen zur Bestätigung können auch auf andere Weise zusammengetragen wer-

In dieser Computersimulation wird vorausberechnet, wo man bestimmte Teilchen bei einem Zusammenprall von stark beschleunigten Protonen finden würde. Hier zerfällt ein Higgs-Teilchen zu Myonen.

den. Die Phantasie der Experimentatoren erlaubt es, auch auf indirektem Wege zu versuchen, einige Folgerungen ihrer Theorie zu bestätigen. Damit ist es nicht notwendig, die von den Theorien vorausgesagten Teilchen direkt zu erzeugen, um Bestätigungen für ihre Richtigkeit zu erhalten. So folgt aus einer G.U.T., die ja die elektromagnetische, schwache und starke Wechselwirkung zusammenfasst, dass Protonen zerfallen müssten. Dabei würden Strahlung und Teilchen frei, die man registrieren könnte. Das klingt einfach, ist jedoch nur mit sehr aufwendigen und sehr teuren experimentellen Aufbauten nachzuweisen.

Nach unserer heutigen Vorstellung setzt sich ein Atomkern aus Protonen und Neutronen zusammen. Protonen finden sich also sehr häufig in unserer Welt, eigentlich ist alles, mit dem wir zu tun haben, aus Protonen aufgebaut. Das Proton ist ein sehr stabiles Teilchen, denn sonst könnten auch wir – als Zusammenschluss stabiler Materie – nicht existieren. Diese Theorie enthält also die sensationelle Folgerung: Auch die bis jetzt als stabil angenommenen Materieteilchen, die Protonen, zerfallen irgendwann. Damit würde sich eine dramatische Veränderung im Bild von der Welt ergeben. Einer der wichtigsten Bausteine der uns vertrauten Materie ist nicht stabil! Ein Proton soll nach den Vorhersagen dieser Theorie in etwa 10^{31} Jahren zerfallen. Es ist aus drei Quarks aufgebaut. Verändert eines dieser Quarks seinen Zustand, so können ohne ihren Partner die anderen beiden nicht existieren, das Proton wird instabil und zerfällt. Für den Zusammenhalt des Quarks im Proton ist die starke Wechselwirkung verantwortlich. In dieser G.U.T. ist es gelungen, sie mit der elektromagnetischen und der schwachen Wechselwirkung zu vereinigen. Aber eine daraus resultierende wichtige Vorhersage und Stütze ist dieser unglaubliche Protonenzerfall. Wäre der Protonenzerfall zu beobachten, so hätte man damit zumindest ein kleines Mosaikstückchen in der schrittweisen experimentellen Bestätigung dieser Theorie gefunden.

Wie soll aber dieses Experiment aussehen? Wir können nicht 10^{31} Jahre auf den Zerfall eines Protons warten. Wie groß dieser Zeitraum ist, zeigt sich, wenn man überlegt, dass seit dem Urknall erst 10^{10} Jahre vergangen sind. Solche Zahlen sind ja Mittelwerte, also statistische Aussagen. Einige Protonen werden viel früher zerfallen. Wenn die Zahl der Protonen, die man beobachtet, erhöht wird, kann der Zerfall eines Protons in einem für uns vernünftigen Zeitraum ablaufen. Wenn die mittlere Lebensdauer eines Protons 10^{31} Jahre ist, so wird zu erwarten sein, dass bei 10^{31} Protonen eines in einem Jahr zerfällt. Protonen finden sich überall – in 1000 Tonnen Materie sind etwa $2{,}5 \cdot 10^{32}$ Protonen enthalten.

Besonders gut eignet sich Wasser für dieses Experiment. Denn beim Protonenzerfall werden Lichtblitze frei, und die kann man dann durch das transparente Wasser mit Detektoren am Rande des riesigen Tanks registrieren. Wählt man einen Tank von 20 Metern Seitenlänge, so erwartet man zwei bis vier Protonenzerfälle pro Monat. Eine äußerst anspruchsvolle Aufgabe für die Experimentatoren! Kosmische Strahlen können das Ergebnis verfälschen, deshalb werden die Tanks unter der Erde installiert, die das Wasser weitgehend von den kosmischen Strahlen abschirmt. Alte Bergwerke in den USA oder in Japan dienen zur

Das Innere des japanischen Detektors, der sich abgeschirmt 1000 m unter der Erde in einem alten Bergwerk befindet. Super-Kamiokande kann mit seinen an den Wänden angebrachten Photonensensoren Lichtblitze registrieren, die bei einem Protonenzerfall im Wasserbecken auftreten sollten. Hier werden gerade Wartungsarbeiten durchgeführt.

Beobachtung des Protonenzerfalls in etwa 600 Meter Tiefe. Seit 1982 warten die Wissenschaftler auf ein positives Ergebnis – bis heute vergebens. Dieser Weg einer experimentellen Bestätigung der Theorie, die drei Kräfte vereinigt, erweist sich als sehr mühsam.

Und noch eine Hoffnung der indirekten Bestätigung einer der G.U.T.'s gibt es: Als Maxwell die elektrische Kraft mit der magnetischen vereinigen konnte, folgte daraus, dass elektrische Ladungen existieren müssten, die die Quelle des elektrischen Feldes sind. Später entwickelte sich diese Vorstellung zu einem Teilchen, das die elektrische Ladung trägt – das Elektron. Und das wurde auch 35 Jahre später, 1895, entdeckt. Vereinigt man elektromagnetische, schwache und starke Kräfte, sagt diese G.U.T. voraus, dass es auch spezielle Träger des magnetischen Feldes geben müsste – Teilchen, die magnetische Monopole genannt werden. Wir kennen bis jetzt nur magnetische Dipole – Elementarmagnete, die jeweils Nord- und Südpol tragen. Aber, so die Überlegung, genauso wie ein Elektron nicht eine negative und positive Ladung zugleich trägt, müsste es auch Teilchen geben, die nur den Süd- oder Nordpol repräsentieren und damit das Magnetfeld verursachen. Und eine Folgerung aus der G.U.T., die ja drei Kräfte zusammenfasst, ist, dass solche magnetischen Monopole existieren. Die irdischen Beschleunigungsanlagen, die durch den Zusammenprall von Teilchen diese Monopole als Zerfallsprodukte direkt nachweisen könnten, sind weitaus zu klein. Sie erreichen für diesen Zweck viel zu geringe Energien. Aber in der Nähe des Urknalls müssen diese Teilchen, beschreibt die Theorie diese Phase richtig, existiert haben. Dort hatte man es ja mit unvorstellbar großen Energien zu tun. Diese Teilchen müssten eigentlich immer noch durch das Universum treiben. Aber bis heute hat man noch keinen magnetischen Monopol gefunden. Damit wären diese Theorien gescheitert. Dass man keine Monopole findet, ist auch nicht verwunderlich, meinen einige. Ihr Vorschlag zur Rettung der Theorie liegt in der »Inflation« – der Aufblähung des Universums. Dadurch seien die Monopole so dünn gestreut, dass man nur sehr wenige Monopole pro Galaxie erwartet. Also wieder ist kaum – selbst eine punktweise – Überprüfung der Theorie mit den Zuständen in der

Realität zu erwarten. Diese Beispiele sollen genügen, um das Dilemma zu zeigen, in dem die Theoretiker bei der experimentellen Überprüfung ihrer modernen Bilder von der Welt stecken.

Versucht man, in einer endgültigen Theorie – man nennt sie U.T. (Unification Theory) oder T.O.E. (Theory Of Everything) –, alle vier existierenden Kräfte zusammenzufassen, also noch die Gravitation einzubringen, so hat man schon Schwierigkeiten, überhaupt eine Theorie zu formulieren, und es scheint, dass man von vornherein auf die experimentelle Nachprüfbarkeit dieses Bildes von der Welt verzichten muss. Da werden Teilchen vorausgesagt, die mit den auf der Erde zur Verfügung stehenden Energien niemals nachgewiesen werden können. Der einzige »Beschleuniger«, der das leisten könnte, wäre der Urknall selbst. Während der ersten Sekundenbruchteile (10^{-43} Sekunden) der Entstehung des Weltalls waren diese Energien vorhanden. Wenn jedoch die Experimente zu den entsprechenden Theorien nicht mehr durchführbar erscheinen, wie kann dann festgestellt werden, ob die eine oder andere Theorie nun richtig ist – mit der Realität übereinstimmt? Einstein beschwor immer die überwältigende Einfachheit und Ästhetik in den physikalischen Gleichungen, die die Welt beschreiben. Es entsteht der Eindruck, dass für ihn die Eleganz eines mathematischen Formelwerks ein Zeichen für seine Richtigkeit war.

Letztendlich bedeutet das für den Physiker, dass den physikalischen Gesetzen nach der Überführung – der Transformation – in ein anderes Bezugssystem ihre Eigenheit erhalten bleibt. Die Maxwell'schen Gleichungen zum Beispiel erfüllen bestimmte Symmetrie- oder Invarianzforderungen. So wird bei der Transformation der elektrischen Feldstärke $\overline{E}$ in ein rotierendes Koordinatensystem wieder eine elektrische Feldstärke $\overline{E}$ auftreten, die sich nur in den Transformationsgrößen von $\overline{E}$ unterscheidet. Die Natur der physikalischen Gesetze, die spezielle Abhängigkeit der elektrischen Feldstärke von der magnetischen zum Beispiel, bleibt erhalten. Sollen diese formalen Kriterien bei fehlenden experimentellen Bestätigungen zukünftig darüber entscheiden, ob eine Theorie richtig oder falsch ist?

Symmetrien spielen in der theoretischen Physik eine große Rolle. Wie das zu verstehen ist, zeigt das Beispiel einer Schnee-

Bei den Drehungen einer ideal symmetrischen Schneeflocke um jeweils 60 Grad ändert sich das Bild der Schneeflocke nicht. Sie ist durch ihre Symmetrie invariant gegenüber diesen Drehungen. Solche Symmetrien sind eng mit physikalischen Gegebenheiten verknüpft.

flocke: Ihr Bild ist gegenüber Drehungen von 60 Grad unempfindlich. Dreht man den Rahmen jeweils um 60 Grad, so sieht die Schneeflocke immer gleich aus. Spiegelt man sie an einer horizontalen Achse, so ist dieses neue Bild von dem ursprünglichen nicht zu unterscheiden – sie ist symmetrisch.

Solche geometrischen Symmetrien könnten auch physikalische Gegebenheiten beschreiben: Liegt eine Metallkugel auf einer Ebene und bewegt sich nicht, so ist klar, dass die Gravitationskraft genau senkrecht zur Ebene wirkt. Die Kugel kann auf dieser Ebene verschoben werden, ohne dass sich am physikalischen Zustand – der Unbeweglichkeit der Kugel – etwas ändern wird. Dieses System zeigt also eine Symmetrie gegenüber einer horizontalen Verschiebung oder Spiegelung um eine vertikale Achse. Bringt man einen Magneten in die Nähe der Metallkugel, so hebt sich diese Symmetrie auf – sie wird »gebrochen«. Verschiebt man jetzt die Kugel, so geschieht bei einer Bewegung zum Magneten hin etwas anderes als beim Versetzen in die entgegengesetzte Richtung. Die Magnetkraft hat Auswirkungen auf die Symmetrieeigenschaften, die den Zustand der Kugel beschreibenden physikalischen Gesetze und damit die physikalische Wirklichkeit.

Kehrt man den Satz um und verallgemeinert ihn, so beinhalten spezielle Symmetriegruppen offenbar bestimmte physikalische Gegebenheiten. Eine Invarianz

Eine Metallkugel, auf die nur senkrecht zur Ebene, auf der sie liegt, die Gravitationskraft wirkt, kann auf dieser Ebene verschoben werden, ohne dass sich an ihrem physikalischen Zustand – der Unbeweglichkeit der Kugel – etwas ändert. Sie zeigt eine Symmetrie – sie ist invariant gegenüber einer horizontalen Verschiebung.

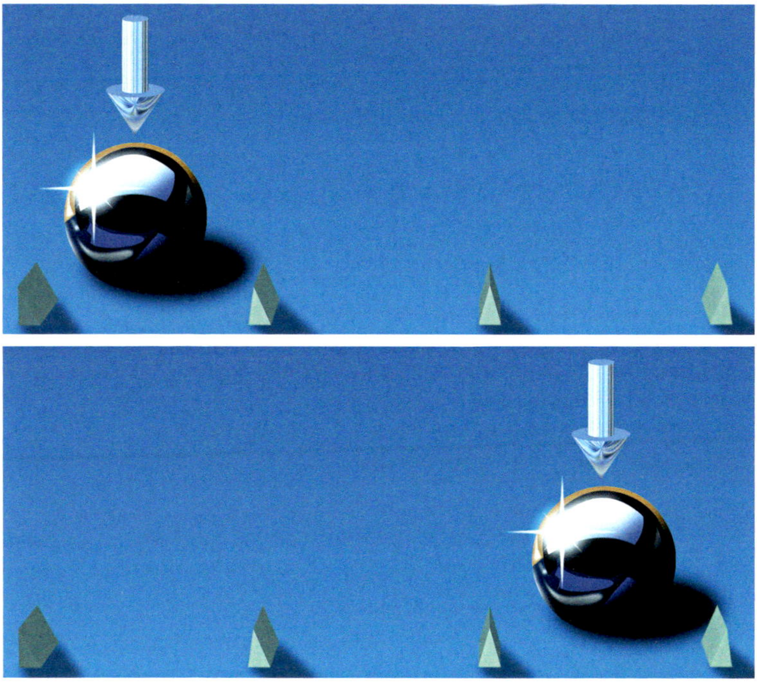

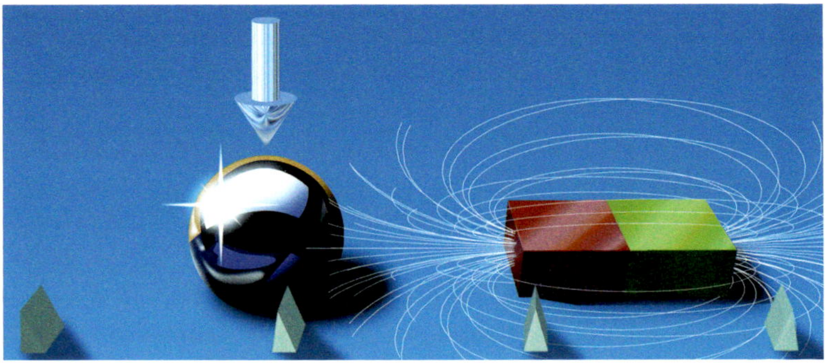

Legt man einen Magneten auf die Ebene, so ist die Symmetrie gebrochen. Beim Verschieben der Metallkugel nach links passiert etwas anderes als beim Verschieben nach rechts.

des Systems gegenüber einer Verschiebung in der Zeit beschreibt den Energieerhaltungssatz: Für jeden Zeitpunkt ist der Wert der Gesamtenergie gleich. Die Symmetrie gegenüber Drehungen symbolisiert den Drehimpulssatz usw. Neben diesen einfachen geometrischen Symmetrien existieren noch andere, abstrakte Symmetrien. So besitzen ein Proton und ein Neutron fast die gleiche Masse. Setzt man einmal voraus, dass die Massen identisch sind, so unterscheiden sie sich allein dadurch, dass das Proton eine elektrische Ladung besitzt, während das Neutron elektrisch neutral ist.

In einer Welt ohne elektromagnetischem Feld würde sich das überhaupt nicht bemerkbar machen, weil darin keine Kräfte existieren, auf die das elektrisch geladene Teilchen reagieren kann. Protonen und Neutronen werden in einer solchen fiktiven Welt nicht unterscheidbar – sie wären austauschbar, was wiederum durch eine bestimmte Symmetriegruppe beschreibbar ist. Lässt man in dieser fiktiven Welt ein elektromagnetisches Feld zu, so wird die Symmetrie in bestimmter Weise »gebrochen«. Protonen werden plötzlich von Neutronen unterscheidbar, weil sie durch ihre elektrische Ladung auf das Feld reagieren. Die veränderte Symmetrie ist also mit einer bestimmten physikalischen Welt verknüpft. Mit diesem Beispiel wird klar, wie Physiker auf der Suche nach der Vereinigungstheorie vorgehen. Letztendlich ist ja das Ziel, nur eine Sorte von gleichwertigen Teilchen zu beschreiben, die alle von einer einzigen Kraft regiert werden. Dieser Zustand soll in der Nähe des Urknalls verwirklicht gewesen sein. Mit der Expansion des Weltalls und der damit verbundenen Abnahme der Energiekonzentration haben sich aus der einen Teilchensorte und der universellen Kraft die vielen Erscheinungsformen der Teilchen und Kräfte entwickelt.

Diesen Vorgang kann man auf Symmetrieüberlegungen übertragen. Im Urzustand waren die Teilchen nicht unterscheidbar; tauschte man sie gegeneinander aus, so war kein Unterschied feststellbar. Sie wiesen also eine hohe Symmetrie auf – symbolisiert zum Beispiel durch einen Kreis, der kontinuierlich, bei jeder beliebig großen Achsendrehung, immer spiegelsymmetrisch ist. Mit ab-

Diese geometrischen Figuren zeigen eine unterschiedlich hohe Symmetrie. Alle sind symmetrisch gegenüber einer Spiegelung an einer vertikalen Achse. Nur zwei von ihnen besitzen diese Eigenschaft gegenüber einer horizontalen Achse. Allein der Kreis zeigt eine kontinuierliche Symmetrie gegenüber beliebigen Achsendrehungen. Dieses Beispiel verdeutlicht die Suche in der modernen Physik nach hochsymmetrischen Teilchen, die während des Urknalls existiert haben sollen, um aus ihnen dann, durch Brechung der Symmetrien, die heute existierenden vielen unterschiedlichen Teilchen theoretisch ableiten zu können.

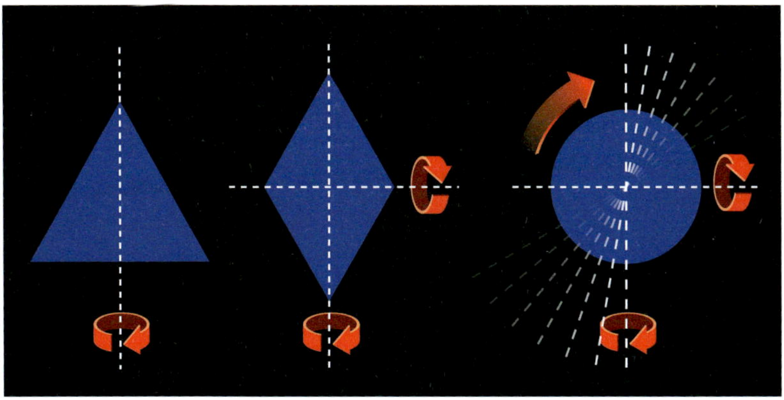

nehmender Energie erhielten diese Teilchen bestimmte Merkmale. Sie wurden unterscheidbar, indem sie elektrische Ladungen, Drehimpulse usw. trugen. Die Symmetrie wurde »gebrochen«, das heißt in unserem Bild, dass diese Teilchen nur noch eine eingeschränkte Symmetrie zeigen. So sind zum Beispiel ein Männchen und ein Dreieck nur spiegelsymmetrisch gegenüber einer vertikalen Achse, jedoch nicht mehr gegenüber einer horizontalen Achse. Eine höhere Symmetrie weisen die Doppelkreise und das Karo auf. Aber sie sind nicht mehr symmetrisch gegenüber bestimmten Rotationen. Diese Symmetrie zeigen nur noch die Rosette und der Kreis, und allein der Kreis ist symmetrisch, auch nach beliebigen Achsendrehungen. Dieses geometrische Beispiel macht das Ziel der Physik plausibel: Den vielfältigen »Teilchenzoo« in unserer heutigen Welt mit den unterschiedlich »gebrochenen« Symmetrien will man aus einer einzigen gleichwertigen und damit hochsymmetrischen Teilchensorte ableiten können. Aber dabei bleiben viele Fragen ungelöst. Weil es mit der experimentellen Bestätigung dieser Vereinigungstheorie so schwierig ist, ist zurzeit nicht zu entscheiden, welches der konstruierten Weltbilder richtig ist. Nach welchen Kriterien sollen die Theorien bewertet werden? Nach ihrer Einfachheit und Ästhetik, wie es einmal Einstein beschwor? An diesem Punkt der Schilderung des Weges zu den einzelnen Theorien zeigt sich eines ganz deutlich: Das Ziel, eine Weltformel zu finden, das Geschehen im Universum mit einer einzigen Theorie zu beschreiben, führt zu einer prinzipiellen Schwierigkeit. Die in den Naturwissenschaften bewährte Methode, Theorien immer wieder durch Experimente zu bestätigen, kann offenbar hier nicht mehr ausreichend weitergeführt werden. Die Theorie dient nicht mehr allein dazu, eine Vorstellung von den Abläufen im Universum zu geben – ein Bild der Welt zu liefern, das durch das reale Geschehen der Experimente gezeichnet und getestet wird, sondern die Theorie hat sich aus dieser engen Verbindung gelöst. Sicher ist die Suche nach einem filigranen, allumfassenden theoretischen Gebäude von der Natur eine große Herausforderung. Der Weg in die geheimnisvollen Strukturen der Natur allerdings, der zur Erfüllung dieses Traums führen könnte, wird mit fortschreitendem Wissen immer steiniger.

18 Zu viele Theorien für den Urknall?

Superstrings als Rettung

Higgs-Teilchen und andere Exoten mehr

Allumfassende Theorien mit Schwierigkeiten

So weit auch die diversen Vereinigungstheorien im Standardmodell getrieben wurden, eines ist ihnen allen eigen: Kräfte und Teilchen sind immer noch zwei verschiedene Welten. Selbst wenn die vier Kräfte in nur eine allumfassende Kraft zusammenfließen und nur eine Teilchensorte zur Zeit des Urknalls theoretisch beschrieben werden kann, es bleibt die Aufspaltung zwischen Kraft und Teilchen. Und auch diese beiden Welten wollen Physiker zusammenführen – mit der Supersymmetrie-Theorie. Die vier Kräfte lassen sich ja auch durch virtuelle Botenteilchen darstellen (siehe Kapitel 16), die zwischen den realen Teilchen ausgetauscht werden und sie danach beeinflussen. Das Ziel der Anhänger der Supersymmetrie ist es nun, diese beiden Teilchenwelten zu vereinigen. Wenn ihnen das gelänge, könnte man von nur einer Sorte von Urteilchen im Augenblick des Urknalls alle später auftretenden Kräfte und realen Teilchen theoretisch ableiten. Dieses Superteilchen wäre dann der wahrhaftige Träger der Weltformel. Schon der Name »Super-Symmetrie« lässt etwas Ungewöhnliches erahnen. Tatsächlich wird dabei von einem Superraum ausgegangen, der nicht nur die uns vertrauten vier Raum-Zeit-Koordinaten aufweist, sondern neun. Werden in diesem neundimensionalen Raum die mathematischen Symmetrieoperationen auf die realen und virtuellen (Kräfte-)Teilchen angewandt, so sind diese nicht mehr voneinander zu unterscheiden. Neben den für uns ungewohnten vielen Dimensionen des Raumes muss man dabei jedoch auch in dieser Theorie noch zu jedem Teilchen supersymmetrische Partner annehmen. Entsprechend sollen sie heißen: Der Partner vom Photon ist dann das Photino und vom Gluon das Gluino usw.

Um nun diese Teilchen aufzuspüren, muss man die Energien, wie sie bei Beginn des Urknalls geherrscht haben, in irdischen Beschleunigern erzeugen, und das ist, wie schon häufig erwähnt, nicht möglich. Also hat man es wieder einmal mit einer Theorie zu tun, der die direkte experimentelle Bestätigung versagt bleibt. Zudem zeigen sich bis jetzt keine vernünftigen Wege, aus den für diese Theorie mathematisch notwendigen neun oder mehr Dimensionen auf die realistischen vier zu kommen, die ja die Welt, in der wir leben, ausmachen. Die Supersymmetrie wird schon aus diesen Gründen von vielen nur als mathematische Spielerei abgetan.

Aber wie in anderen Lebensbereichen auch, gibt es in der Kosmologie Modeströmungen. Deshalb werden solche mathematischen Gebilde immer wieder einmal in den Mittelpunkt des Interesses gerückt. Man diskutiert dann Supersymmetrien mit noch höheren Dimensionen und warum diese Dimensionen ungerade Zahlen tragen müssen usw. Die Supersymmetrie wird auch gern mit anderen Theorien verknüpft, zum Beispiel mit der String-Theorie, und dahinter steckt Folgendes: Wenn wir das Verhalten von Teilchen in unserer Welt mit mathematischen Formalismen berechnen, dann setzen wir ja alle Eigenschaften, wie Masse oder elektrische Ladungen, als in einem Punkt konzentriert voraus. Obwohl es dabei zu einigen Ungereimtheiten kommt – denn eine auf den Punkt konzentrierte elektrische Ladung zum Beispiel ist schwer vorstellbar und bringt auch mathematische Probleme mit sich –, gelingt damit die modellhafte Beschreibung unserer Erfahrungswelt normalerweise ganz gut. Unter den frühen Verhältnissen des Urknalls jedoch waren die Teilchen äußerst eng aneinandergedrückt, und wenn sie unter diesen Bedingungen mathematisch als Punkte beschrieben werden sollen, dann kommt es zu »Unendlichkei-

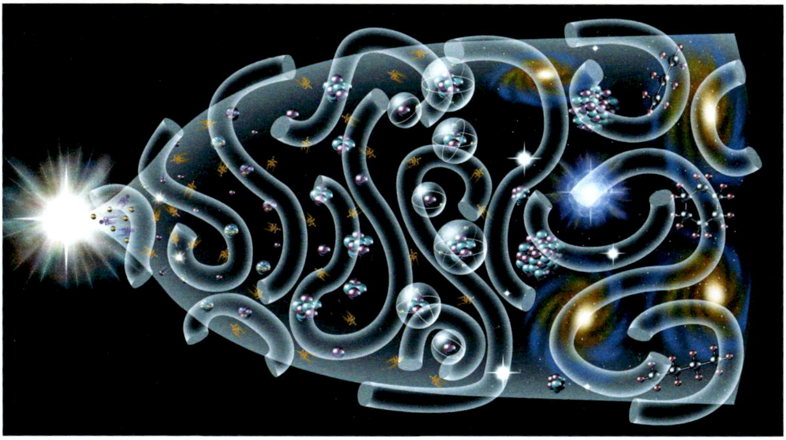

ten« und nichts funktioniert mehr in den physikalischen Modellen von der Welt. Anders wäre es, wenn in dieser Phase die Teilchen eine bestimmte Ausdehnung besitzen würden. Deshalb wurde eine Theorie entwickelt, die voraussetzt, dass die eine Sorte von Teilchen, die während des Augenblicks des Urknalls existierten, die Urteilchen, fadenförmige Gebilde sind. Im Englischen nennt man sie »strings«, und die Theorie heißt »String-Theorie«. Diese Strings können, je nach Energiebedingungen, wie Saiten unterschiedlich schwingen und sich formen. Dadurch repräsentieren sie die verschiedenen Teilchen im Universum. Ist die Temperatur – und damit die Energiedichte – hoch, wie zu Beginn des Urknalls, so werden die Strings zu Schlaufen. Diese Schlaufen sind äußerst klein (10^{-33} Zentimeter), aber sie besitzen immerhin eine Ausdehnung.

Strings sollen nach einer Theorie die Urteilchen sein, aus denen sich alle anderen bekannten Teilchen ableiten lassen. Es sind fadenartige Gebilde, die, je nach Energie, unterschiedliche Formen annehmen und damit auch die uns bekannten Teilchen repräsentieren. Bis jetzt ist diese Vorstellung nur ein erster Ansatz für eine ausgefeilte Theorie.

Das ist auch gewollt, denn damit umgeht man die Probleme mit der Unendlichkeit. Bei niedrigen Temperaturen jedoch, bei Energien, die in unserem Erfahrungsbereich liegen, kann man die Strings als punktähnliche Gebilde betrachten. Dann ist es möglich, auf sie wieder die uns vertrauten physikalischen Theorien anzuwenden. Durch den Trick, den Strings bei hohen Energien eine Ausdehnung zuzuschreiben, ist es denkbar, neben den drei Kräften jetzt auch die Gravitation in einer »Allumfassenden Theorie« zusammenzuführen. Wiederum ist es dazu nötig, die Unendlichkeiten zu vermeiden. Wenn Punkte statt Strings sehr eng zusammenkommen, so würde die Gravitation ins Unermessliche wachsen. Die Superstrings lösen dieses Problem durch ihre – wenn auch kleine, aber endliche – Ausdehnung auf elegante Weise. Die String-Theorie lässt sich so weiter ausbauen, um die virtuellen Teilchen, die die Kräfte repräsentieren, mit den realen Teilchen in der Theorie zu verschmelzen. Mit Hilfe der Supersymmetrie kommt man dann zu den Superstrings, eine Teilchensorte, aus der sich die Vielfalt der physikalischen Welt ableiten lassen soll, die Repräsentanten der Weltformel also. So schön sich aber diese Theorie auch anhört, sie existiert bis jetzt nur in einigen Ansatzpunkten, und weil sie Vorhersagen liefert, die nur in engster Nachbarschaft zum Urknall zu überprüfen wären, entzieht auch sie sich einer irdischen experimentellen Überprüfung. Wiederum kann man die Theorie nur nach mathematischen, ästhetischen Gesichtspunkten beurteilen, über Symmetriebetrachtungen.

Das klingt alles so, als ob man damit endlich die Weltformel gefunden hätte. Aber die mathematischen Formalismen für diese Theorie sind höchstens ansatzweise vorhanden. Keiner weiß, wie man von den Superstrings zu den uns bekannten Teilchen kommt. Zudem muss man wieder weitaus mehr Dimensionen annehmen als die uns vertrauten drei Raum- und eine Zeitkoordinate. Die Superstring-Theoretiker arbeiten auch mit 11 oder 23 Raum-Dimensionen. Mathematisch kann man das vielleicht einmal in den Griff bekommen, aber es fehlt dann immer noch der Weg, aus diesen mathematischen Gebilden zu unserer physikalischen Realität zu finden, zu den drei Raumkoordinaten, in denen unsere Welt zu Hause ist. Zudem existieren sehr viele dieser Theorien, keiner weiß, welche die richtige ist, es gibt keine eindeutige Superstring-Theorie (siehe auch mein Buch ›Chaos im Universum‹).

Will man eine Allumfassende Theorie aufstellen, so muss man auch nach einer Erklärung dafür suchen, wie die Masse in unser Universum gelangt ist. In den heutigen Theorien schreibt man allen Teilchen zunächst einmal die Masse null zu – damit wird alles mathematisch leichter – und führt sie für die einzelnen Teilchen erst später etwas willkürlich ein. Wie im Kapitel über den Urknall (siehe Kapitel 14) geschildert, gab es in der frühen Phase des Universums eine Asymmetrie zwischen Materie und Antimaterie. Das Verhältnis war unglaublich ausgewogen, auf eine Milliarde Materieteilchen zerstrahlte nur eines nicht mit seinem Antimateriepartner und blieb im Universum erhalten. Zudem ist die Frage offen, warum heute einige Teilchen eine Masse besitzen und andere nicht. Dafür soll nach einer Theorie das Higgs-Feld verantwortlich sein, benannt nach seinem Erfinder, dem britischen Physiker Peter Higgs. Dieses Higgs-Feld soll so mit dem Quantenvakuum wechselwirken können. Das Quantenvakuum ist ja nicht wirklich »leer«, sondern in ihm »brodelt« es von virtuellen Teilchen (siehe Kapitel 13). Über das Higgs-Feld soll es nun den Teilchen möglich sein, ihre Masse dem Quantenvakuum zu entnehmen. Teilchen ohne Ruhemasse, wie zum Beispiel die Lichtquanten, die Photonen, können das nicht und bleiben deshalb masselos. Wie jedes Feld kann man auch dieses Higgs-Feld quantentheoretisch betrachten und kommt so zu den Higgs-Teilchen als Repräsentanten dieses Feldes.

Bis jetzt hat noch keiner das Higgs-Feld aufgespürt. Viele Physiker glauben auch nicht daran, dass es tatsächlich existiert. Dennoch hoffen die Verfechter dieser Theorie, Hinweise auf die Higgs-Teilchen mit dem neuen LHC-Beschleuniger in Genf, der im Jahr 2007 in Betrieb ging, zu bekommen. Eine Besonderheit in G.U.T.'s ist, dass Teilchen existieren, die mit ihrem Antiteilchen nicht in gleicher Häufigkeit zerfallen. Durch diese Asymmetrie bleiben also Masseteilchen übrig, und das bietet den Kosmologen damit eine Möglichkeit, die Massenentwicklung in unserem Universum mit dieser Theorie zu beschreiben. Aber auch mit dieser Teiltheorie wäre das endgültige Ziel der Physiker nicht erreicht, die Allumfassende Theorie, die Weltformel, zu finden. Viele meinen auch, dass dies nie gelingen könnte. Sie

Das Neutrino-Problem

Das Neutrino ist eigentlich als eine Verlegenheitslösung in die Welt der Physiker geraten. Wolfgang Pauli brauchte in den 1930er Jahren ein Hilfsteilchen, um seine theoretische Beschreibung des radioaktiven Beta-Zerfalls konsistent zu machen. Es sollten massenlose oder extrem leichte Teilchen ohne elektrische Ladung sein, die nicht auf die Kernkräfte reagieren, so die Vorhersage. Deshalb können sie auch leicht Materie durchdringen. Pro Sekunde durchlaufen Abermilliarden Neutrinos die Erde und auch uns, ohne bemerkt zu werden oder mit irgendetwas zu kollidieren. Das Universum ist voll von diesen Geisterteilchen. Aber, so unglaublich es auch klingt, dieses so künstlich in die Welt gesetzte Neutrino gibt es wirklich. Es wurde in den 1950er Jahren indirekt nachgewiesen und danach in vielen anderen Experimenten, die mit radioaktiven Zufällen zu tun hatten. Die Wissenschaftler sind auch noch aus ganz anderen Gründen am Neutrino interessiert. Auch auf der Sonne entstehen sie während der Energiefreisetzung bei der Kernfusion. Wie das genau funktionieren soll, darüber hat man Theorien aufgestellt. Aber sosehr man sich auch bemühte, immer fehlte bei den Messungen etwa ein Drittel der theoretisch erwarteten Anzahl. An der Theorie der Fusion in der Sonne will man nicht zweifeln, sie gilt als gesichert, aber wo sind die fehlenden Neutrinos geblieben? Die Messungen von Neutrinos sind wegen ihrer Eigenarten sehr aufwendig. So werden unter der Erde – im »Gran Sasso« bei Rom – Tanks mit 30 Tonnen flüssigem Galliumchlorid bereitgehalten, um dieses äußerst seltene Ereignis der Kollision eines Neutrinos mit dem Gallium registrieren zu können. Dabei entsteht ein radioaktives Germaniumatom, das dann aus dem riesigen Tank herausgefischt werden muss. Man weiß, dass die Neutrinos – je nach Entstehungsprozess – unterschiedliche Energien aufweisen. Auch gibt es drei verschiedene Arten: Elektron-, Myon- und Tau-Neutrinos. Die Namen wurden so gewählt, weil sie bevorzugt in den jeweiligen Teilchen reagieren. Das Elektron-Neutrino zum Beispiel mit dem Elektron. Eine Vermutung nun war, dass sich die Neutrinos auf ihrem Weg von der Sonne in andere Neutrinosorten umwandeln und deshalb nicht von dem nur auf eine Art von Reaktion, zum Beispiel Elektron-Neutrino-Energiebereich, ausgelegten Detektor registriert werden können. Die Neutrinos sollen nach dieser Vorstellung von einem Zustand in den anderen oszillieren. Das

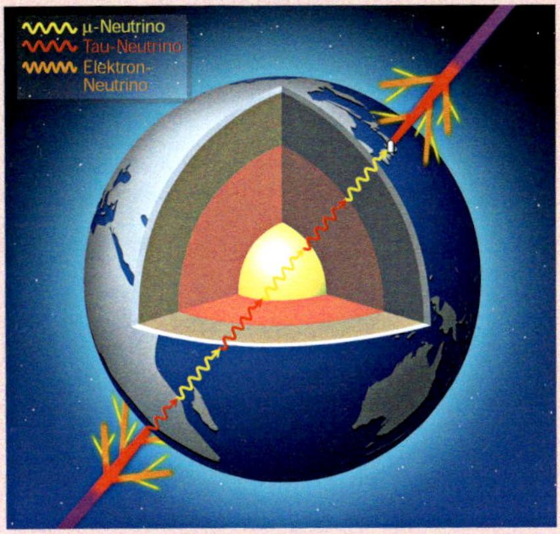

Drei Arten von Neutrinos soll es geben. Mit dem japanischen »Kamiokande-Detektor« wurden weniger Myon-Neutrinos gemessen, die von oben kamen, als von unten. Eine Erklärung: Die Zahl der auf die Erde treffenden Myon-Neutrinos ist gleich. Auf dem Weg durch die Erdkugel wandeln sich jedoch zusätzlich Tau-Neutrinos in Myon-Neutrinos um – sie oszillieren. Der Detektor registriert die Differenz.

würde die Diskrepanz zwischen der theoretischen Vorhersage und dem experimentellen Befund von der Zahl der Sonnen-Neutrinos erklären. 1998 ist man nun in Japan mit den unterirdischen Wassertanks, mit denen man auf den Protonenzerfall wartet, zu dem Schluss gekommen, dass die Neutrinos tatsächlich oszillieren müssen. Untersucht wurden die Neutrinos, die durch die Kollision der Weltraumstrahlung mit der Erdatmosphäre entstehen. Auch hier fehlten bisher immer bei den Messungen – ganz entgegen den theoretischen Abschätzungen – Neutrinos. Verglichen wurden die Neutrinos, die auf kurzem Weg aus der Atmosphäre direkt in den Wassertank unter der Erde gelangen, mit denen, die auf der anderen Seite der Erdkugel entstanden und erst nach Durchgang der Erde auf einem 10 000 Kilometer längeren Weg von unten den Tank trafen. Daraus ergab sich die Interpretation, dass die Neutrinos oszillieren können und sich von der einen in die anderen Sorten verwandeln können. Aus theoretischen Überlegungen folgt, dass dies nur Teilchen können, die auch eine Masse besitzen. Die Masse der Neutrinos ist äußerst klein, wie klein genau, das weiß keiner; schätzungsweise rund 10 Millionen Mal weniger als die Elektronenmasse soll sie betragen. Nach diesen Experimenten muss wiederum das Standardmodell überarbeitet werden. Übrigens, mit der gefundenen Neutrinomasse kann die fehlende »dunkle Materie« (siehe Kapitel 15) nicht abgedeckt werden. Dieser Anteil wäre extrem klein, man schätzt ihn nur auf etwa 0,1 Promille der Masse im gesamten Universum.

halten vor allem das Zusammenführen der Gravitation mit der Quantentheorie für ein unlösbares Problem. Das Verschmelzen der elektromagnetischen, starken und schwachen Kernkraft wäre für sie noch denkbar. Weil zu Beginn das Universum äußerst kleine Dimensionen aufwies, kann man sie mathematisch selbst unter diesen extremen Bedingungen noch ganz gut behandeln. Die Gravitation jedoch, die über die Relativitätstheorie in das Konzept der Raum-Zeit integriert ist, bereitet in dieser Phase des Universums äußerste mathematische Schwierigkeiten. Es kommt zu sehr vielen »Unendlichkeiten«. Diese Konzeption bietet offensichtlich nur in größeren Dimensionen vernünftige Beschreibungen. Wenn die Quantentheorie, die ja für den Mikrokosmos entwickelt wurde, konsequenterweise im Augenblick des Urknalls mit seinen kleinen Dimensionen auf

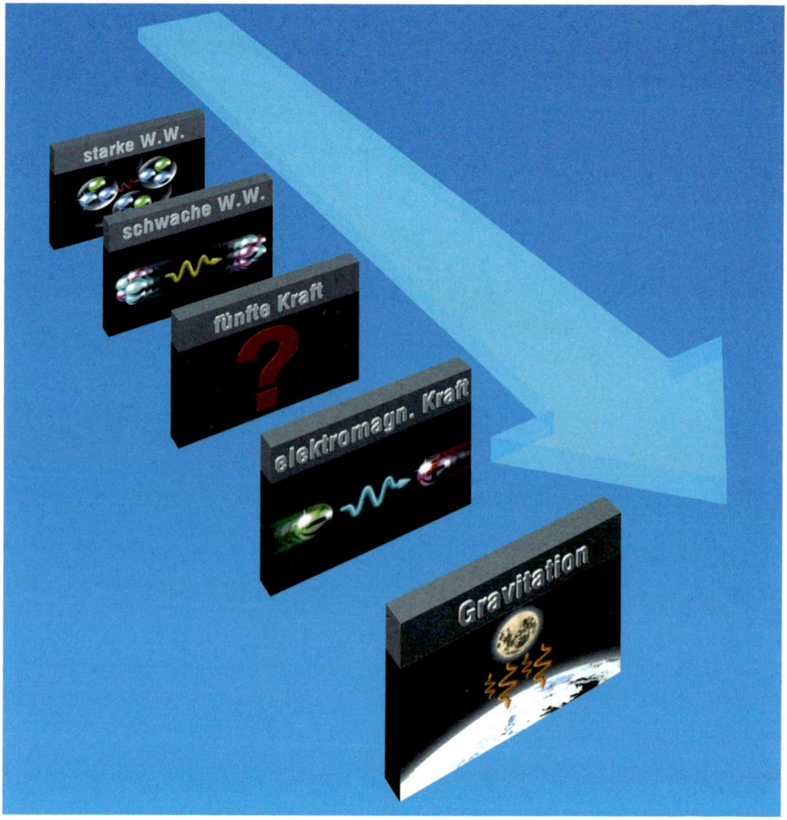

die Raum-Zeit der Relativitätstheorie angewendet wird, so entstehen in diesem Kontinuum Körnigkeiten. Die kontinuierlichen Raum-Zeit-Koordinaten würden, wie in der Quantenphysik üblich, diskrete Werte annehmen, und damit käme man mit der Relativitätstheorie in Schwierigkeiten, die ja eine Kontinuität in den Raum- und Zeitparametern voraussetzt. Wie soll man mit Raum-Zeit-Sprüngen umgehen?

Zum anderen erscheint vielen zweifelhaft, ob bei der Konzeption der Vereinigungstheorien wirklich alle Teilchen und Kräfte einbezogen sind. Wäre das nicht der Fall und würden noch ganz andere Teilchen und Kräfte in unserem Universum wichtig sein, so wäre allein schon der gegenwärtige Ausgangspunkt für eine Weltformel falsch.

Wir wissen heute, dass Einstein bei seiner Suche nach der Weltformel dieses Schicksal ereilte, weil er zu seiner Zeit die schwache und starke Kernkraft nicht kannte. Wir müssten die vorhandenen Theorien mit Fortschreiten der Erkenntnis ständig erweitern und hätten zu diesem Zeitpunkt keine Chance, die Allumfassende Theorie zu entwickeln. Allein schon die Entdeckung der Neutrino-Masse hat zur Folge, dass die Standardtheorie erweitert werden muss. Denn eine Masse für das Neutrino war in ihr nicht vorgesehen.

Wahrscheinlich ist zudem, dass im Weltall dunkle Materie existiert. Würden sich in ihr ganz andere Teilchen finden, dann wäre es wieder nichts mit dem richtigen Ansatz für die T.O.E., der »Theory Of Everything«. Immer wieder gibt es unter Physikern Aufregung, wenn irgendwo neue Kräfte vermutet werden. So wurde in den 1980er Jahren wieder einmal die fünfte Kraft ins Spiel gebracht. Nach diesem Konzept und einigen Messungen soll dabei nicht mehr die Erdbeschleunigung für alle Körper – unabhängig von ihrer Zusammensetzung – gleich sein. Diese Unabhängigkeit der Masse von der Gravitationskonstanten ist ja die wichtige Voraussetzung für Newtons Weltbild sowie Einsteins Allgemeine Relativitätstheorie. Je nachdem, wie

Sollte es die fünfte Kraft wirklich geben, so wäre sie zwischen der schwachen Wechselwirkung und der elektromagnetischen Kraft anzusiedeln.

dicht die Neutronen und Protonen im Atomkern gepackt wären, sollte jetzt plötzlich die Gravitationskonstante schwanken. Vermutet wird dabei eine neue – die fünfte – Kraft, die zwischen elektromagnetischer Kraft und der schwachen Kernkraft anzusiedeln wäre. Zum Glück für die Physiker zeigten bis jetzt die Nachprüfungen, dass alle Messungen einer fünften Kraft einen Fehler aufwiesen. Die Vertreter der fünften Kraft hatten schon komplizierte Theorien entwickelt, die quantenmechanisch erklärten, warum es sie überhaupt geben sollte. Aber hier konnte das Experiment diese Theorie widerlegen.

Bei den zahlreichen publizierten Vereinigungstheorien versagt die Methode »Experiment bestätigt Theorie« fast vollständig. Vielleicht gibt es ja gerade deshalb so viele Theorien – oder besser gesagt eindrucksvolle Spekulationen auf diesem Gebiet. Würden sich wirklich neuartige Theorien oder Kräfte finden lassen, dann wären die Ansätze der heutigen Theorie sowieso nicht vollständig und die Weltformel in weite Ferne gerückt. Außerdem stellen sich praktische Fragen: Welche Mathematik soll für die Vereinigungstheorien benutzt werden? Wie kann man aus ihren komplizierten mathematischen Formalismen die physikalischen Größen ableiten?

Angefangen hat man in der klassischen Mechanik mit der Beschreibung von Teilchen, indem man ihren Ort x zu einem bestimmten Zeitpunkt t angibt: $x(t)$. In der Quantenmechanik war man gezwungen, Wellenfunktionen einzuführen, die allein noch keinen Sinn in der physikalischen Wirklichkeit machten. Erst durch die komplizierte Lösung der Schrödinger-Gleichung konnte man daraus eine Aufenthaltswahrscheinlichkeit für ein Teilchen angeben und damit zu einer physikalischen Größe kommen. Mit der Quantenmechanik begann der Weg der Physik, auf dem sich die mathematischen Formalismen von der Vorstellbarkeit abkoppelten. Bei den neuen Vereinigungstheorien zeigen sich diese Unterschiede noch intensiver. Man entwickelt mathematische Strukturen, um die Theorien zu formulieren. Es ist jedoch äußerst schwierig, mit ihnen überhaupt einen Bezug zu physikalisch messbaren Größen zu finden. Und für einige Theorien sucht man erst nach diesen mathematischen Strukturen, die die Vorstellung der Physiker beschreiben könnten.

Selbst nach der Aufstellung der richtigen Vereinigungstheorie käme es also zu Problemen. Zwar wäre der prinzipiell einheitliche Aufbau des Universums damit theoretisch beschrieben, jedoch für konkrete Rechnungen wäre diese Theorie kaum tauglich. Viel zu kompliziert gestaltete sich der mathematische Formalismus: In der Praxis würde man wieder auf die einfacheren Theorien zurückgreifen, um Vorgänge in der Natur berechnen zu können: für die Bewegung von Kugeln die Newton'sche klassische Mechanik, für die Vorgänge in Halbleitern die Quantentheorie und für hohe Geschwindigkeiten und große Gravitationszentren die Relativitätstheorie. Schon allein die mathematische Behandlung dieser Theorien ist schwer genug. So ist in der ehrwürdigen klassischen Mechanik nur das Zweikörperproblem mathematisch genau (analytisch) zu lösen. Wenn mehrere Körper beteiligt sind, muss man Näherungsverfahren benutzen. Dabei werden die Wirkungen der anderen beteiligten Körper pauschaliert und damit ihr Einfluss wieder auf das Zweikörperproblem reduziert. Auch in der Quantenmechanik ist die Schrödinger-Gleichung nur für das Wasserstoffatom – das heißt ein Elektron und ein Proton – mit Wellenfunktionen überhaupt analytisch zu lösen. Alle anderen Situationen sind wiederum nur über Näherungen zu berechnen. Und die Liste dieser Beispiele ließe sich beliebig fortsetzen. Für die Gleichungen der Relativitätstheorie hat man nur Lösungen parat, die auf starken Vereinfachungen beruhen. So wird zum Beispiel das Universum als homogen und isotrop vorausgesetzt, Störungsrechnungen erlauben die Anpassung an die Realität, numerische Verfahren werden mit Hilfe von Computern angewendet – von einem eleganten Umgang mit dem Formalismus kann hier keine Rede sein. So glorreich auch alle Theorien auftreten, letztendlich werden sie auf recht bescheidene Verhältnisse reduziert. Bei den Vereinigungstheorien würde sich dieses Verfahren noch dramatischer gestalten. Bei der Berechnung des Weges eines Elektrons in einem Halbleiter wird kein Physiker erst einmal das Elektron aus dem Urteilchen ableiten und die Wechselwirkung aus der Urkraft – sollte sie jemals mit einer Weltformel beschreibbar sein –, sondern gleich die Quantenmechanik anwenden – und das ist schon schwer genug.

So bleibt die Suche nach der Allumfassenden Theorie, nach der Weltformel, so etwas wie die »Kunst für die Kunst«. Ein Streben nach der Ästhetik bei den mathematischen Formeln in der Physik, getrieben von der Sehnsucht nach der (wirklich?) letzten Erkenntnis. Das ist sicher recht interessant und wird von einigen Wissenschaftlern leidenschaftlich – fast wie eine Religion – betrieben, sonst aber eher eine Spielwiese ohne heute absehbare, entscheidende Veränderungen im Weltbild der Physik. Sicher soll man dabei immer auf Überraschungen hoffen, die Geschichte der physikalischen Theorien zeigt immer wieder Anhaltspunkte dafür. Aber auch daraus kann man ein Argument gegen die Suche nach der Weltformel aufstellen: Wenn die Vereinigungstheorie wirklich einmal gefunden werden sollte, dann wäre entschlüsselt, auf welche Art und Weise die Dinge nur sein könnten. Alles wäre erklärbar, es gäbe kein Geheimnis mehr in der Natur, und das widerspricht aber unserer bisherigen Erfahrung mit den Abläufen im Universum.

Hawkings Welt der Schwarzen Löcher 19

Beginn des Urknalls

Die neue Physik

Spekulationen über andere Universen

Bis jetzt beschäftigten sich alle Theorien mit der Entwicklung des Universums ab einem bestimmten Zeitpunkt, und damit ab einer bestimmten Ausdehnung – etwa 10^{-33} Zentimeter. Das hat seinen Grund, denn bei noch kleineren Dimensionen versagen die uns bekannten physikalischen Beschreibungsweisen total. Der Augenblick des Urknalls wird von den Physikern gerne ausgespart. Denn wenn sich Masse und Energie hier so stark konzentriert haben, so kommt es zu unendlichen Größen, die sich mathematisch nicht behandeln lassen. Aber Spekulationen über die Zustände zu Beginn unseres Universums gibt es dennoch genügend. Einige Wissenschaftler glauben, in den »Schwarzen Löchern« Antworten auf ihre Fragen über die frühe Phase des Universums zu erhalten. Schwarze Löcher können nach dem Tod eines Sterns – nach einer Sternexplosion – entstehen, wenn sich die Restmaterie unter dem Zwang der Gravitation zusammenzieht. Das läuft so dramatisch ab, dass ein Schwarzes Loch mit dem Gewicht von 1 Milliarde Tonnen einen Radius von nur 10^{-13} Zentimeter besitzt, die Größe eines Neutrons etwa. Die dadurch entstehende Massenkonzentration ist so hoch, dass selbst die Photonen des Lichts nicht mehr entweichen können – deshalb heißt dieses Gebilde auch »Schwarzes« Loch: Es saugt über seine gigantische Gravitationswirkung alles auf, lässt jedoch (fast) nichts nach außen entweichen. Schwarze Löcher werden von Einsteins Relativitätstheorie vorhergesagt und sie

Wie unser Universum wirklich aussieht, weiß keiner. Dominieren Schwarze Löcher, die stark die Raum-Zeit verzerren? Existieren noch andere Universen, die vielleicht ineinander übergehen? Der Phantasie sind keine Grenzen gesetzt.

scheinen tatsächlich im Universum zu existieren – zumindest hat man einige indirekte Hinweise über ihre Existenz gefunden. Auch im Zentrum unserer Milchstraße soll sich ein Schwarzes Loch befinden.

Für Astrophysiker sind Schwarze Löcher aus einem ganz bestimmten Grund interessant; wegen ihrer gigantischen Gravitationswirkung krümmen sie die Raum-Zeit so extrem ein oder »spitzen« sie zu, dass sie an dieser Stelle zerreißt. In der zweidimensionalen Darstellung der Raum-Zeit als Gummihaut entsteht ein Loch. Dieser Bruch in der Raum-Zeit wird von den Physikern Singularität genannt.

Eine solche Singularität bereitet bei der Aufstellung von Theorien großes Kopfzerbrechen, weil in ihr alle mathematischen Formalismen versagen. Im Zentrum eines Schwarzen Loches ist die Gravitation mit ihrer Unendlichkeit die Ursache dafür. Und »unendlich« verbreitet unter Mathematikern immer panische Reaktionen. So unangenehm auch die Vorstellung ist, dass die Raum-Zeit durch solche unendlichen Dichten an Masse und Energie regelrecht durchlöchert sein könnte – einige Wissenschaftler sehen gerade darin einen Vorteil. Sie glauben, durch die Untersuchung dieser Schwarzen Löcher mehr über die physikalischen Bedingungen während des Augenblicks des Urknalls erfahren zu können. Steven Hawking ist einer von ihnen. Die Idee dabei ist, dass ja zu Beginn unseres Universums alle Energie so unvorstellbar dicht auf kleinstem Raum konzentriert war, dass auch dadurch eine Singularität im Raum-Zeit-Kontinuum existiert. Könnte man die Schwarzen Löcher physikalisch besser beschreiben, so ließen sich diese Ergebnisse auf diese Phase der Entstehung des Universums übertragen, und damit wäre vielleicht auch der Urknall selbst in die Theorie einzubeziehen.

Nähert man sich einem Schwarzen Loch, so scheint für einen äußeren Beobachter die Zeit wegen der gigantischen Gravitation immer langsamer zu vergehen, bis sie schließlich »stehen« bleibt. Für die Personen am Rande eines Schwarzen Loches jedoch sieht es so aus, als ob auf der Erde die Zeit rasend schnell abläuft – für sie selbst jedoch vergeht die Zeit mit normaler Geschwindigkeit. Wehe dem aber, der in das Schwarze Loch hineingleitet. Durch die sich mit dem Abstand rasant ändernde Gravitation reichen die 1,80 m Körpergröße aus, um den Kopfbereich und die Beine auseinanderzuziehen, ohne eine Chance zu überleben. Man kann für ein Schwarzes Loch in Abhängigkeit von seiner Masse den Radius berechnen, ab dem auch das Licht nicht mehr der Anziehungskraft entfliehen kann.

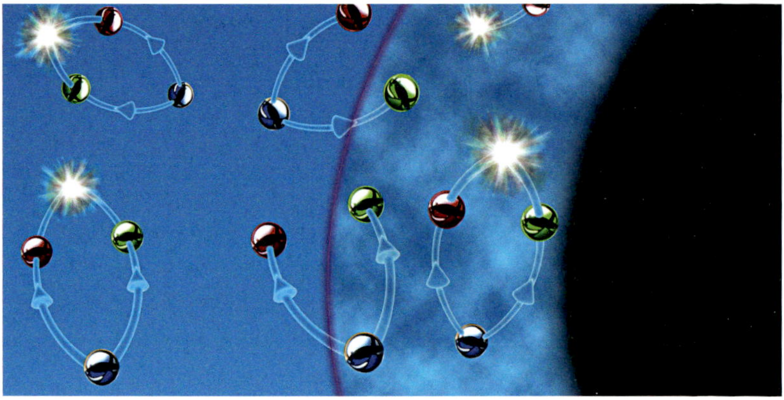

Ein Schwarzes Loch kann unter bestimmten Bedingungen Energie oder Materie abgeben. Entsteht im Quantenvakuum direkt am Ereignishorizont ein virtuelles Teilchenpaar, so kann eines der Teilchen entkommen und zu einem realen Teilchen werden. Die Energie dazu wird dem Schwarzen Loch entzogen – und das kann dramatische Folgen haben.

Innerhalb dieses Abstands wird das Licht in das Schwarze Loch hineingezogen, außerhalb kann es der Anziehungskraft entkommen. Diese Grenzfläche wird »Ereignishorizont« genannt, mit ihr beginnt die Verbindung des Schwarzen Loches zum restlichen Universum.

Anfang der 1970er Jahre begann eine Gruppe von Physikern – darunter auch Hawking – sich zu fragen, ob aus einem Schwarzen Loch nicht doch etwas herauskommen kann. Sie benutzten dabei quantentheoretische Überlegungen und wandten sie direkt am Ereignishorizont an. Das Ergebnis war, dass das Schwarze Loch auch Strahlen und Energie verlieren kann, und zwar durch die quantenmechanische Paarbildung. Wie wir im Kapitel über die Relativitätstheorie gesehen haben (siehe Kapitel 7), können zum Beispiel ein Elektron und sein Antiteilchen zu reiner Energie zerstrahlen und auch umgekehrt reine Energie – etwa Gammastrahlen –Materie bilden. Und das kann so auch im leeren Raum, im Vakuum, passieren (siehe Kapitel 13). In der Quantentheorie hat ja der Begriff Vakuum eine besondere Bedeutung. Im Vakuum existieren keine realen Teilchen; dennoch ist es nicht leer. Der leere Raum ist mit Paaren virtueller Teilchen und ihrer Antiteilchen gefüllt, die ständig kurzzeitig paarweise erscheinen und sich beim Zusammenkommen wieder gegenseitig vernichten.

Diese Teilchen nennt man – wie die Austauschteilchen der Kräftefelder – virtuell, weil sie sich, anders als die realen Teilchen, nicht mit einem Detektor direkt beobachten lassen. Aber über indirekte Effekte, wie zum Beispiel ihre Wirkung auf die Elektronenbahn, kann man sie erspüren. Das von einem angeregten Atom ausgesandte Licht wird durch sie leicht in der Wellenlänge verschoben, weil die Elektronen auf veränderten Bahnen laufen. Das Vakuum ist in der Quantentheorie der Grundzustand, von dem alles ausgeht – ein See, angefüllt mit virtuellen Teilchen. Durch Einwirkung äußerer Felder – durch Hineinpumpen von Energie also – können aus den virtuellen Teilchen reale entstehen. In einem leeren Raum sind immer sogenannte »Quantenfluktuationen« vorhanden, mit denen Teilchenpaare für kurze Zeit entstehen und sich wieder vernichten. Zunächst einmal sind die virtuellen Teilchen vergleichbar mit den Trägerteilchen für die diversen Kräfte in der Quantenfeldtheorie. Aber aus diesen virtuellen Teilchen können in der Nähe des Ereignishorizonts durchaus reale Teilchen werden.

Hawking nun konzentrierte seine Untersuchungen auf diesen »leeren Raum«, dicht am Ereignishorizont. Stellt man sich vor, dass direkt am Ereignishorizont ein virtuelles Paar aus einem Elektron und einem Positron entsteht, und zwar so, dass der Ereignishorizont als »Trennwand« dient, so könnte zum Beispiel das virtuelle Elektron vom Schwarzen Loch verschluckt werden und das virtuelle Positron – jenseits des Ereignishorizontes – in unsere Welt entweichen. Durch diese Trennung können die beiden Teilchen nicht mehr zerstrahlen. Für die Umwandlung in ein reales Teilchen benötigt das Positron Energie – und die entzieht es dem Gravitationsfeld des Schwarzen Loches. Für einen äußeren Beobachter würde so das Schwarze Loch plötzlich Teilchen emittieren, also strahlen und nicht mehr ganz so schwarz sein. Damit verliert also das Schwarze Loch Energie. Über lange Zeit wird das Schwarze Loch durch ständige Paarbildung und dem damit verbundenen Energieverlust »verdampfen«. Es würde durch den Abbau seines Gravitationsfeldes in seinem Zusammenhalt zunehmend geschwächt werden und in der letzten Phase regelrecht explodieren. Ein gewaltiger Ausbruch von Gammastrahlen wäre die Folge. Würde das im Universum passieren, so müssten wir das irgendwann auch einmal registrieren können. Allerdings sind die Zeiträume für solche Explosionen äußerst groß. Würde die Masse der Sonne auf die Größe eines Schwarzen Loches zusammengedrückt, so müsste man 10^{66} Jahre warten! Ein atemberaubend langer Zeitraum, der selbst in den Dimensionen des Universums sinnlos erscheint. Allerdings sollen viel kleinere Schwarze Löcher eher explodieren können – aber das sind dann immer noch 10 Milliarden Jahre. So unrealistisch das alles für unsere Denkdimensionen auch erscheint, aus diesen Abläufen will man auch verstehen, was im Augenblick des Urknalls geschehen ist. Auch beim Urknall hat man es mit einer Singularität zu tun. Wenn man weiß, wie Schwarze Löcher Teilchen erschaffen und sie in das Universum bringen, könnten sich daraus auch Hinweise auf die Vorgänge im Augenblick des Urknalls ergeben.

Manche Kosmologen spekulieren mit dem Quantenbegriff darüber, ob nicht auch beim Urknall einfach aus dem Nichts Materie und Energie aufgetreten sind und sich schließlich zum Universum aufgebläht haben. Über Quantenfluktuationen wäre es ja denkbar, dass spontan im leeren Raum Energiepakete auftreten. Allerdings zeigt die Energieunschärfe, dass, je energiereicher die Erscheinung ist, umso kürzer auch die Dauer ihres Auftretens sein wird. Zudem sind die Energien äußerst klein, und keiner weiß, wie es zu solch mächtigen Energien wie beim Urknall gekommen sein soll. Aber die »kosmische Inflation« könnte auch hier hilfreich sein. Denn durch sie soll eine solche kleine »Energieblase« plötzlich zu unserem Universum geworden sein.

Die meisten Physiker halten diese Ideen für reine Spekulation. Eines ihrer Argumente, sich nicht weiter mit diesen Phantasien zu beschäftigen, ist, dass die Quantentheorie für Vorgänge im Mikrokosmos entwickelt wurde und hier auch ganz gut funktioniert. Die Ausdehnung dieser Theorie auf den Makrokosmos ist unzulässig, meinen sie, und führt zu falschen Ergebnissen. Und tatsächlich klingt es abenteuerlich, wenn man die Erklärungen hört, wie man aus den mikroskopischen Quantenfluktuationen zu den riesigen Dimensionen des Universums kommen will. Außerdem akzeptiert nicht jeder Physiker alle möglichen – auch die exotischen – mathematischen Lösungen aus einer Theorie. Die sind es ja, die zu solch ungewöhnlichen Folgerungen verführen. Für sie bleibt eine Theorie eine mehr oder weniger nützliche Beschreibung eines Vorgangs in der Natur. Sie als absolut gültig anzusehen oder gar mit der Wirklichkeit gleichzusetzen, meinen sie, wäre ein Fehler. Diese Distanz zu ihren Gedankenkonstruktionen haben aber nicht alle Kosmologen. Sie spinnen Ideen – vor allem mit Hilfe der Quantentheorie – weiter. Die Quantentheorie ist ja für die Beschreibung des physikalischen Geschehens in unmittelba-

Die Quantenmechanik lässt es zu, dass aus dem Nichts – dem Vakuum – spontan Energien auftreten und wieder verschwinden. Daraus leitet sich auch die Spekulation über die Entstehung unseres Universums aus dem brodelnden Quantenvakuum ab. Danach könnten auch mehrere Universen parallel entstanden sein, die untereinander über »Wurmlöcher« verbunden sind.

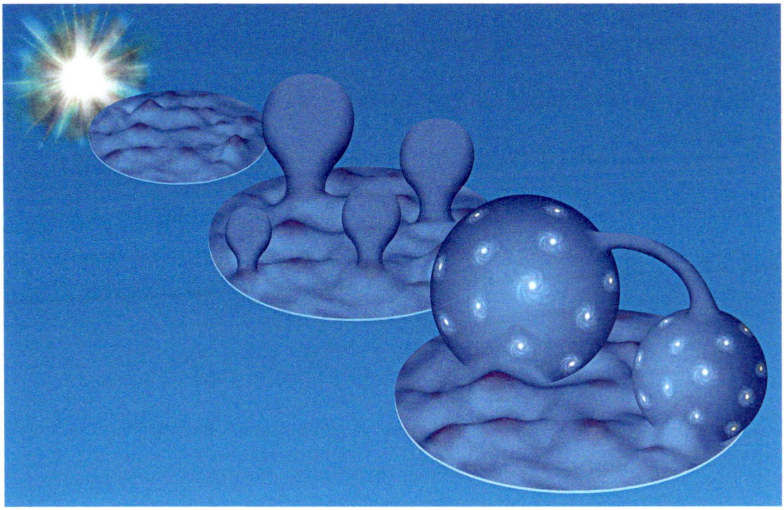

rer Nähe des Urknalls zuständig, denn die Raumdimensionen sind ja entsprechend klein.

Die Quantentheorie macht bei diesen kleinen Abmessungen (10^{33} Zentimeter und kleiner) aus der kontinuierlichen Raum-Zeit eine Ansammlung voneinander getrennter Blasen, einen Schaum aus kleinsten Mini-Universen. Sie würden dann den in der Quantentheorie üblichen Unschärferelationen unterliegen. Diese Blasen könnten über Quantenfluktuation spontan entstehen und wieder vergehen. Damit würde aber auch die Raum-Zeit spontan entstehen und wieder zerfallen. Und dabei ahnt man übrigens schon, wie schwierig es ist, die Relativitätstheorie mit den Vorstellungen aus der Quantenphysik zu verbinden. Malt man sich dieses Szenario weiter aus, so kommt man zu dem Konzept der Paralleluniversen. Aus diesen parallel existierenden Blasen in der Raum-Zeit sollen sich unabhängig voneinander die vielen Mini-Universen plötzlich aufblähen. Die Folge wäre, dass neben unserem Universum noch andere entstanden sein könnten. Diese Universen können auch über Wurmlöcher miteinander verbunden sein, sodass es in dieser Phantasiewelt sogar Reisen zwischen den Universen geben könnte.

Unser Universum wäre dann nicht einmalig. Zwar hätte man eine Idee, wie ein Urknall aus dem Nichts entstehen kann, nur wie dieses makroskopische Aufblasen vor sich gehen soll und welche »Physik« dabei eine Rolle spielt, das weiß leider keiner. Aus diesen und den oben genannten Gründen ist das eher ein Gebiet für die Sciencefiction-Autoren als für die Physiker. Wiederum wird hier mit der unzulässigen Erweiterung der Quantentheorie auf den Makrokosmos spekuliert. Es hat den Anschein, als ob in diesen Grenzbereichen der Theorien die Phantasie mit einigen Wissenschaftlern zu sehr durchgeht. Viele der spekulativen Möglichkeiten sind einfach nur exotische Lösungen der aufgestellten Formalismen, der Theorien vom Universum, und werden sich kaum experimentell bestätigen lassen. Muss man auf der einen Seite – wegen der winzig kleinen Dimension – im engsten Umfeld des Urknalls die Quantentheorie anwenden, ist es auch unabdingbar – wegen der riesigen Gravitationseffekte – Einsteins Relativitätstheorie einzubeziehen. Auch bei anderen Erscheinungen kann man gar nicht

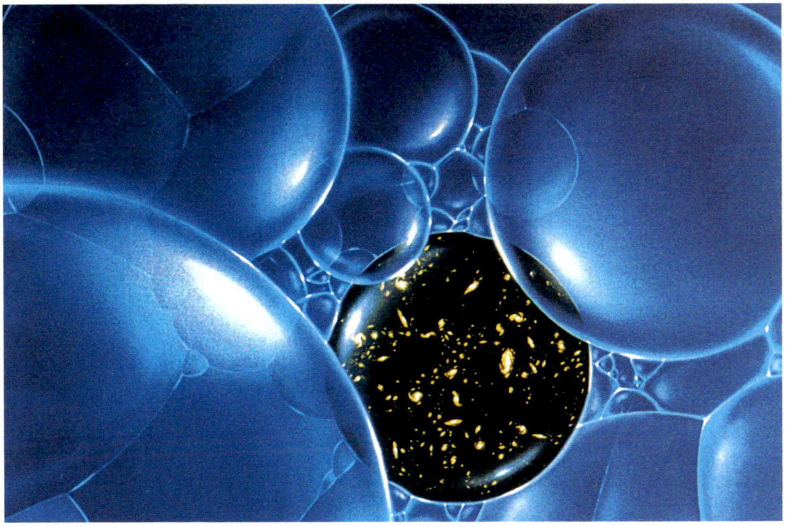

Die Idee der Parallel-Universen regt die Phantasie nicht nur der Wissenschaftler an.

daran vorbei, Relativitätstheorie und Quantenphysik zu vereinen, zum Beispiel bei einem Schwarzen Loch. Mit dem Zusammenstürzen von ausgebrannten Sternen konzentriert die dabei wirkende Gravitation die Materie auf so kleinem Raum, dass die Quantenphysik angewendet werden muss. Durch diese hohe Konzentration an Masse wiederum lässt sich hier die Gravitation nicht vernachlässigen. Also müssen beide Theorien miteinander verbunden werden – wie, dafür gibt es allerdings noch keine Lösung.

Eine Schwierigkeit dabei ist, dass sich aus der Allgemeinen Relativitätstheorie eine Singularität zu Beginn des Urknalls ableiten lässt. Wegen der Unschärfebeziehung kommt die Quantentheorie hier jedoch zu einem anderen Ergebnis. Die Orts-Zeit-Unschärfe und die Energie-Zeit-Unschärfe lassen nicht zu, dass jeweils beide Werte null sind. In der quantentheoretischen Betrachtung kann es zu keiner Singularität kommen. Und hier offenbart sich eine schier unlösbare Aufgabe, wenn man diese beiden Theorien vereinen will. Die Raum-Zeit müsste zudem als quantenhaft diskontinuierlich angesehen werden und Unschärferelationen unterliegen. Die Unschärferelationen machen es jedoch unmöglich, irgendwelche Orts- oder Raumparameter zu bestimmen, dieses Mini-Universum ist körnig und verschwommen, der Begriff der Raum-Zeit darin aufgehoben. Zudem könnten nach der Quantentheorie Raum und Zeit spontan entstehen und zerfallen – nicht akzeptabel für die Physiker.

Man versucht, mit einigen Kunstgriffen wenigstens eine Annäherung zu erreichen. So spielt plötzlich in einigen Überlegungen über eine Verschmelzung der Quantentheorie und der Relativitätstheorie in diesen Dimensionen – jenseits der Planck-Zeit (10^{-43} Sekunden) – die Zeit keine Rolle mehr. Die Zeitkoordinate geht in dieser Konzeption vollständig in die Raumkoordinaten über. In diesem Quantenzustand zu Beginn des Universums ist die Zeit nicht mehr als eigene Dimension vorhanden – es wird als etwas Zeitloses angenommen. Die Physiker wären hier daran, die Zeit, die sie am Anfang ihrer Modellvorstellungen über das Universum durch Newton als Säule ihres Weltbildes eingeführt haben, ad acta zu legen. Diese theoretischen Ansätze sind allerdings noch nicht mit der Relativitätstheorie zu vereinbaren, und auch das zeigt, wie schwer es ist, beide Theorien zu vereinigen und damit zur Quantengravitation zu kommen. Zudem ist es schwierig, einen mathematischen Übergang aus dem »zeitlosen Quantenzustand« in unser Universum zu finden. Prinzipiell sieht es so aus, dass bis jetzt kein gangbarer Weg gefunden wurde, mit dem sich beide Theorien vereinigen lassen. Und einige Physiker glauben, dass man auch deshalb nie zu einer T.O.E., zu einer Weltformel, gelangen wird. Bis jetzt gibt es nicht einmal realistische Ansatzpunkte für eine solche allumfassende Theorie.

Die Grenzen des Weltbildes 20

Schneller als Licht
Der Mythos der Tachyonen
Von der Theorie zur Spekulation

Die Welt um uns bietet eine verwirrende Vielfalt. Die Naturwissenschaftler bemühen sich, Abläufe im Universum überschaubarer zu machen. Dazu bilden sie die komplexe Umgebung auf einfache Modelle ab, in denen, im Rahmen der menschlichen Fähigkeiten, die Vorgänge klar und eindeutig erkennbar und nachvollziehbar werden. Dieses Abbild ist damit zwangsläufig nicht identisch mit dem vielfältigen Angebot der Natur. Aber die Naturwissenschaftler sind schon recht zufrieden, wenn sie wenigstens einige wichtige Vorgänge mit ihren Modellen erfassen können. Mathematische Formalismen werden aufgestellt, um die Abläufe in den Modellen auch berechnen zu können, Theorien entstehen. Mit der Mathematik ist es ja möglich, Vorhersagen über das Geschehen in dem Modell zu machen und vielleicht sogar auch neue Erkenntnisse zu gewinnen, die bis dahin nicht entdeckt waren.

Man darf allerdings die Möglichkeiten der mathematischen Kunstwerke nicht überschätzen. Wie schon vorher erwähnt (siehe Kapitel 18), ist es zwar relativ einfach, die Gleichungen, die zum Beispiel Wechselwirkungen zwischen Teilchen beschreiben, hinzuschreiben. Die exakten Lösungen jedoch gelingen erstaunlicherweise selten. So kann man die Bewegung der Erde um die Sonne exakt berechnen (Zweikörperproblem), allerdings ohne dabei den Einfluss der anderen Planeten einzubeziehen. Will man das, so sind die Gleichungen wegen der vielen Parameter unlösbar, schon beim Dreikörperproblem (Sonne,

Erde, Mars) funktioniert das nicht. Physiker lösen diese Situation mit einem Kunstgriff. Sie machen Näherungsrechnungen, vernachlässigen oder pauschalieren die Einflüsse, sodass sie schließlich zu einer Lösung kommen. Ein guter Physiker ist dann der, dem diese Vereinfachungen so gut gelungen sind, dass sein Modell – seine Theorie – mit der beobachteten Situation noch übereinstimmt. Betrachtet man die verschiedenen technischen Gebiete, so ist dies sicher keine schlechte Methode, denn die »Vorhersagen« werden ja hier ständig angewendet, und zwar mit Erfolg. Auch die großen Theorien über das Universum sind grundsätzlich so entstanden und werden so behandelt.

Die verschiedenen Bilder vom Universum, die hier die Physiker entwickelt haben, vermitteln verblüffende Einsichten in die Natur. Bei der Rückschau auf die aufregende Reise durch die unterschiedlichen Theorien wird ein Verfahren beim Umgang mit Veränderungen des naturwissenschaftlichen Weltbildes besonders deutlich: Es waren immer Ergebnisse aus Experimenten, die eine neue Theorie forderten. Messungen, die mit der gerade gültigen Theorie nicht vereinbar waren. Die neue Theorie konnte dann diese Experimente erklären, sie in ihr Bild von der Welt integrieren und zudem Voraussagen machen, was man alles noch mit Hilfe dieses neuen Weltbildes finden würde. So folgte zum Beispiel aus der Relativitätstheorie, dass Begriffe wie Raum und Zeit nicht mehr als unveränderbar fest in unserem Universum betrachtet werden können. Experimente, die sich aus der neuen Theorie entwickelten, bestätigten und sicherten sie, solange die Ergebnisse mit den theoretischen Voraussagen übereinstimmten. Diese Experimente wurden mit viel Phantasie und intellektuellem Können ausgedacht und durchgeführt. Dabei waren die Möglichkeiten, die experimentellen Bestätigungen für die Voraussagen einer neuen Theorie zu finden, auch von der Entwicklung der Technik abhängig. Die Veränderung der Zeit durch die Gravitation zum Beispiel konnte erst nachgewiesen werden, als die genau messenden Atomuhren erfunden wurden.

Andererseits hatte auch der Zwang, die Sicht des Universums immer weiter zu verändern und zu verbessern, in vielen Fällen in der Weiterentwicklung der Technik ihren Auslöser. So führte die technische Möglichkeit, Abläufe im Mikrokosmos zu messen und zu beeinflussen, zum Ausbau der Quantentheorie. Verbesserungen bei den Beobachtungen im Weltall erlaubten es, sich ein genaueres Bild über die Entstehung des Universums zu machen. Und schließlich erweiterten Teilchenbeschleuniger, in denen die Bausteine der Atome zerlegt werden konnten, die Palette der experimentellen Hilfsmittel. Aus dieser Entwicklung folgten immer neue Einsichten über den Aufbau des Universums, die sich im Experiment bestätigen ließen.

Bei den verschiedenen Vereinigungstheorien zeigte sich, dass dieses Wechselspiel zwischen Experiment und Theorie nicht mehr realisiert werden konnte; die dabei beteiligten Energien sind einfach zu hoch und mit irdischen Mitteln nicht zu erreichen. Dadurch kommt es ja zu einer regelrechten Inflation dieser Theorien, die dann eher zu Spekulationen werden. Das Aufstellen von Theorien hat sich von seinem ursprünglichen Anliegen gelöst, das Geschehen um uns herum beschreiben zu wollen und daraus auch Vorteile – in der Technik etwa – ziehen zu können. Diese Theorien sind mit der von uns erfahrbaren Wirklichkeit nicht mehr experimentell zu bestätigen. Zudem wagt man sich mit diesen Theorien in Bereiche hinein, von denen wir einfach annehmen, dass in ihnen die gleichen physikalischen Gesetze gelten wie in unserer Umgebung. Wir extrapolieren diese Gesetze und einiges wurde auch damit erreicht. Bei der Betrachtung des Urknalls hilft dabei, dass wir wenigstens einige Bilder von diesem Geschehen in unserem irdischen Mikrokosmos, in der Welt der Atome und subatomaren Teilchen, experimentell nachvollziehen können. Wobei es eine phantastische Situation ist, aus dem Allerkleinsten Schlüsse auf die Vorgänge in den riesigen Dimensionen des Universums ziehen zu können.

Viele der wichtigen und anerkannten Theorien sind auf nur wenige, aber umso einschneidendere experimentelle Befunde aufgebaut. Die Relativitätstheorie steht oder fällt mit der Messung der Lichtgeschwindigkeit. Sie kann, so das experimentelle Ergebnis, von nichts überboten werden. Auf diese Grundlage hat Einstein sein theoretisches Konzept gestellt. Wird die Lichtgeschwindigkeit durch irgendeinen nachgewiesenen physikalischen Effekt überschritten, so fällt die gesamte Theorie in sich zusammen. Dies ist aus dem die Theorie so bestimmenden Faktor $\sqrt{1-v^2/c^2}$ zu ersehen. Bei v größer c wird der Ausdruck unter der Wurzel negativ, und das ist physikalisch sinnlos. Dennoch kann man das rein mathematisch »durchspielen«. Dabei kommt man zu Teilchen mit einer imaginären Masse. Könnte wirklich die Lichtgeschwindigkeit überschritten werden, gäbe es überraschende Dinge in dieser Welt. So kam man vor einigen Jahrzehnten auf die Idee, dass Teilchen jenseits der Lichtgeschwindigkeit irgendwo existieren könnten. Diese »Tachyonen« sollten die Lichtmauer nach unten hin nicht durchbrechen können, sodass sie nicht in unserer Welt auftauchen. Einsteins Theorie erlaubte – rein mathematisch ohne physikalischen Bezug – diese Möglichkeit, und so wurde die Phantasie weiter angeregt. Wenn diese Tachyonen jenseits der Lichtmauer eine elektrische Ladung tragen würden, könnte man sie – so die Spekulation – durch die Abstrahlung elektromagnetischer Wellen, die dann in unsere Welt hineingleiten würden, beobachten. Nach diesen elektromagnetischen Blitzen hat man auch gesucht, aber nie einen gefunden. Daneben gab es noch andere Untersuchungen für den Fall, dass die Tachyonen keine elektrische Ladung tragen, aber auch hier war das Ergebnis negativ. So hatte man wieder einmal die Erfahrung gemacht, dass nicht jede exotische Interpretation einer Theorie mit der Wirklichkeit übereinstimmt. Eine Theorie bleibt eine Modellvorstellung, die nur reduziert die Abläufe in der Natur widerspiegelt.

Aus der Relativitätstheorie kann man auch rechnerisch ableiten, dass bei Überschreitung der Lichtgeschwindigkeit die Kausalität nicht mehr gültig ist. Das heißt, die Wirkung würde vor der Ursache stattfinden, eine verrückte Welt. In diesem Fall wären all die exotischen Reisen in die Vergangenheit möglich, mit der paradoxen Möglichkeit, seine eigene Geburt zu verhindern. Genauso wie solche Aktionen im normalen Leben Verwirrung stiften würden, mögen vor allem Physiker diese Situation nicht. Denn ihr Gedankengebäude ist auf Kausalität aufgebaut: Wenn eine Kugel angestoßen wird, erst dann bewegt sie sich, und nicht umgekehrt. Es ist für sie undenkbar, dass die Zukunft die Vergangenheit beeinflusst. Glücklicherweise gibt es

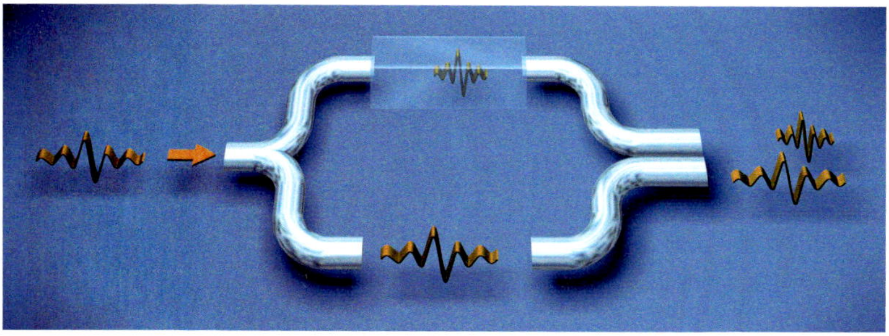

Ein Wellenpaket wird im Hohlleiter (oben) gestaucht, und seine Intensität nimmt ab. Sein Maximum wird gegenüber dem frei durch die Atmosphäre laufenden Wellenpaket etwas nach vorne verschoben. Deshalb soll es schneller als das Licht gewesen sein. Gegen diese Interpretation spricht, dass die vorderen Ausläufer der beiden Wellenpakete gleichauf liegen.

auch keine Anzeichen dafür, dass irgendein Signal die Lichtgeschwindigkeit überschreiten kann. Wenn man versucht, Teilchen auf Lichtgeschwindigkeit zu beschleunigen, so haben wir gesehen, dass die Energie in die Masse der Teilchen hineingesteckt wird. Wir können zwar im atomaren Bereich in die Nähe der Lichtgeschwindigkeit gelangen, sie aber nie überschreiten. Damit sind diese Reisen in die Vergangenheit einfach nicht möglich.

Immer wieder gibt es Versuche, das Gegenteil nachzuweisen. So ist ein Experiment bekannt, in dem Mikrowellen auf zwei Wegen von einem Sender zu einem Empfangsgerät geschickt werden. Einmal direkt durch die Luft und zum anderen durch einen Hohlleiter, der normalerweise für diese Frequenz der Mikrowellen unpassierbar sein sollte. Die Messung ergab, dass offenbar durch den undurchdringlichen »Tunnel« das Signal weitaus schneller am anderen Ende herauskam als das Vergleichssignal, das direkt durch die Luft zum Empfänger geleitet wurde. Das kann es nur geschafft haben, wenn es die Lichtgeschwindigkeit überboten hat – so die erste Folgerung.

Der Hohlleiter in diesem Experiment wird als für die Mikrowellen unüberwindliche Barriere angesehen. Warum man dann überhaupt am anderen Ende ein Signal registriert, liegt in dieser Betrachtung am »Tunneleffekt«. Quantenmechanisch gibt es dabei auch eine Aufenthaltswahrscheinlichkeit der Wellenpakete jenseits dieser Barriere. Die Wellenpakete sind eigentlich etwas »verschmiert«. Das liegt an der Wahrscheinlichkeitsbetrachtung, die in der Quantenmechanik üblich ist. Im Zentrum dieses Pakets ist die Wahrscheinlichkeit am größten, das Photon anzutreffen. Verfolgt man bei der Messung nur den vorderen Bereich dieses Wellenpakets, so bewegt sich das Wellenpaket auch in diesem Mikrowellenexperiment – wie der Referenzstrahl – mit Lichtgeschwindigkeit, ohne sie zu überschreiten. Konzentriert man sich bei dieser Messung nur auf das Maximum des Wellenpakets, dann registriert man, dass dieses im Tunnel auf das vordere Ende aufläuft, es aber nie überholt. Dadurch kann fälschlicherweise der Eindruck entstehen, dass sich das gesamte Wellenpaket mit Überlichtgeschwindigkeit bewegt. Mit dieser Erklärung wurde dieses Experiment zu den Akten gelegt.

Ein Experiment, nur von einer Wissenschaftlergruppe gemacht, reicht in den Naturwissenschaften sowieso nicht aus, um eine Theorie zu stützen. Dazu müssen schon voneinander unabhängige Wissenschaftlerteams dieses Experiment reproduzieren und das Ergebnis bestätigen. Immer wieder gibt es Sensationsmeldungen über einen angeblichen Umsturz im physikalischen Weltbild, aber oft genug stellt es sich als Eintagsfliege heraus. So sorgte vor Jahrzehnten die Meldung für Aufregung, dass endlich Gravitationswellen registriert worden seien, aber auch hier konnte das Experiment nicht bestätigt werden. Bei diesem Experiment allerdings spielte wohl eher der Wunsch eine Rolle, endlich die lang gesuchten Gravitationswellen zu finden. Auch das gibt es. Würden sich Experimente finden lassen, die von unterschiedlichen Teams in ihren Ergebnissen bestätigt werden, dann müsste die Theorie dementsprechend geändert werden, das ist ein Prinzip in den Naturwissenschaften. Allerdings wird man darauf achten, wie exotisch die experimentellen Ziele dabei sind, denn ohne Not wird man einen theoretischen Formalismus, wie zum Beispiel die Relativitätstheorie, die viele Bereiche erfolgreich beschreibt, nicht aufgeben. Eines muss auch deutlich gesagt werden: Das Bild, das sich die Naturwissenschaftler von der Welt machen, ist nicht vollständig. Es beschränkt sich nur auf den für uns erkennbaren Teil und lässt damit durchaus die Möglichkeit für eine andere Betrachtungsweise der Welt offen. So muss es nicht unbedingt so sein, dass im Universum allein die von uns bis jetzt nachgewiesenen Teilchen existieren, die von den vier bekannten Kräften beherrscht werden. Naturwissenschaften machen zudem keine Aussage über die vielfältige Erlebnis- und Gefühlswelt, die unser Leben so reichhaltig sein lässt. Sie sind vielmehr der Versuch, einige ausgewählte Abläufe im Universum zu beschreiben und zu umfassenderen Erkenntnissen zu kommen. Die Grenzen liegen dabei in unserer eingeschränkten menschlichen Vorstellungskraft. In den Theorien werden Begriffe wie Kräftefelder oder Teilchen benutzt, die jedoch nicht suggerieren sollen, dass die Welt so ist, wie sie in diesen Modellvorstellungen beschrieben wird. Man darf die Modelle und Theorien nicht mit der Wirklichkeit, wie wir sie erfahren, verwechseln.

Viele der von den Naturwissenschaftlern entwickelten Bilder vom Universum können wir mit dem praktischen Menschenverstand nicht fassen, zum Beispiel, dass das Licht einmal als Welle und dann wieder als Teilchen zu verstehen ist oder dass der Ablauf der Zeit davon abhängig sein soll, wo und wie schnell man sich bewegt. Die Theorien über die Vorgänge in der Natur zeigen uns, dass nicht alles so einfach ist, wie wir es gerne hätten. Vertraut ist uns Newtons Bild von der Welt. Hier legen zum Beispiel Kugeln stetig ihren Weg zurück, alles ist vorausberechenbar und wird dadurch kontrollierbar. Durch für uns ungewöhnliche Theorien über quantenhafte, abrupt ablaufende Vorgänge in der Natur oder die Durchdringung von Energiebarrieren durch »tunnelnde« Teilchen jedoch wird deutlich, dass sich die Natur anders darstellt, als wir es im Rahmen unserer Vorstellungskraft bewältigen können. Der Anspruch, Vorgänge in der Natur vorherzusagen, ist in den komplexen Theorien nur noch innerhalb mathematischer Formalismen möglich, die aber unsere bildlichen Vorstellungen übersteigen. Räume von vier und noch mehr Dimensionen spielen in der modernen, theoretischen Physik eine Rolle. Tröstlich allein ist, dass im Normalfall, im konkreten erlebbaren Makrokosmos, diese Theorien wieder in die Anschaulichkeit münden. Der Umgang mit den naturwissenschaftlichen Bildern von der Welt erlaubt uns eine bestimmte Sichtweise des Geschehens um uns herum, auch mit dem Ziel, daraus praktischen Nutzen zu ziehen. Diese Modelle von der Natur dienen mehr oder weniger als Hilfsmittel, um zumindest einen kleinen Bereich in der komplexen Umwelt überschaubar zu machen.

Oft werden die komplexen Bestandteile der modernen theoretischen Physik dazu benutzt, um skurrile Visionen von der Welt zu belegen. So sollen zum Beispiel die Experimente, die die Nichtseparierbarkeit der Wellenfunktion im Quantenuniversum aufzeigen (siehe Kapitel 13), als Stütze für die Existenz der Telepathie dienen. Aber dabei muss man die Grenzen einer solchen Theorie beachten. Die Quantentheorie wurde für Vorgänge im Mikrokosmos aufgestellt. Sie für das Geschehen im Makrokosmos zu extrapolieren ist unzulässig.

Die Reise durch die einzelnen Modellvorstellungen, die Naturwissenschaftler heute von der Welt haben, zeigt, wie spannend dieses Gebiet ist. Die Naturwissenschaften erheben überhaupt nicht den Anspruch, die Vielfalt, die die Natur bietet, vollständig zu beschreiben. Vor allem beschränken sie sich dabei auf die »dingliche« Welt. Sie lassen Raum für ganz andere Betrachtungsweisen, aber auch für neue naturwissenschaftliche Theorien über das Universum.

Danksagung

Für aufschlussreiche Gespräche möchte ich Prof. Dr. Gerhard Börner, Max-Planck-Institut für Astrophysik in Garching, Prof. Dr. Michael Soffel, Lohrmann-Observatorium der TU in Dresden, und Prof. Dr. Herbert Walther, Max-Planck-Institut für Quantenphysik in Garching, danken.

Bildnachweise

Astrodienst: 42 unten, 43, 168, 176
Astrofoto: 10, 12, 78, 93, 128, 154, 170, 222, 229
CERN, Genf: 76, 185, 186, 194, 199
Dornier Satellitensysteme GmbH: 110
ESA: 42 oben
ESO: 38, 99, 166, 178
Michael Gilbert, Science Photo Library/Focus: 187
IBM T.J. Watson Research Center: 147
© Fakulät für Physik, Universität Wien: 139
Institute for Cosmic Ray Research, University of Tokyo: 201
Lawrence Berkeley Laboratory, Science Photo Library/Focus: 81,
Jörg Mair Computergrafik: 15, 21, 25, 26, 31, 33, 35, 36, 37, 44, 46, 50, 52, 55, 66, 70, 79, 80, 85, 88, 90, 94, 96, 98, 103, 104, 105, 108, 113, 115, 120, 125, 130, 131, 133, 134, 140, 146, 149, 151, 157, 160/161, 182, 190, 192, 205, 206, 207, 211, 215, 216, 224, 227, 235
Max-Planck-Institut für Gravitationsphysik & NCSA (University of Illinois): 107
Max-Planck-Institut für Quantenphysik: 144
Dr. Stefan Michel, Universität Leipzig: 18
NASA: 171, 173, 174
Jeffrey Plautz und Steve Kay, The Scripps Research Institute: 16
Prof. Ruder, Universität Tübingen: 68, 69
Smithsonian Astro. Obs.: 167
Albrecht-Matthias Wendlandt Computergrafik: 63

Register

Allumfassende Theorie siehe Weltformel
Anfangsbedingungen 122 f., 126 f., 129, 142 f.
Antimaterie 150, 155 f., 162, 212
Atome 32 f., 34 f., 77 ff., 122–126, 132, 134, 142, 145, 150, 155, 162, 181, 192, 200, 217 f., 225
– Bohr'sches Modell 129 f., 135
– Entstehung 160 f., 172 f., 184 f.
– Kernspaltung 80 f.
– Ortsbestimmung 124 f.
– Zerfall 64 ff., 80 f.
Atomuhren 32 ff., 34 f., 68 f.

Beobachtungshorizont 171 ff.
Beugungsexperimente 116–121
Bewegungsgleichungen 20 f., 24, 122, 127., 129 ff., 135 f.
Breitengradbestimmung 25 ff.
Broglie, Louis-Victor de 118

Casimir-Effekt 151
CERN 195
COBE (Satellit) 174 f.

Determinismus 129
Dirac, Paul 189
Doppelspaltexperiment 137–142
Doppelsternsysteme 51 ff.
Dopplereffekt 36 ff., 165, 1 75

Einstein, Albert 11, 53 f., 56, 58, 60, 62, 74, 84, 93, 100, 109, 115, 118, 180, 182 f., 203, 208, 217
Eisenatome 100 f.
Elektromagnetismus 35 f., 65, 78–82, 95, 100, 156, 180–184, 188 ff., 196 ff., 199, 202 f., 205 f., 211 ff., 217 f., 234
Elektronen 80 f., 114 ff., 129 f., 155, 160 ff., 172 f., 184, 195, 202, 214 f., 219 f., 225
– Aufenthaltswahrscheinlichkeit 133 f.
– Beschleunigung 73
– Kraftwirkung zwischen 190 f.
– Ladungsbestimmung 74 f.
– Orts- bzw. Impulsbestimmung 124 ff., 134 f.
– Teilchen-Wellen-Dualismus 117 ff., 130 ff.
– Tunneleffekt 145 f., 148
Elektronik 147 f.
Energie 36 f., 114 ff., 130 f., 144, 148 f., 185 ff.
– kinetische 79 f.
– nach Urknall 160 ff.
– Schwarze Löcher und 225 f.
– und Masse 74, 77 ff., 82, 92, 97, 155, 184, 193
– zur Teilchenbeschleunigung 195 ff., 210 f.
Energieerhaltungssatz 145, 205 f.
EPR-Phänomen 141 f.
Ereignishorizont 224 f.
Evolution 12 ff., 18

Fizeau, Armand 32, 51

Galaxien 95, 97, 158
– Entfernungen 41 f., 71 f.
– Fluchtgeschwindigkeit 165–171
– Verteilung der 175 ff.
Galilei, Galileo 23 f., 30, 32, 85
Gell-Mann, Murray 186
Gene 13 f., 17
Geschwindigkeit 49, 55 f., 63, 65, 72 ff., 84, 88 f., 122 f., 172 f.

Geschwindigkeitsbestimmung 21 ff., 27 f., 29, 37
– bei Teilchen 124 ff.
– in parallelen Bezugssystemen 54 ff.
Gleichzeitigkeit 62
Globales Positionierungs-System (GPS) 111
Grand Unified Theory (G.U.T.) 197–203, 213
Gravitation 20 f., 59 f., 86 ff., 100, 156, 177, 181 f., 188 ff., 197 f., 99, 202, 211 f., 221 f., 230
– Gesetz der 83
– Licht und 92 ff.
– Masse und 217 f.
– Schwarze Löcher und 106, 221 f., 226
– Zeit und 101–111, 229 f., 232
Gravitationslinse 97
Gravitationswellen 192, 236
Graviton 192

Hadronen 194 f.
Hailwachs, W. 115
Hawking, Steven 223 ff.
Helium 72, 160 ff.
Higgs-Feld 213
Hilbert-Raum 152
Hintergrundstrahlung, kosmische 163, 172 ff.
Hubble-Konstante 168 f.
Hubble-Teleskop 41 ff., 169

Inflation, kosmische 156 ff., 175, 226
lonenfalle 35

Kernfusion 78 f., 163, 214 f.
Kernkraft, starke und schwache 156 f., 181 f., 186 ff., 192–200, 202, 211 ff., 217

Längengradbestimmung 26 f.
Laplace, Pierre Simon Marquis de 128
Licht 74, 145
– Gravitation und 92–96
– Teilchen-Wellen-Dualismus 36 f., 50 f., 112–121, 137–142, 189, 237
Lichtelektrischer Effekt 114 f.
Lichtgeschwindigkeit 29–33, 39 ff., 49–57, 60, 62 ff., 67, 75 ff., 84 ff., 141, 183, 233 ff.
– Invarianz der 52–60, 102
– Masse und 72 f.
Lichtteilchen siehe Photonen
Lorentztransformation 58

Magnete 202 ff.
Magnetische Monopole 202
Masse 21 f., 72 f., 75 f., 81 f., 87, 97, 191
– Geschwindigkeit und 75 ff.
– Gravitation und 105, 218
– Kräftewirkung auf 181
– und Energie 74, 78 ff., 82, 92, 95 f., 155, 184 f., 193
Materie 80 ff., 92, 149 ff., 155 f., 158 ff., 175, 181 f., 184 f., 212
– dunkle 177 f., 215
Maxwell, James Clerk 183. 189, 203
Mechanik, klassische 20–24, 59 f., 127, 131 ff., 135 f., 155 f., 180, 217 ff.
Mesonen 65 ff., 187
Michelson, Albert Abraham 51
Mikrowellen 172 f., 235 f.
Milchstraße 98, 106, 222
Myonen 194 f.

Navigation 25 ff.
Neutrinos 187 f.
– Masse der 214 f., 218
Neutronen 78, 159 ff., 181, 184, 188, 192, 200, 206, 218

Ortsbestimmungen 20 ff., 56 f.

Paralleluniversen 109, 227
Periodensystem der Elemente 163, 184
Photonen (Lichtteilchen) 51, 81 f., 92, 112–121, 124 f., 155 f., 162 f., 189 ff., 216, 236

– Doppelspaltexperiment 137–142
– Gravitation und 102 ff.
Planck-Zeit 155 f., 230
Planck'sches Wirkungsquantum (h) 116, 131, 155
Planeten 97 f., 164
Positronen 82, 155, 160 ff.
Protonen 68, 78, 82, 156, 159, 181, 184 ff., 192 f., 195, 200, 206, 218
Protonenzerfall 200 f., 215

Quantencomputer 142, 144
Quantenfeldtheorie 191
Quantenfluktuationen 109, 148 f., 225 ff.
Quantengravitation 230
Quantentheorie 109, 116 f., 128 ff., 133–142, 144, 147 ff., 152, 180, 189 f., 213 ff., 218, 224–230, 232
Quantenvakuum 175, 213
Quarks 159, 187, 192 f., 200
Quarzuhren 32–38
Quasare 95 f., 172 ff.

Rastertunnelmikroskop 147
Raumfahrt 71 ff., 109 ff.
Raum-Zeit 56 ff., 87 ff., 108 f., 153 ff., 181 f., 191, 209, 216, 228 ff.
– Krümmung der 86 ff., 92–97, 105 f.
– Schwarze Löcher und 223
Realität 40 f., 45
Relativitätstheorie 53 f., 58, 60–74, 77, 83 f., 96 f., 141, 172 f., 180, 216 ff., 221, 224, 228 ff., 232 f., 236
– Allgemeine 59, 86, 89 f., 92 f., 95, 100, 107, 192, 229
– Spezielle 53 f., 59 f., 62, 64 ff., 71 f., 76, 84 ff., 92, 95, 102, 110
Röntgensterne 96
Rotverschiebung 165 f.

Satelliten 38, 95, 109 f., 174
Schrödinger-Gleichung 132 f., 135, 146, 219
Schwarze Löcher 97, 106 f., 221 f., 225 ff.
Signale, schneller als Licht 53, 58
Singularitäten 109, 223 f., 230
Sonne 12, 40, 77 f., 83, 93 f., 106, 163, 225
Sonnenfinsternis 93 ff.
Standard-Modell 188 f., 198, 209, 217
Sterne 165, 177, 230
Strahlung
– elektromagnetische 78, 81 f., 100
– kosmische 64 f., 155, 163
String-Theorie 210 ff.
Supernovae-Explosionen 41, 44 f., 164, 169, 179, 191
Supersymmetrie-Theorie 209, 212
Symmetrien 203–209

Tachyonen 234
Tag-Nacht-Rhythmus 12, 17 ff.
Teilchen 64 f., 180, 184, 186, 205 ff., 209, 212, 220, 237; siehe auch einzelne Teilchennamen
– nach Urknall 160 ff.
– Nachweise 193 ff.
– Symmetrien 206 ff.
– virtuelle 148–152, 191, 193, 209, 212 f., 224, 233 f.
Teilchenbeschleuniger 64 f., 67, 75, 159, 183, 185 ff., 195 f., 202, 210, 213, 232
Teilchen-Wellen-Dualismus 112–121, 130 ff., 135–142, 146, 150
Telepathie 239
Teleportation 141 f.
Teleskope 41 f., 98 f., 169
Theory of Everything (T.O.E.) 180, 202 f., 218, 230
Tunneleffekt 145 ff., 152, 237 f.

Uhren 9, 24, 27, 32 f., 59 f.
– Atom- 33, 35
– biologische 17 f.
– Blumen- 12 f.

– Einfluss der Gravitation auf 101, 111
Unification Theory (U.T.) 202
Universum
– Abkühlung 162 ff., 186 ff.
– Alter 153, 168 f.
– Entfernungen im 39–44, 72
– Expansion 156–162, 165–173, 178 f., 188, 206
– flaches oder offenes 178
Unschärferelation 126–131, 136, 142, 144 f., 148, 191, 228
Urknall (»Big Bang«) 108 f., 143 f., 150, 153 ff., 163, 168 f., 172, 177, 181, 185 ff., 198, 202, 212, 221 f., 225 ff., 234
– Mini- 185 ff.
– Teilchen bei 206 f., 210 f.

Vakuum 148 ff., 224 ff.
– Lichtgeschwindigkeit im 58
Vereinigungstheorien 183 f., 188 f., 197–203, 206–210, 213, 217 ff., 232 f.

Wahrnehmung 45–48
Wahrscheinlichkeit 133, 139 f., 147 f.
– Aufenthalts- 133 ff., 146, 219, 236
Wasserstoff 34, 77, 162 ff., 219
Wellen 34 ff., 112–121, 137–142, 172, 183, 234 f.
– elektromagnetische 34 f., 64 f., 95 f.
Wellenfunktionen 130–135, 142 f.
Weltformel 129, 180–184, 193, 198, 207 ff., 211 ff., 217 ff., 230 ff.; siehe auch einzelne Theorien
W- und Z-Teilchen 193–196
Wurmlöcher 109

Zeit 9–19, 23 f., 86–91, 144, 206
– Beschleunigung der 110 f.
– Dehnung der 54, 63 ff., 69, 105 f., 223
– elastische 61
– Gravitation und 100–106, 110 f, 230, 232
– Längenverkürzung 54 ff., 64 f., 67
Zeitbegriff
– physikalischer 11, 19, 23 f., 58
– subjektiver 9 f., 14, 17 f., 23, 46 f.
Zeitgene 13 f.
Zeitmessung 9 ff., 23–29, 32, 38, 155
– in parallelen Bezugssystemen 54, 59, 63, 68 ff.
Zeitreisen 109
Zweikörperproblem 219, 231
Zwillingsparadox 102

Naturwissenschaftliche Einführungen im dtv

Herausgegeben von Olaf Benzinger

Uta Bilow
Auf der Spur der Elemente
Einführung in die Chemie
ISBN 978-3-423-**33040**-4

Wolfgang Blum
Die Grammatik der Logik
Einführung in die Mathematik
ISBN 978-3-423-**33037**-4

Thomas Bührke
$E = mc^2$
Einführung in die Relativitätstheorie
ISBN 978-3-423-**33041**-1

Claudia Eberhard-Metzger
Das Molekül des Lebens
Einführung in die Genetik
2., vollstän. überarb. Auflage
ISBN 978-3-423-**33089**-3

Stefan Greschik
Das Chaos und seine Ordnung
Einführung in komplexe Systeme
ISBN 978-3-423-**33034**-3

Frank Grotelüschen
Der Klang der Superstrings
Einführung in die Natur der Elementarteilchen
ISBN 978-3-423-**33035**-0

Monika Offenberger
Von Nautilus und Sapiens
Einführung in die Evolutionstheorie
ISBN 978-3-423-**33039**-8

Brigitte Röthlein
Schrödingers Katze
Einführung in die Quantenphysik
ISBN 978-3-423-**33038**-1

Jeanne Rubner
Vom Wissen und Fühlen
Einführung in die Erforschung des Gehirns
ISBN 978-3-423-**34120**-2

Naturwissenschaft im dtv

Fred Adams
Leben im Universum
Übers. v. H. Kober
ISBN 978-3-423-**34282**-7

Henning Boetius
Die Wasserstoffwende
Eine neue Form der Energieversorgung
ISBN 978-3-423-**24449**-7

Joachim Bublath
Geheimnisse unseres Universums
Zeitreisen, Quantenwelten, Weltformeln
Aktualisierte Neuausgabe
ISBN 978-3-423-**34442**-5

Die neue Welt der Gene
Visionen, Rätsel, Grenzen
Aktualisierte Neuausgabe
ISBN 978-3-423-**34443**-2

Chaos im Universum
Asteroiden und Kometen, Fremde Welten, Theorien über das Chaos
Aktualisierte Neuausgabe
ISBN 978-3-423-**34444**-9

William H. Calvin
Einsicht ins Gehirn
Wie Denken und Sprache entstehen
Übers. v. H. Schickert
ISBN 978-3-423-**33060**-2

Hoimar von Ditfurth
Im Anfang war der Wasserstoff
ISBN 978-3-423-**33015**-2

Marcus Chown
Warum Gott doch würfelt
Über »schizophrene Atome« und andere Merkwürdigkeiten aus der Quantenwelt
Übers. v. K. Neff und S. Hunzinger
ISBN 978-3-423-**24484**-8

Keith Devlin
Das Mathe-Gen
oder Wie sich das mathematische Denken entwickelt
Übers. v. D. Zimmer
ISBN 978-3-423-**34008**-3

David Deutsch
Die Physik der Welterkenntnis
Auf dem Weg zum universellen Verstehen
Übers. v. A. Ehlers
ISBN 978-3-423-**33051**-0

Lewis C. Epstein
Denksport-Physik
Fragen und Antworten
Übers. v. H.-E. Lessing
ISBN 978-3-423-**24556**-2

Richard Fortey
Trilobiten
Fossilien erzählen die Geschichte der Erde
Übers. v. K. Beginnen und S. Kuntz
ISBN 978-3-423-**34111**-0

Naturwissenschaft im dtv

Detlev Ganten, Thomas Deichmann, Thilo Spahl
Naturwissenschaft
Alles, was man wissen muss
ISBN 978-3-423-**34237**-7

Michael Hagner
Geniale Gehirne
Zur Geschichte der Elitegehirnforschung
ISBN 978-3-423-**34399**-2

Stephen Hawking
Das Universum in der Nussschale
Übers. v. H. Kober
ISBN 978-3-423-**34089**-2

Stefan Klein
Die Tagebücher der Schöpfung
Vom Urknall zum geklonten Menschen
ISBN 978-3-23-**34154**-7

Lawrence M. Krauss
»Nehmen wir an, die Kuh ist eine Kugel …«
Nur keine Angst vor Physik
Übers. v. W. Knapp
ISBN 978-3-423-**33024**-4

ZDF – Mission X
Genialen Entdeckern und Erfindern auf der Spur
Hg. v. Günter Myrell und Daniel Manthey
ISBN 978-3-423-**24580**-7

Christiane Nüsslein-Volhard
Das Werden des Lebens
Wie Gene die Entwicklung steuern
ISBN 978-3-423-**34320**-6

Richard Panek
Das Auge Gottes
Das Teleskop und die lange Entdeckung der Unendlichkeit
Übers. v. D. Zimmer
ISBN 978-3-423-**34109**-7

Clifford A. Pickover
Dr. Googols wundersame Welt der Zahlen
Übers. v. G. Kurth
ISBN 978-3-4323-**34177**-6

Chet Raymo
Mein täglicher Spaziergang durch das Universum
Übers. v. A. Simon
ISBN 978-3-423-**34388**-6

Martin Rees
Das Rätsel unseres Universums
Hatte Gott eine Wahl?
Übers. v. T. Filk
ISBN 978-3-423-**34331**-2

Josef H. Reichholf
Das Rätsel der Menschwerdung
Die Entstehung des Menschen im Wechselspiel mit der Natur
ISBN 978-3-423-**33006**-0

Naturwissenschaft im dtv

Brigitte Röthlein
Sinne, Gedanken, Gefühle
Unser Gehirn wird entschlüsselt
ISBN 978-3-423-**33081**-7

Jeanne Rubner
Vom Wissen und Fühlen
Einführung in die Erforschung des Gehirns
ISBN 978-3-423-**34120**-2

Marais du Sautoy
Die Musik der Primzahlen
Auf den Spuren des größten Rätsels der Mathematik
Übers. v. T. Filk
ISBN 978-3-423-**34299**-5

Simon Singh
Fermats letzter Satz
Die abenteuerliche Geschichte eines mathematischen Rätsels
Übers. v. K. Fritz
ISBN 978-3-423-**33052**-7

Geheime Botschaften
Die Kunst der Verschlüsselung von der Antike bis in die Zeit des Internet
Übers. v. K. Fritz
ISBN 978-3-423-**33071**-8

Big Bang
Der Ursprung des Kosmos und die Erfindung der modernen Naturwissenschaft
Übers. v. K. Fritz
ISBN 978-3-423-**34413**-5

Frans de Waal
Der Affe und der Sushimeister
Das kulturelle Leben der Tiere
Übers. v. U. Rennert
ISBN 978-3-423-**34164**-6

What's what?
Naturwissenschaftliche Plaudereien
Hg. v. Don Glass
Übers. v. H. Kober
ISBN 978-3-423-**33025**-1

Das neue What's what
Naturwissenschaftliche Plaudereien
Hg. v. Don Glass
Übers. v. H. Kober
ISBN 978-3-423-**33010**-7

Frederic Vester
Denken, Lernen, Vergessen
Was geht in unserem Kopf vor?
ISBN 978-3-423-**33045**-9

Unsere Welt – ein vernetztes System
ISBN 978-3-423-**33046**-6

Die Kunst vernetzt zu denken
Ideen und Werkzeuge für einen neuen Umgang mit Komplexität
ISBN 978-3-423-**33077**-0

Carl Friedrich v. Weizsäcker
Aufbau der Physik
ISBN 978-3-423-**33084**-8

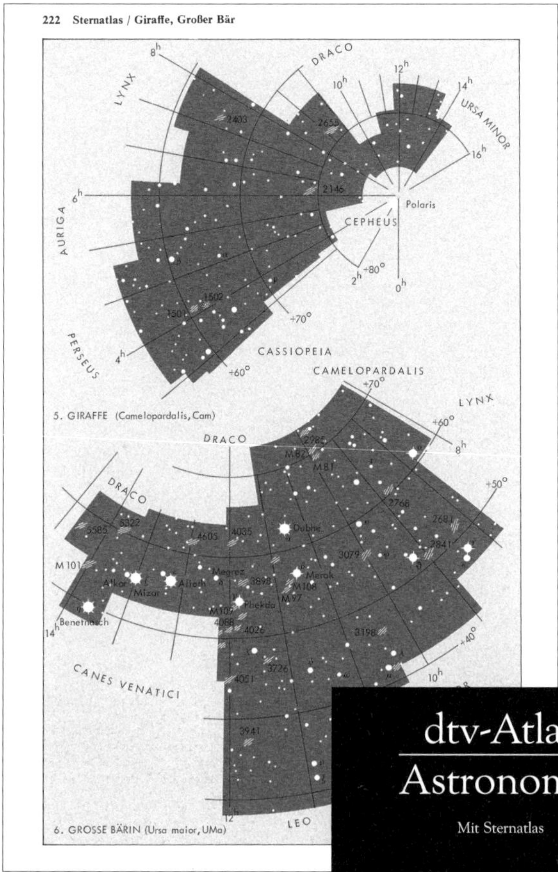

dtv-Atlas Astronomie

mit Sternatlas

135 Abbildungsseiten in Farbe
Originalausgabe

ISBN 978-3-423-03267-4

Bitte besuchen Sie uns im
Internet: www.dtv.de

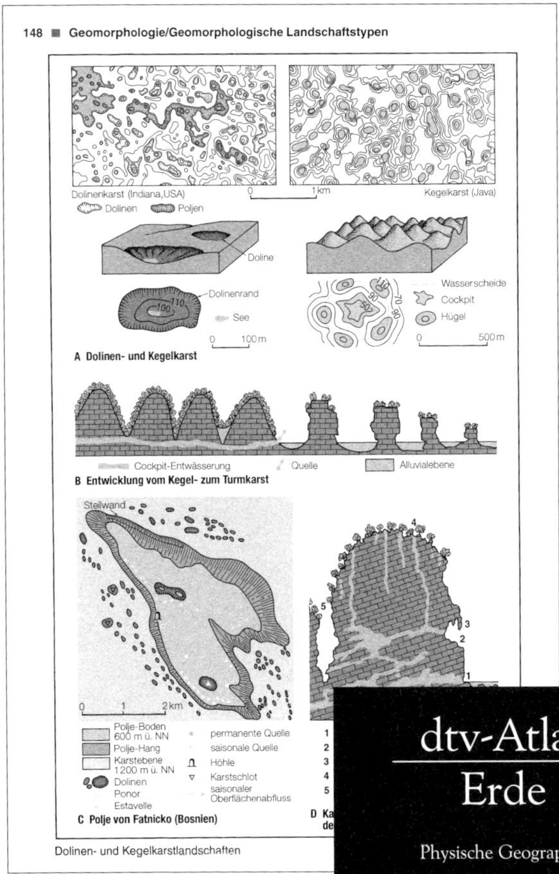
148 ■ Geomorphologie/Geomorphologische Landschaftstypen
Dolinenkarst (Indiana,USA)
Dolinen
Poljen
0
1 km
Kegelkarst (Java)
Doline
Dolinenrand
See
0
100 m
Wasserscheide
Cockpit
Hügel
0
500 m
A Dolinen- und Kegelkarst
Cockpit-Entwässerung
Quelle
Alluvialebene
B Entwicklung vom Kegel- zum Turmkarst
Steilwand
0
1
2 km
Polje-Boden 600 m ü. NN
Polje-Hang
Karstebene 1200 m ü. NN
Dolinen
Ponor
Estavelle
permanente Quelle
saisonale Quelle
Höhle
Karstschlot
saisonaler Oberflächenabfluss
C Polje von Fatnicko (Bosnien)
Dolinen- und Kegelkarstlandschaften

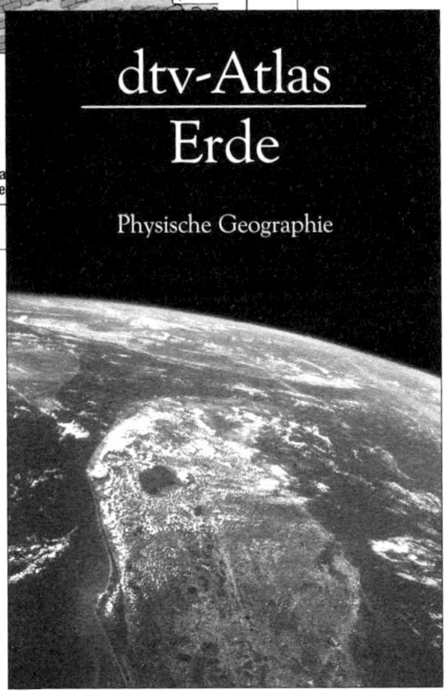
dtv-Atlas
Erde
Physische Geographie

Der Bestseller-Autor hat mit diesem Buch wieder neue Maßstäbe gesetzt

Stephen Hawking

Das Universum in der Nussschale

Taschenbuchausgabe auf der Grundlage der erweiterten Neuausgabe
Übers. v. H. Kober

ISBN 978-3-423-**34089**-2

Die Suche nach der Formel, die das Universum erklärt, ist der heilige Gral der Physik. Die brillantesten Köpfe der Kosmologie befassen sich mit dieser Frage. Zu ihnen gehört unzweifelhaft Stephen Hawking.

Der Autor des internationalen Bestsellers ›Eine kurze Geschichte der Zeit‹ hat erneut einen Welterfolg publiziert. In der für ihn typischen witzigen und bilderreichen Sprache und mittels über zweihundert prächtiger Farbillustrationen führt er den Leser in das surreale Wunderland der modernen Raumzeit-Forschung.

»Das Verhalten des ungeheuer großen Universums läßt sich durch seine Geschichte in imaginärer Zeit verstehen, die eine winzige abgeflachte Kugel ist. Insofern hat es große Ähnlichkeit mit Hamlets Nussschale, und in dieser Nuss ist alles verschlüsselt, was in reeller Zeit geschieht. Hamlet hat also vollkommen recht. Wir können in einer Nussschale eingesperrt sein und uns doch für Könige von unermeßlichem Gebiet halten.«

Stephen Hawking

Marcus Chown

Warum Gott doch würfelt

Über »schizophrene Atome« und andere Merkwürdigkeiten aus der Quantenwelt

ISBN 978-3-423-**24484**-8

Wenn Wissenschaftler sich über die Welt der Quanten austauschen, ist das keine Strandlektüre für unsereins. Wenn Marcus Chown davon erzählt, dann sieht die Sache anders aus: Auch ohne spezielle Vorkenntnisse bekommt man eine Vorstellung von dieser faszinierenden fremden Welt, die zugleich unsere eigene ist.

»Marcus Chown gibt einen unterhaltsamen Einblick in eine merkwürdige Welt, die nicht direkt mit den Sinnen erfassbar ist. Mit kleinen, phantasievollen Geschichten zieht er die Leser auch durch schwierige Kapitel ... Eine anregende Rundreise durch die Ideen der modernen Physik.«
Die Welt

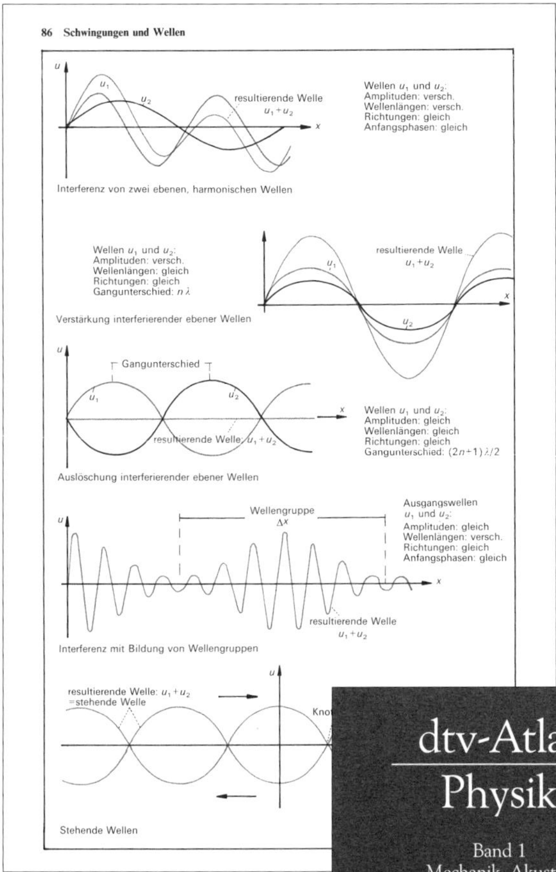

dtv-Atlas Physik

Band 1: Mechanik, Akustik, Thermodynamik, Optik

95 Abbildungsseiten in Farbe
Originalausgabe

ISBN 978-3-423-03226-1

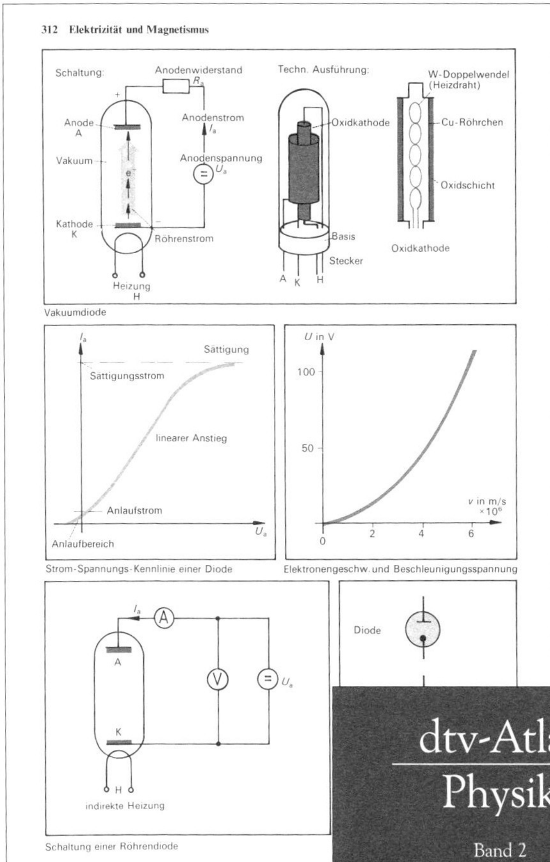
312 Elektrizität und Magnetismus
Schaltung:
Anodenwiderstand
R_a
Anode
A
Anodenstrom
I_a
Vakuum
Anodenspannung
U_a
e⁻
Kathode
K
Röhrenstrom
Heizung
H
Techn. Ausführung:
Oxidkathode
Basis
Stecker
A K H
W-Doppelwendel (Heizdraht)
Cu-Röhrchen
Oxidschicht
Oxidkathode
Vakuumdiode
I_a
Sättigung
Sättigungsstrom
linearer Anstieg
Anlaufstrom
U_a
Anlaufbereich
Strom-Spannungs-Kennlinie einer Diode
U in V
100
50
v in m/s ×10⁶
0
2
4
6
Elektronengeschw. und Beschleunigungsspannung
I_a
A
V
U_a
K
H
indirekte Heizung
Schaltung einer Röhrendiode
Diode

dtv-Atlas
Physik
Band 2
Elektrizität, Magnetismus
Festkörper, Moderne Physik